中等专业学校园林专业系列教材

植物及植物生理学

北京市园林学校　王世动　主编

中国建筑工业出版社

图书在版编目（CIP）数据

植物及植物生理学/王世动主编. —北京：中国建筑工
业出版社，1999（2024.9重印）

中等专业学校园林专业系列教材

ISBN 978-7-112-03644-8

Ⅰ. 植…　Ⅱ. 王…　Ⅲ. 植物生理学-专业学校-教材

Ⅳ. Q945

中国版本图书馆 CIP 数据核字（1999）第 01137 号

全书共 12 章，主要介绍植物的细胞、组织、营养器官和生殖器官的形态结构
与功能；植物分类；植物水分代谢、矿质营养、光合作用、呼吸作用、植物的生长
物质、植物生长发育和抗逆性等方面的内容。

本书内容翔实，图文并茂，理论联系实际。除作为中等专业学校教材外，还可
供一般园林绿化工作者参考。

中等专业学校园林专业系列教材

植物及植物生理学

北京市园林学校　王世动　主编

*

中国建筑工业出版社出版、发行（北京西郊百万庄）

各地新华书店、建筑书店经销

建工社（河北）印刷有限公司印刷

*

开本：787×1092 毫米　1/16　印张：13½　字数：322 千字

1999 年 6 月第一版　2024 年 9 月第十九次印刷

定价：**24.00** 元

ISBN 978-7-112-03644-8

（21013）

前　　言

　　《植物及植物生理学》是根据建设部 1997 年颁发的普通中等专业学校园林专业教学文件而编写的教材。全书分为植物形态结构、植物分类、植物生理等 12 章。

　　本教材编写时,在考虑课程的科学性、系统性与先进性的基础上,注意结合园林专业的特点,充分满足培养目标的需要,力求做到理论联系实际。

　　本书由北京市园林学校王世动主编,天津市园林学校李莉,上海市园林学校顾英协编,北京大学生命科学学院陈耀堂、钟诲文担任主审,北京市园林学校王春林、王积新、郭瑞刚参加了编写工作。其中绪论、第三章、第六章、第七章、第九章由王世动编写,第四章、第五章由李莉编写,第一章、第十二章由郭瑞刚编写,第十章、第十一章由顾英编写,第二章由王春林编写,第八章由王积新编写。吴静担任校对工作。

　　由于水平有限,编写时间仓促,书中存在的缺点、错误在所难免,请广大教师和同学提出宝贵意见,以便今后修订改正。

目　　录

绪　论 ……………………………………………………………………………………………………… 1

第一章　植物的细胞和组织 …………………………………………………………………………… 4

第一节　植物的细胞 …………………………………………………………………………………… 4

一、植物细胞的概念 ………………………………………………………………………………… 4

二、植物细胞的形态和大小 ………………………………………………………………………… 4

三、细胞生命活动的物质基础——原生质 ………………………………………………………… 5

四、植物细胞的基本结构 …………………………………………………………………………… 8

第二节　植物细胞的繁殖与分化 …………………………………………………………………… 17

一、植物细胞的繁殖 ………………………………………………………………………………… 17

二、细胞的生长分化与脱分化 ……………………………………………………………………… 20

第三节　植物的组织 ………………………………………………………………………………… 20

一、植物组织的概念 ………………………………………………………………………………… 20

二、植物组织的类型 ………………………………………………………………………………… 20

三、维管束的概念及类型 …………………………………………………………………………… 27

第二章　植物的营养器官 …………………………………………………………………………… 29

第一节　根 …………………………………………………………………………………………… 29

一、根的形态 ………………………………………………………………………………………… 29

二、根的结构 ………………………………………………………………………………………… 31

第二节　茎 …………………………………………………………………………………………… 35

一、茎的形态 ………………………………………………………………………………………… 36

二、茎的结构 ………………………………………………………………………………………… 39

第三节　叶 …………………………………………………………………………………………… 42

一、叶的形态 ………………………………………………………………………………………… 42

二、叶的结构 ………………………………………………………………………………………… 46

三、叶的寿命和落叶 ………………………………………………………………………………… 50

第三章　植物的生殖器官 …………………………………………………………………………… 52

第一节　花的发生与组成 …………………………………………………………………………… 52

一、花芽的分化 ……………………………………………………………………………………… 52

二、花的组成部分 …………………………………………………………………………………… 52

三、花程式与花图式 ………………………………………………………………………………… 56

四、花序 ……………………………………………………………………………………………… 57

第二节　花药和花粉粒的发育与结构 ……………………………………………………………… 58

一、花药的发育与结构 ……………………………………………………………………………… 58

二、花粉粒的发育、结构与形态 …………………………………………………………………… 58

第三节　胚珠和胚囊的发育与结构 ………………………………………………………………… 59

一、胚珠的发育与结构 ……………………………………………………………………………… 59

二、胚囊的发育与结构 ……………………………………………………………………………… 60

第四节　开花、传粉和受精 ………………………………………………………………………… 62

一、开花 ……………………………………………………………………………………………… 62

　　二、传粉 ·· 62

　　三、受精作用 ··· 63

第五节　种子和果实 ··· 64

　　一、种子的形成 ··· 64

　　二、无融合生殖和多胚现象 ··· 66

　　三、果实的形成与结构 ·· 66

　　四、果实与种子的传播 ·· 67

　　五、果实与种子的传播 ·· 69

第四章　植物分类的基础知识和植物界的主要类群 ··· 72

第一节　植物分类的基础知识 ·· 72

　　一、植物分类的方法 ··· 72

　　二、植物分类的单位 ··· 72

　　三、植物的科学命名 ··· 73

　　四、植物检索表的编制和使用 ··· 73

第二节　植物界的基本类群 ··· 74

　　一、低等植物 ··· 74

　　二、高等植物 ··· 78

第三节　植物界进化概述 ·· 83

　　一、在形态构造上遵循由简单到复杂的发展过程 ·· 83

　　二、在生态习性上遵循由水生到陆生的发展过程 ·· 84

　　三、在繁殖方式上遵循由低级到高级的发展过程 ·· 84

第五章　种子植物的主要学科 ·· 85

第一节　裸子植物的主要分科 ·· 85

　　一、银杏科(Ginkgoaceae) ·· 85

　　二、松科(Pinaceae) ·· 85

　　三、杉科(Taxodiaceae) ··· 86

　　四、柏科(Cupressaceae) ·· 87

第二节　被子植物的主要分科 ·· 87

　　一、双子叶植物纲(Dicotyledoneae) ··· 88

　　二、单子叶植物纲(Monocotyledoneae) ·· 101

第六章　植物的水分代谢 ··· 105

第一节　水在植物生活中的意义 ·· 105

　　一、植物的含水量 ··· 105

　　二、水的生理作用 ··· 105

　　三、植物体内水分状态 ·· 106

第二节　植物细胞的吸水 ··· 106

　　一、水势的概念 ·· 106

　　二、细胞的渗透作用吸水 ··· 106

　　三、细胞的吸涨作用吸水 ··· 108

第三节　根系对水分的吸收及水分运输 ·· 109

　　一、根系吸水的动力 ··· 109

　　二、土壤条件对根系吸水的影响 ·· 111

三、植物体内的水分运输 ………………………………………………………… 112

第四节　蒸腾作用 ………………………………………………………………… 113

一、蒸腾作用的概念与意义 ……………………………………………………… 113

二、蒸腾作用的调节 ……………………………………………………………… 114

三、影响蒸腾作用的外部条件 …………………………………………………… 114

第五节　合理灌溉的生理基础 …………………………………………………… 115

一、植物的需水规律 ……………………………………………………………… 115

二、合理灌溉的指标 ……………………………………………………………… 116

三、灌溉中必须注意的问题 ……………………………………………………… 116

第七章　植物的矿质营养 ……………………………………………………… 118

第一节　植物必需矿质元素及生理作用 ………………………………………… 118

一、植物体内的元素 ……………………………………………………………… 118

二、植物的必需元素 ……………………………………………………………… 119

三、植物必需的矿质元素的生理作用 …………………………………………… 120

四、植物缺乏必需元素的症状 …………………………………………………… 122

第二节　植物对矿质元素的吸收 ………………………………………………… 123

一、根吸收矿质元素的特点 ……………………………………………………… 123

二、根吸收矿质元素的机理 ……………………………………………………… 125

三、影响根系吸收矿质元素的环境条件 ………………………………………… 125

四、叶对矿质元素的吸收 ………………………………………………………… 127

第三节　矿质元素的运输与分配 ………………………………………………… 127

一、矿质元素运输的形态 ………………………………………………………… 127

二、矿质元素的运输途径 ………………………………………………………… 127

三、矿质元素的分配与再分配 …………………………………………………… 127

第四节　合理施肥的生理基础 …………………………………………………… 128

一、植物的需肥规律 ……………………………………………………………… 128

二、合理施肥的指标 ……………………………………………………………… 129

三、发挥和提高肥效的措施 ……………………………………………………… 130

第八章　光合作用与同化产物的运输分配 ………………………………… 131

第一节　光合作用的概念及其重要意义 ………………………………………… 131

一、光合作用的概念 ……………………………………………………………… 131

二、光合作用的重要意义 ………………………………………………………… 131

第二节　叶绿体及其色素 ………………………………………………………… 132

一、叶绿体的形态结构和化学成分 ……………………………………………… 132

二、叶绿体中的色素 ……………………………………………………………… 133

三、叶绿素的形成及其条件 ……………………………………………………… 135

第三节　光合作用的机理 ………………………………………………………… 136

一、光合作用的过程 ……………………………………………………………… 136

二、光呼吸 ………………………………………………………………………… 139

三、低光呼吸植物(C 4 植物)的光合特征 ……………………………………… 141

第四节　同化产物的运输和分配 ………………………………………………… 142

一、光合作用的产物 ……………………………………………………………… 142

二、植物体内有机物的运输 ……………………………………………………… 143

三、植物体内有机物的分配 ································· 143

第五节　影响光合作用的因素 ································· 144

一、植物的光合强度 ······································· 144

二、影响光合作用的外界因素 ······························· 145

三、影响光合作用的内部因素 ······························· 147

第六节　植物对光的利用和提高光能利用率的途径 ··········· 148

一、植物对光能的利用率 ··································· 148

二、植物群落(群体)的光能利用率 ························· 149

三、提高光能利用率的途径 ································· 149

第九章　植物的呼吸作用 ····································· 152

第一节　呼吸作用的概念及生理意义 ····················· 152

一、呼吸作用的概念 ······································· 152

二、呼吸作用的生理意义 ··································· 152

三、呼吸作用的主要场所 ··································· 153

第二节　呼吸作用的一般过程 ····························· 153

一、糖酵解－三羧酸循环途径(EMP－TCA途径) ··········· 153

二、戊糖磷酸途径(HMP途径) ····························· 156

三、无氧呼吸过程 ··· 157

第三节　影响呼吸作用的因素 ····························· 158

一、呼吸强度与呼吸商 ····································· 158

二、影响呼吸强度的内部因素 ······························· 159

三、影响呼吸作用的外部因素 ······························· 160

第四节　呼吸作用知识的应用 ····························· 161

一、呼吸作用与种子贮藏 ··································· 161

二、呼吸作用与切花保鲜 ··································· 162

三、呼吸作用与植物栽培 ··································· 163

第十章　植物生长物质 ······································· 164

第一节　植物激素 ··· 164

一、生长素 ··· 164

二、赤霉素 ··· 165

三、细胞分裂素 ··· 166

四、脱落酸 ··· 167

五、乙烯 ··· 168

六、植物激素间的相互关系 ································· 169

第二节　主要植物生长调节剂及其生产中的应用 ··········· 170

一、乙烯释放剂 ··· 170

二、生长素运输的抑制剂 ··································· 170

三、激素类似物 ··· 171

四、激素拮抗物 ··· 171

五、生长延缓剂 ··· 171

六、生长抑制剂 ··· 172

七、脱叶剂、干燥剂及催熟剂 ······························· 172

第十一章　植物的生长发育 ································· 173

第一节　植物的休眠与萌发 ·· 173
　　一、植物的休眠 ·· 173
　　二、种子的萌发和幼苗的形成 ·· 175
　　三、种子的寿命 ·· 177
第二节　植物生长的基本特性 ·· 177
　　一、植物生长大周期 ·· 177
　　二、植物生长的周期性 ·· 178
　　三、植物生长的相关性 ·· 179
第三节　植物的成花 ·· 181
　　一、低温与花诱导 ·· 181
　　二、光周期与花诱导 ·· 183
　　三、诱导开花的机理 ·· 185
　　四、春化与光周期理论的应用 ·· 186
　　五、花器性别分化及控制 ··· 187
第四节　授粉与受精 ·· 188
　　一、花粉的化学成分 ·· 188
　　二、花粉的生活力和贮藏 ··· 188
　　三、柱头的生理特点 ·· 189
　　四、花粉的萌发与授粉后雌蕊的生理变化 ····························· 189
　　五、外界条件对授粉的影响 ··· 190
第五节　果实和种子成熟 ·· 190
　　一、种子成熟时的生理变化 ··· 190
　　二、果实成熟的生理变化 ··· 191
　　三、外界条件对种子、果实成熟的影响 ································ 192
　　四、植物的衰老与器官脱落 ··· 193

第十二章　植物的逆境生理 ·· 196
第一节　植物的抗旱性和抗涝性 ·· 196
　　一、植物的抗旱性 ·· 196
　　二、植物的涝害及抗涝性 ··· 197
第二节　植物的抗冻性和抗寒性 ·· 198
　　一、冻害与抗冻性 ·· 198
　　二、冷害与抗冷性 ·· 199
第三节　植物的盐害及抗盐性 ·· 200
　　一、土壤盐过多对植物的危害 ·· 200
　　二、植物的抗盐性 ·· 200
　　三、提高植物抗盐性的途径 ··· 200
第四节　大气污染对植物的影响及抗性 ··································· 201
　　一、大气污染物 ·· 201
　　二、大气污染物对植物的危害 ·· 201
　　三、植物对大气污染的抗性 ··· 203

参考文献 ··· 204

绪　　论

一、植物的多样性

植物的种类是多种多样的,目前已经知道的植物种类就达 40 余万种,包括藻类、菌类、地衣、苔藓、蕨类和种子植物。它们有结构简单的单细胞植物,也有高度分化的多细胞植物;有自养的绿色植物,也有寄生或腐生的异养植物;既有草本植物,又有木本植物;既有高大乔木,又有低矮灌木。植物在地球表面的分布极为广泛。从高山到平原,从大气中到土壤深层,从热带到寒带,从江河湖海到沙漠荒野,到处都长着植物。甚至在常年积雪的高山上也有地衣生存,在温度 $40 \sim 85 ℃$ 的泉水中也有蓝藻生长。植物界的广泛分布以及在恶劣条件下的生存能力,可以看为是不同种类对不同环境条件的适应。

植物界的发生和发展经历了 30 多亿年的漫长历程。植物的进化也和其它生物进化一样,有一个从简单到复杂,从水生到陆生,从低级到高级的发展过程。根据达尔文的进化理论,生物界普遍存在着遗传和变异,自然条件是不断变化的,那些不适应环境条件的变异逐渐被淘汰,只有那些生理功能和形态结构适应自然条件者,才得以生存和发展。自然界这些丰富多彩、千姿百态的植物类型正是自然选择的结果。由于人类生活、生产的需要,有了栽培植物,进一步促进了植物种类的发展。

二、植物在自然界及人类社会中的作用

在地球生物中,绿色植物能通过光合作用从太阳辐射中摄取能量。其他一切生物所需要的能量都是直接或间接地来自植物。这不仅为植物自身提供了营养,也为其他生物和人类生存提供了食物来源。植物在进行光合作用时,吸收大气中的 CO_2 释放出 O_2,补充了由于人类与生物呼吸作用和燃烧时氧的消耗,维持了氧在大气中的动态平衡。

非绿色植物如细菌、真菌等对死的机体具有分解作用,即矿化作用。它们可以把复杂的有机物分解成简单的无机物,促进生物与非生物之间碳、氮等元素的转化,保持自然界的物质循环。

植物还为人类社会提供必不可少的物质资源。农、林产品的粮食、蔬菜、果品、棉、麻、茶无一不是来自植物。而纺织、橡胶、造纸、食品、医药等工业的原料都依赖于植物提供。人类的重要能源——煤、石油和天然气也是数千万年前,被埋藏于地层中的动、植物所形成。

植物对于维护和改善人类生存环境具有极为重要的作用。植物不仅具有净化空气,调节气候,防尘减噪、美化环境的功能,还具有吸收和转化污染的作用。

植物在水土保持,涵养水源,防止水旱灾害,保持野生动物,维护生态平衡都具有重要意义。

三、我国丰富的植物资源

我国地域辽阔,地形复杂,气候类型较多,因此蕴藏着极为丰富的植物资源。据统计,我国仅种子植物就有 3 万多种,占世界高等植物的 1/10;原产我国的乔、灌木 7500 种,超过北温带其他国家的总数,是世界上木本植物种类最多的国家。由于我国一部分地区地形结构的特殊性,未遭受到冰川的破坏,保留了已在世界上其他地区绝迹的孑遗植物几十种,如银杏、水杉、水松等。

我国分布的园林植物极为丰富,素有"世界园林之母"之称。一些世界著名花卉的分布中心都集中在我国,如金粟兰属、山茶、丁香、杜鹃、报春花、菊花、兰花等(见下表)。我国园林植物陆续传播到世界各国,对各国园林植物的构成和园林风格都产生了深远影响。

20个属的中国花卉种类与世界总数的比较

属 名	学 名	国产种	世界总数	国产占世界总数(%)	备 注
金 粟 兰	Chlorahthus	15	15	100.0	
山 茶	Camellia	195	220	89.0	西南、华南为中心
丁 香	Syringa	25	30	83.3	主产东北至西南
绿 绒 蒿	Meconopsis	37	45	82.2	西南为中心
溲 疏	Deutzia	40	50	80.0	
报 春 花	Primula	390	500	78.0	西南为中心
独花报春	Omphalogramma	10	13	76.9	藏、滇、川、青为中心
杜 鹃 花	Rhododendron	600	800	75.0	西南为中心
械	Acer	150	205	73.0	
花 楸	Sorbus	60	85	71.0	
菊	Dendranthema	35	50	70.0	
蜡 瓣 花	Corylopsis	21	30	70.0	主产长江以南
含 笑	Michelia	35	50	70.0	主产西南至华东
梅(李)	Pranus	140	200	70.0	
海 棠	Malus	23	35	66.0	
木 犀	Osmanthus	25	40	62.5	主产长江以南
兰	Cymbidium	25	40	62.5	主产长江以南
枸 子	Cotomeaster	60	95	62.1	西南为中心
绣 线 菊	Spiraea	65	105	61.9	
南 蛇 藤	Celastrus	30	50	60.0	

四、植物学的发展简史

植物学是研究植物界和植物体的生活和发展规律的科学。植物学的研究内容主要是植物各类群的形态结构、生理机能、生长发育规律、植物与环境的相互关系,以及植物分布、植物进化与 分类、植物资源利用等内容。而植物生理学是植物学的分支学科,是研究植物生命活动规律的科学。植物生理学的研究内容主要是水分代谢、矿质营养、光合作用、呼吸作用等代谢生理;种子萌发、营养生长、开花、受精、果实和种子成熟等生长发育生理及环境生理等。

植物学的发展是和生产实践分不开的。人类是在采收野生植物的过程中,特别是在从事农牧业生产的过程中,对植物有所认识的。随着科学进步和社会发展,植物学逐步形成。

我国是最早研究植物的国家之一。早在二千多年前,周代的《诗经》就对200多种植物做了记载。北魏贾思勰的《齐民要术》概述了当时农、林果树和野生植物的栽培利用,提出豆类植物肥田、嫁接等技术。晋代戴凯之的《竹谱》,唐代陆羽的《茶经》,宋代刘蒙的《菊谱》,

明代王象晋的《群芳谱》都是有名的专著。明代李时珍的《本草纲目》详细记载了1880种药物,不仅对高等植物,而且对于某些藻类等低等植物的利用也进行了记述,为世界的学者所推崇,至今仍有重要参考价值。清代吴其浚的《植物名实图考》和《植物名实图考长编》是研究我国植物学的重要文献。但是,由于长期封建制度的束缚,我国植物学研究只限于记载与描述,发展较慢。只有新中国成立后,植物学在我国才得到真正发展,并不断取得重大成果。

国外学者对植物学的发展,也从不同角度作出了重大贡献。17世纪,英国的虎克利用自制显微镜观察植物材料,推动了对植物显微结构的研究。此后植物细胞学、植物组织学、植物胚胎学等相继得到发展。18世纪,林奈创立了植物分类系统和双名法,为现代植物分类学奠定了基础。19世纪,德国的施来登和施旺同时发表了《细胞学说》,指出动、植物的基本结构是细胞。英国达尔文的《物种起源》以进化论的观点,推动了植物学的研究。20世纪以来,随着科学技术的发展和电子显微镜、X射线衍射技术、激光技术、遥感技术和电子计算机等现代化仪器的应用,植物学的研究从细胞水平、亚显微结构水平发展到分子水平。科学家预言,21世纪将是生物科学发展的新世纪。

五、植物及植物生理学的学习方法

植物及植物生理学是园林专业的一门重要的基础学科,它将为园林树木学、花卉学、园林植物栽培学、园林植物病虫害防治、园林规划设计等专业课程奠定必要的基础。因此,只有学好植物及植物生理学的有关知识,才能更好地学习有关专业课程。

学习植物及植物生理学必须具有辩证唯物主义观点,认识到植物界各种现象是物质运动的形式。各种现象是相互联系,相互制约的,运动形式是可以转化的。植物的生存与周围的环境条件有着密切的联系,植物与环境之间具有相互矛盾、对立而又统一的辩证关系。

植物及植物生理学是一门实验科学,必须强调实验观察的学习方法。一方面要到生产第一线进行观察和调查研究,对植物的形态特征、生命活动有丰富的感性认识,另一方面,要认真完成实验,借助实验仪器,掌握实验方法,验证所学知识,加强理解。这样才能提高认识水平,做到理论联系实际,提高分析问题和解决问题的能力。

第一章 植物的细胞和组织

第一节 植物的细胞

一、植物细胞的概念

世界上的植物种类繁多,千差万别,但就其结构来说,都是由细胞构成的。植物的生命活动是通过细胞的生命活动体现出来的。某些蓝藻和绿藻等单细胞植物,一个细胞就是一个独立的个体,一切生命活动都由这一细胞完成。常见的花卉、树木等多细胞植物是由多个细胞组成的。细胞之间有了功能上的分工和形态结构上的分化。每个细胞担负一种或几种特定的功能,并与其他细胞密切协作,共同完成植物体的生长发育等一系列复杂的生命活动。由此可见,植物细胞是植物体形态结构的基本单位,也是生理功能及遗传等一切生命活动的基本单位。

二、植物细胞的形态和大小

（一）植物细胞的形态

植物细胞的形态多种多样,常见的多为近球形,多面体形,椭圆形,长柱形及长棱形,如图 1-1 所示。细胞的形态主要决定于遗传性,生理上担负的功能和所处的环境条件。例如,处在植物体内部担负输导作用的细胞呈长筒形,并连接成相通的管道,以利于物质运输;起支持作用的细胞一般呈长棱形,并聚集成束,以加强机械支持功能;幼根表面吸收水分和养分的细胞常向外突出,形成管状根毛,以扩大吸收的表面。在细胞排列紧密的情况下,由于

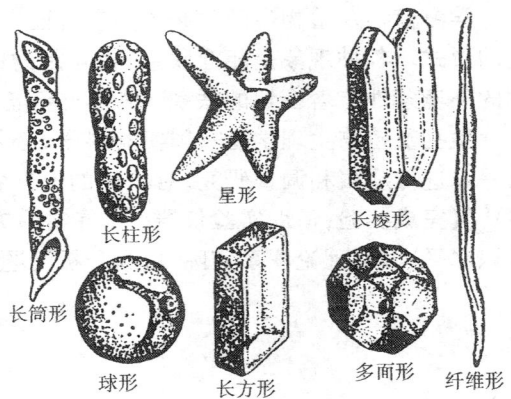

图 1-1 细胞的形状

细胞互相挤压而呈多面体形,从理论上说应为正 14 面体,游离的细胞或生长在疏松组织中的细胞则呈球行、卵形或椭圆形。

细胞形态的多样性与其功能的对应关系体现了功能决定形态,形态适应并服务于功能,细胞形态与其功能相统一的规律。

（二）植物细胞的大小

植物细胞体积也是大小不同的,一般比较小,直径在 $10\sim100\mu m$ 之间,用显微镜才能观察到。现在已知最小的细胞是细菌状的有机体,叫支原体,直径只有 $0.1\mu m$。也有少数大型细胞肉眼可以直接看到。例如番茄和西瓜果肉细胞,其直径可达 $1000\mu m$,棉花种子的表皮毛可长达 $7500\mu m$,麻茎中的纤维细胞,最大可达 $5500\mu m$。

细胞体积小,其表面积相对较大,有利于细胞与外界环境的物质、能量、信息的迅速交

4

换,对细胞的生长有重要的意义。

三、细胞生命活动的物质基础——原生质

（一）原生质的概念

细胞内具有生命活动的物质称为原生质。它是细胞结构和生命活动的物质基础。原生质具有极其复杂的化学成分、物理性质和特有的生物学特性,具有一系列生命活动的特征。

（二）原生质的化学组成

原生质的化学组成十分复杂。在不同的生物体中,或在同一生物体的不同细胞,以及同一细胞的不同发育时期,它的化学组成都有差异。它的组成成分是随其代谢活动不断进行而发生变化的。但所有的原生质均具有相同的基本组成成分。原生质的基本成分可分为无机物和有机物两大类。但就其组成元素来说主要有碳、氢、氧、氮四种,均占全量的 90%,其次有硫、磷、钠、钙、锌、氯、镁、铁等元素,微量元素有钡、硅、锰、钴、铜、锑、钼等。

1.无机物

组成原生质的无机物有水、溶于水的气体、无机盐等。

水是原生质中含量最多的无机物,一般约占细胞全量的 60%~90%。原生质中所含的水,约有 95% 是以游离水的形式存在,并作为细胞中无机离子和其他物质的溶剂而参与代谢过程;少量水则与蛋白质的分子结合,成为原生质结构的一部分,称为结构水。细胞中水和其他成分联合一起,构成了原生质的胶体状态,从而影响代谢活动。水的比热大,能吸收大量热能,而使原生质的温度不致过高,这对维持原生质正常的生命活动有重要意义。此外,原生质中还有溶于水中的气体(二氧化碳和氧气等),无机盐以及许多呈离子状态的元素,如铁、铜、锌、锰、镁、氯等。

2.有机物

组成原生质的有机物有蛋白质、核酸、脂类、糖类以及微量的生理活性物质,如酶、激素、维生素、抗菌素等。

（1）蛋白质:蛋白质是原生质最主要的组成成分,其含量约占原生质干重的 60%。它不仅是构成原生质的结构物质而且参与调节各种代谢活动,起着催化剂(酶)作用。

蛋白质是高分子有机化合物,分子量从五千至百万以上。构成蛋白质的基本单位是氨基酸。目前,已知的氨基酸有 20 多种。一个蛋白质分子的氨基酸数目由几十个至上万个。由于蛋白质分子的种类、数量、排列顺序和方式等方面的不同,可形成多种多样的蛋白质。这不仅是细胞生命活动多样性的物质基础,也是生物多样性的物质基础。蛋白质具有严密复杂的空间结构,还可以同某些其他物质结合。例如,同脂类结合脂蛋白,同核酸结合成核蛋白,同某些金属离子结合成色素蛋白等。

酶是原生质中的一类特殊蛋白质,它是细胞内各种生化反应的生物催化剂。酶具有高度的专一性,一般情况下,一种酶只能催化一种生化反应。细胞内约有几千种酶,它合理地分布在细胞的各部位,使各种复杂的生化反应能够同时在细胞内有条不紊地进行。原生质的不同部分或结构的特定功能与其所含的酶种类有非常大的关系。

（2）核酸:核酸是重要的遗传物质,其基本构成单位是核苷酸。每个核苷酸由一个磷酸、一个戊糖和一个碱基组成。其中的碱基有嘌呤碱和嘧啶碱两类,常见的有五种:腺嘌呤(A)、鸟嘌呤(G)、胞嘧啶(C)、尿嘧啶(U)和胸腺嘧啶(T)。由于所含碱基的不同,就有不同种类的核苷酸。许多核苷酸分子间脱水而结合成的长链,称为多核苷酸。核酸是一种多核苷酸。核酸依所含戊糖的不同分两大类。戊糖为核糖的,叫核糖核酸(RNA),戊糖为脱氧核糖的称脱氧核糖核酸(DNA)。除此之外,其所含碱基也有不同。RNA所含的碱基是腺嘌呤、鸟嘌呤、胞嘧啶、尿嘧啶四种;DNA所含的碱基是腺嘌嘌呤、鸟嘌呤、胞嘧啶、胸腺嘧啶四种。

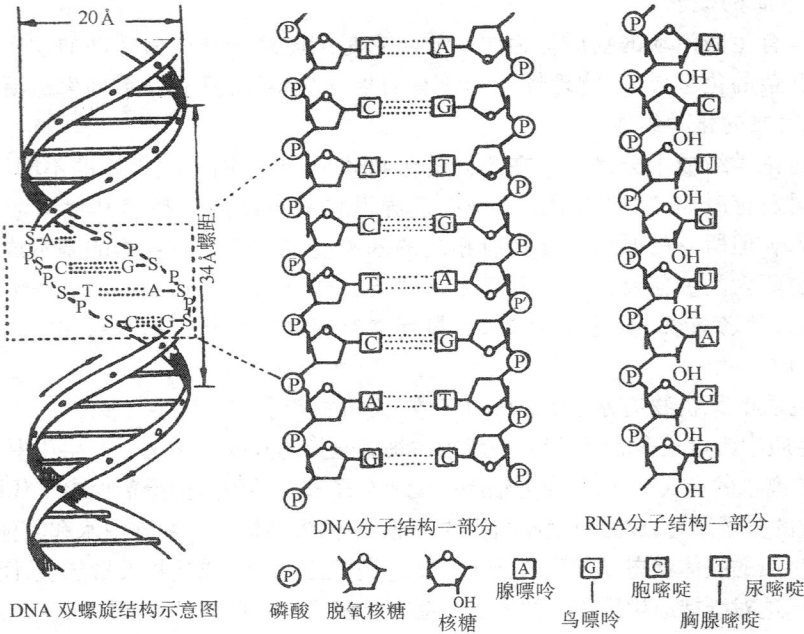

DNA双螺旋结构示意图　　　DNA分子结构一部分　　　RNA分子结构一部分

Ⓟ磷酸　脱氧核糖　核糖　Ⓐ腺嘌呤　Ⓖ鸟嘌呤　Ⓒ胞嘧啶　Ⓣ胸腺嘧啶　Ⓤ尿嘧啶

图1-2　核酸结构示意图

RNA是由一条多核苷酸链组成(图1-2),主要存在于细胞质中,它与细胞内蛋白质的合成有着非常密切的联系。

DNA是由两条多核苷酸链组成(图1-2),两条链以相反走向排列,右旋成双螺旋结构,形状像一架螺旋状的梯子。每条多核苷酸链中的磷酸和脱氧核糖相连接构成"梯子"的骨架;和脱氧核糖连接的碱基朝向梯子的内侧,两条链上相对应的碱基通过氢键结合成对,形似"梯子"的踏板,称为碱基对。碱基对具有特性:只能是A与T结合,G与C结合。这样,当一条链上的碱基排列顺序确定后,另一条链上必定有相对应的碱基排列顺序。

DNA主要存在于细胞核中,是染色体的主要成分,是生物的主要遗传物质

(3)脂类:植物细胞原生质的脂类有脂肪和类脂。类脂是构成原生质的重要成分,包括磷脂、糖脂和硫脂。磷脂主要是卵磷脂,它是由一分子甘油、二分子脂肪酸和一分子含氮有机碱组成(图1-3)。磷脂分子的结构有一个极为突出的特点,这就是它既含有极性的亲水基因(头部),又含有非极性的疏水基因(尾部,亲脂端)。这样的具有极

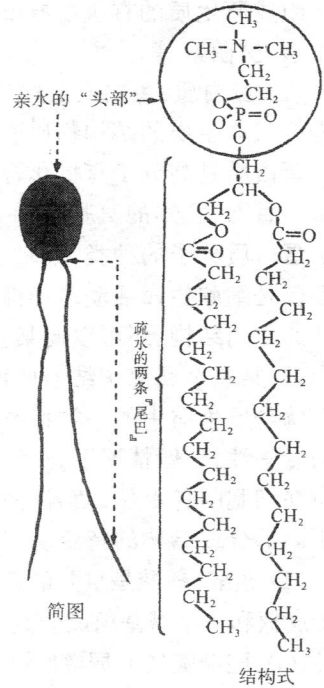

图1-3　卵磷脂结构式和简图

性的头部和非极性的尾部的两性分子,在空间上总是对立分开的,或者是定向排列的。磷脂的这种特性,使得它在生物膜的形成中有着独特的作用,即两层磷脂单分子层以疏水端相对构成膜的骨架。脂肪是一种体积小而能量高的储藏物质,存在于种子和少数果实中。有些脂类物质成角质、栓质或蜡质参与细胞壁的构成。

（4）糖类:糖类参与原生质、细胞壁的构成,是原生质代谢作用的能源,也是合成其他有机物的原料。植物细胞中含有的糖类为单糖、双糖和多糖三类。单糖中主要是五碳糖(如核糖、脱氧核糖)和六碳糖(如葡萄糖、果糖)。前者是核酸的组成成分之一,后者是细胞内能量的主要来源。植物细胞中常见的双糖是蔗糖和麦芽糖,最主要的多糖是纤维素、淀粉、果胶质等。淀粉是贮藏的营养物质,纤维素和果胶质是构成细胞壁的主要成分。

（三）原生质的胶体特性

原生质是一种无色、半透明,具有一定粘度和弹性,半流动状态的胶体,其比重略大于水。

组成原生质的蛋白质、核酸等大分子,其颗粒直径一般在 $0.001\sim0.1\mu m$ 之间,与胶体颗粒直径相当。并且这些大分子还具有羧酸、氨基、羟基等极性基。因此,原生质是一种复杂的亲水胶体,具有胶体的一些特性。

1.带电性

组成原生质胶体的蛋白质是两性解离物质,随着溶液 pH 值的变化,它既可以阳离子或阴离子状态存在,也可以两性离子状态存在。

原生质在不同的 pH 环境中带有不同的电荷,这样有利于它和环境进行物质交换和新陈代谢活动。一般情况下,原生质胶粒表面均带有同性电荷,使其在溶液中呈现分散状态。

2.吸附性

物质界面的分子有剩余吸引力,因此,物质表面积大吸附力就大。原生质胶体是一种分散度非常高的多相体系,其表面积很大,吸附力也很大。可以吸附水分子、酶、矿物质及生理活性物质进行复杂的生命活动。

3.粘性和弹性

在原生质胶体中,吸附在原生质胶粒周围的水分子因距其远近不同,呈现两种状态。近者受吸附力大,水分子不易自由移动,这种水称为束缚水;远者,受吸附力小,水分子可以自由移动,这种水称为自由水。原生质胶体中,自由水多,束缚水相对少时,其粘性小。反之其粘性大。

原生质不但有粘性也具有一定的弹性。这种弹性是指在一定的作用力下,原生质出现变形,但去掉外力后原生质可以恢复原状。原生质的粘性和弹性常随着植物生长时期及环境条件的改变而变化。一般来说,原生质的粘性、弹性降低,则代表增强生长旺盛,忍受机械压力的能力变小,对不良环境的适应性变弱。反之,若原生质的粘性、弹性增加,则代谢减弱,生长缓慢,忍受机械压力的能力增大,对不良环境的适应性变强。

4.凝胶化作用

原生质胶体系统有两种存在状态:凡原生质中胶粒各自分离,胶体具有流动性时称做溶胶;胶粒互相连接成网状体系,仅在网眼中保持水分,胶体失去流动性,称做凝胶。

溶胶在温度降低或水分减少时变为凝胶,这种现象称凝胶化作用。如果提高温度,增加水分,凝胶又变为溶胶,这种现象称为溶胶化作用。

凝胶和溶胶这两种状态是植物适应生活环境及不同生活状态所必需的。例如,当植物生长旺盛时,细胞中原生质胶体呈溶胶状态。成熟种子细胞中的原生质胶体则呈凝胶状态。

5.凝聚作用

原生质胶粒有亲水性,这样可以使胶粒周围形成水化膜,起保护作用。原生质胶粒的带电性使得带有相同电荷的胶粒彼此相斥。这是原生质胶体稳定的两个重要因素。这两个因素若受到破坏,原生质胶粒便合并成大的颗粒而析出沉淀,这种现象称为凝聚。凝聚时间延长,原生质的胶体结构就会破坏,植物便会死亡。凡是可使蛋白质变性及影响胶体稳定的因素,均可使原生质胶体发生凝聚作用。

四、植物细胞的基本结构

植物细胞由原生质体和细胞壁两部分组成(图1-4)。细胞壁包在原生质体外面,是植物细胞特有的,原生质体是分化了的原生质,是细胞内有生命活动部分的总称。随着细胞的生命活动,细胞内产生各种后含物。

(一)原生质体

在高等植物细胞内,原生质体可分为细胞质和细胞核两部分。在光学显微镜下,细胞核呈一个折光较强,粘滞性较大的球状体,与细胞质有明显的分界。细胞质是原生质体除了细胞核以外的其余部分。二者都不是匀质的,在内部还分出一定的结构,其中有的用光学显微镜可以看到,有的必须借助电子显微镜才能看到。

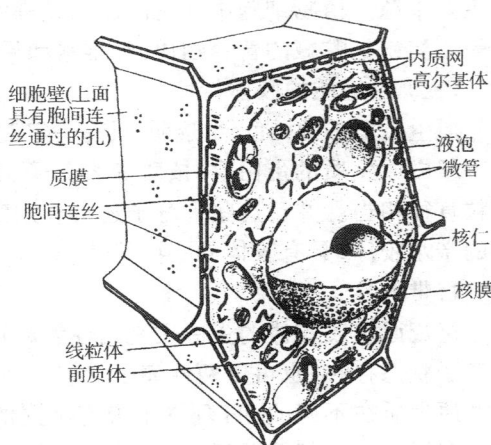

图 1-4　植物细胞的亚显微结构立体模式图

人们把在光学显微镜下呈显的细胞结构称为显微结构,而把电子显微镜下看到的更为精细的结构称为亚显微结构或超显微结构。

1.细胞质

细胞质充满在细胞壁和细胞核之间,它包括质膜、细胞器和胞基质三部分。细胞质在细胞内能不断地缓慢流动。

(1)质膜:质膜是细胞质最外面紧靠细胞壁的一层薄膜,是原生质体的最外部分。质膜具有选择透性,细胞与外界环境的物质交换由质膜控制。细胞内,除质膜外,还存在大量的膜质系统,称为胞内膜。质膜与胞内膜统称为生物膜。其干重通常占细胞原生质的 70%～80%。

在电子显微镜下,生物膜的横切面具有明显的三层结构,两侧呈两个暗带,中间夹有一个明带。最初人们认为明带是两列磷脂分子,两条暗带是分布在磷脂两侧的蛋白质分子,并把这种三层结构叫做单位膜(图1-5)。

关于生物膜的结构模型,近年提出了液态镶嵌模型(图1-6),认为生物膜是以脂类双分子层作为基本骨架,蛋白质分子有的结合在磷脂层两侧,有的全部或部分镶嵌在磷脂层中,并呈不均匀、不对称状。两列磷脂分子不是静态的,而是动态的,可以侧向移动。液态镶嵌模型假说已经得到了较普遍的赞同和支持。

生物膜有多种生理功能。生物膜保障了细胞内细胞器按室分工,使细胞的生命活动有条不紊地进行。生物膜是选择透性膜,控制着细胞内外、细胞器间的物质交换,影响细胞的代谢作用。另外,质膜结构大大增加了原生质内部的表面积,为各种生理活动提供了场所。

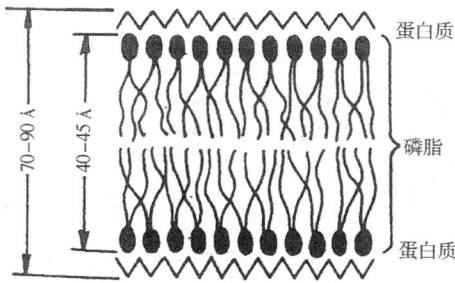

图 1-5　单位膜模型

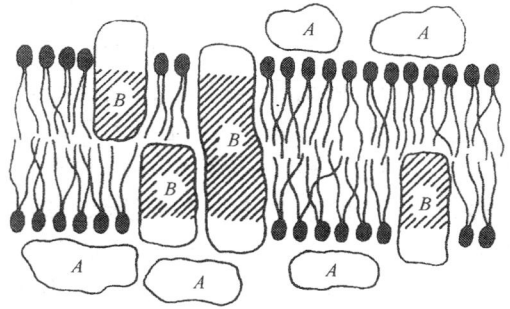

图 1-6　液态镶嵌模型
A—外在蛋白;*B*—内在蛋白

（2）细胞器:细胞器是细胞质中具有一定形态结构和生理功能的微结构或微器官。植物细胞中有多种细胞器。

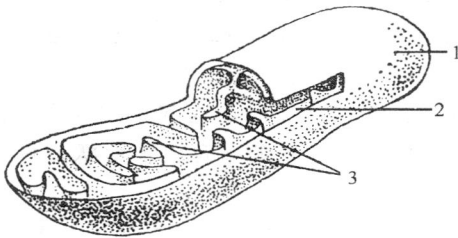

图 1-7　线粒体的立体结构图解
1—外膜;2—内膜;3—嵴
（引自陆时万等《植物学》）

1）线粒体:线粒体在光学显微镜下,通常是颗粒状或短线状。其大小不一,短径约 $0.5\sim1\mu m$,长径约为 $1\sim2\mu m$。在电镜下,可看到线粒体有内外两层膜。在植物细胞中,线粒体的内膜向内折叠,形成管状突起或隔板状突起,称做嵴。在线粒体内,嵴之间充满胶体状态的基质。在内膜和嵴上,均匀分布着众多圆形小颗粒,叫做电子传递基粒（ETP）,见图 1-7。基质的主要成分是可溶性蛋白质,还有少量 DNA、核糖体等。与呼吸作用有关的各种酶分别定位于内膜和基质中。

线粒体是进行呼吸作用的主要细胞器,细胞生命活动中所需的能量约 95% 来自线粒体。

2）质体:质体是植物特有的细胞器,主要功能是合成和积累同化产物。在分生组织的幼龄细胞中质体尚未分化成熟,称为前质体。前质体形状不规则,直径约 $1\mu m$,有双层膜,内部仅有少量片层和基质。随着细胞的生长和分化,前质体分化为成熟质体。根据色素的有无和色素种类及功能,可将质体分为白色体、叶绿体和有色体三种类型（图 1-8）。

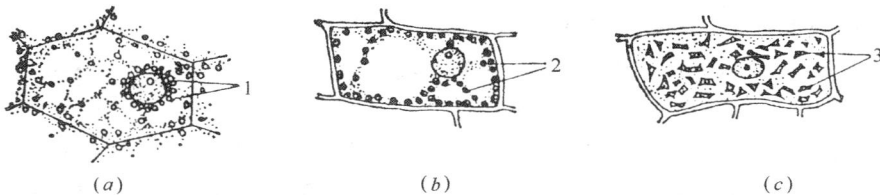

（*a*）　　　　　　　　（*b*）　　　　　　　　（*c*）

图 1-8　含有不同类型质体的细胞
1—白色体;2—叶绿体;3—有色体
（引自陆时万等《植物学》）

叶绿体存在于植物绿色部分的细胞中,在成熟的叶肉细胞中最多。叶绿体有各种形状,通常为扁椭圆状或凸透镜形。细胞中,叶绿体的数目差异很大,高等植物叶肉细胞中一般含几十至几百个叶绿体;有些藻类细胞中只有一个较大的叶绿体。叶绿体中含有绿色的叶绿素和黄色的类胡萝卜素,但由于叶绿素含量较高,故使叶绿体呈绿色。

在电子显微镜下(图1-9)可看见叶绿体外面由两层单位膜包被,里面充满无色溶胶状基质,基质中浸埋着由膜形成的许多圆盘状的类囊体,并相互重叠,形成一个个柱状体结构,称为基粒。基粒之间有基粒间膜(或称基质片层、基质类囊体)相连接。在类囊体膜上,附叶绿素等色素及许多与光合作用有关的酶。基质中,含有核糖体、DNA、脂类和淀粉。

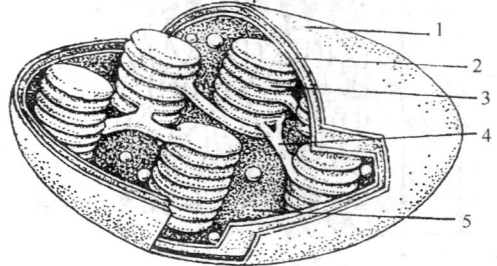

图1-9　叶绿体立体结构图解
1—外膜;2—内膜;3—基粒;4—基粒间膜;5—基质
(引自陆时万等《植物学》)

白色体不含色素,多存在于幼嫩细胞、贮藏组织和一些植物的表皮中。白色体一般为近球形或纺锤形,常聚集在细胞核附近。其结构较简单,表面有双层膜包被,内部有少数片层。根据功能,白色体可分为积累淀粉的造粉体,合成油脂的造油体及合成贮藏蛋白质的造蛋白体。

有色体含有胡萝卜素和叶黄素。由于两者比例不同,可呈现红黄之间的各种颜色。它们通常存在于果实、花瓣或植物的其他部分,是这些器官颜色的来源。有色体形状多种多样,且不规则,内部结构简单,片层多为变形或解体。它能积聚淀粉和脂类。

上述几种质体,随着细胞的发育和环境条件的变化可以互相转化。关系如图1-10所示。

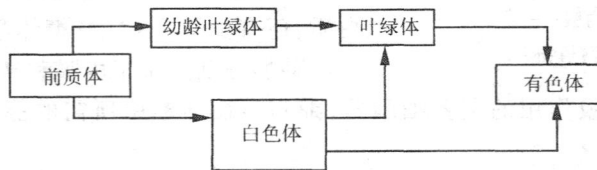

图1-10　质体的转化

3)微体:微体是由单层膜所围成的直径为$0.5\sim1.5\mu m$的球体。根据其所含酶系统不同,可将微体分为过氧化物酶体和乙醛酸酶体。前者存在于高等植物的绿色细胞中,与叶绿体、线粒体相配合参与乙醇酸循环,与光呼吸有关;后者多存在于含油量高的种子中,当种子萌发时,它将脂肪或油分解转化成糖。

4)圆球体:圆球体为单层膜所围成,内部有细微颗粒状结构,直径为$0.1\sim1\mu m$的球状体。它来源于内质网,是贮藏脂肪的场所。

5)溶酶体:溶酶体是由单层膜围成的多形小泡,直径一般为$0.25\sim0.3\mu m$,内部无特殊结构,含有许多水解酶。溶酶体可以通过膜的内陷,把细胞质的其他成分吞噬进去并消化;也可以通过本身的解体,将酶释放到细胞质中分解各种内含物。溶酶体对于细胞内贮藏物质的利用,消除不必要的衰老原生质结构,导致原生质体解体都有特定的作用。一般认为溶酶体来自内质网与高尔基体的小泡。

6)核糖核蛋白体:简称核糖体或核蛋白体,是一种没有膜结构的细胞器,直径为$15\sim25\mu m$球形颗粒。有的单个存在,有的由多个聚在一起叫多聚核糖体。有的游离在细胞质中,有的附着在内质网和核膜上,也有的存在于线粒体和叶绿体中。它主要由核酸(60%)和蛋白质(40%)组成。核糖体是合成蛋白质的主要场所。

7) 内质网:内质网是充满在细胞中的一个复杂的膜系统。它是由单层膜围成的管、泡或腔(槽)在胞基质内形成立体网状结构(图1-11)。内质网的一些分枝与核膜相连,也有一些分枝与质膜相连,还可通过胞间连丝与相邻细胞的内质网发生联系。内质网有两类,一类在膜表面附有核糖体,称为粗糙内质网;另一类膜表面不附有核糖体,称为光滑内质网。前者主要功能是参与蛋白质合成,后者与类脂、激素的合成有关。内质网在蛋白质等物质的贮存和转运中起重要作用。

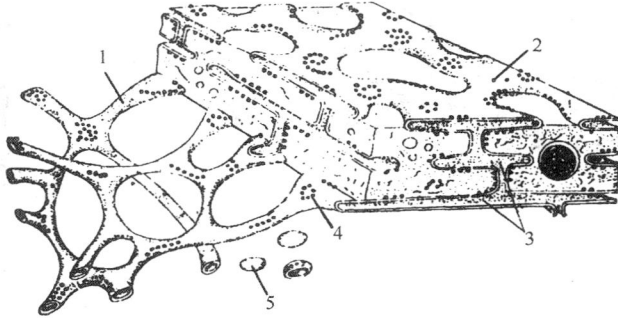

图1-11 内质网的立体结构

1—管状内质网;2—核糖体;3—内质网的槽库;4—多聚核糖体;5—泡状内质网

(引自吴万春《植物学》)

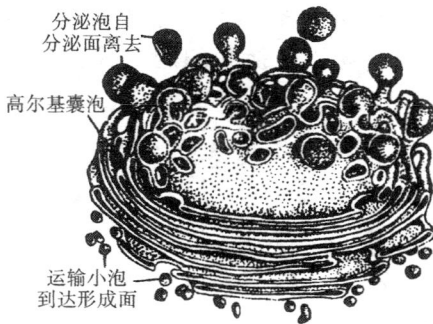

图1-12 高尔基体模式图

8) 高尔基体:高尔基体是由数个单层膜构成的扁平囊泡相叠而成。一般3~8个,某些藻类达10~20个。囊厚约0.014~0.02μm,各扁囊间有空隙,整体似一个托盘或碗状。其凸面称为形成面,凹面称为成熟面或分泌面。在形成面的周围,有很多直径约40~80μm的球形小泡。小泡是由附近的内质网形成的,内含内质网合成的蛋白质、脂肪和糖类等。小泡起运输作用,所以又称为运输小泡,它与高尔基体的扁平囊泡溶合,使得其膜成分得到不断补充。高尔基体的分泌面不断由囊缘膨大形成直径约0.1~0.5μm的分泌泡,其带着生成的分泌物离开高尔基体。可见,小泡不断补充,分泌泡的不断离去,使高尔基体始终处于新陈代谢的变化中(图1-12)。高尔基体参与分泌作用。主要是对粗糙内质网运来的蛋白质进行加工、浓缩、储存和运输,排出细胞。高尔基体也参与多糖合成、运输及形成细胞壁,并参与溶酶体与液泡的形成。

9) 细胞骨架:细胞骨架是由微管、中间纤维和微丝组成的一个复杂的网架系统,它遍布于细胞基质中(图1-13)。

微管为细长、中空的管状结构,外径约为24~26nm,内径约为15nm,长度不等,一般几个微米长。主要由α微管蛋白与β微管蛋白分别组成13条原丝、纵行螺旋排列而成(图1-14)。微管具有多方面的功能,主要是:保持细胞形态起一种骨架作用;细胞的运动变化与其导向有关;为胞内物质定向运输提供运输轨道并与微丝结合提供运输动力;微管是细胞分裂时形成的纺锤丝的组成部分,对染色体的位移起作用;在细胞壁建成时,控制纤维素微丝的排列方向。

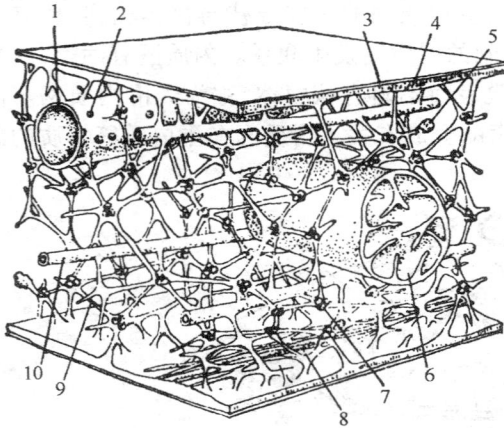

图 1-13　细胞骨架模型图
1—内质网;2—内质网上的核糖体;3—质膜;4—细胞质;
5—小泡;6—线粒体;7—核糖体;8—微丝;9—中间纤丝;
10—微管
(引自高信曾《植物学》)

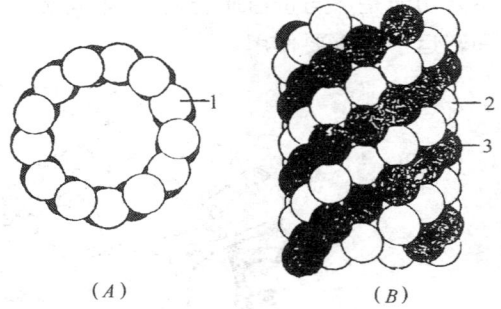

图 1-14　微管的模型
A—横切面;B—纵切面
1—球蛋白;2—α 球蛋白;3—β 球蛋白
(引自吴万春《植物学》)

10)液泡:液泡是由单层膜包被而成,其内含有细胞液。在幼小细胞中,液泡很小,且数量多而分散。随着细胞的生长,液泡逐渐增大,相互合并;在细胞中央形成一个大液泡。大小可占细胞体积的 90%以上。这时,细胞质的其余部分连同细胞核一起,被挤成紧贴细胞壁的一个薄层。使细胞质与环境有较大的接触面,有利于物质交换和细胞的代谢活动(图 1-15)。

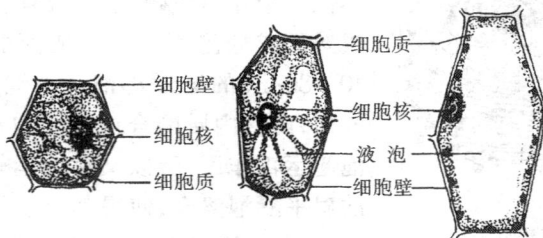

图 1-15　液泡的形成

液泡除了参与细胞内物质的积累、贮藏及移动外,还能够调节渗透、维持细胞正常的渗透压和紧张度。液泡中的酶不仅能分解液泡中的贮藏物质,还可以分解细胞衰老的组成部分,并参与细胞分化、结构更新等生命活动过程。

(3)胞基质:胞基质是在电子显微镜下,细胞中除了细胞器以外看不出有特殊结构的细胞质部分。它含有蛋白质、氨基酸、脂类、酶、核酸、糖类、水和无机离子等,是一个复杂的胶体系统。生活细胞中胞基质有流动现象,包埋其中的一些细胞器也随之移动。胞基质是细胞内进行各种生化活动的场所,同时还不断为细胞器行使动能提供必需的营养原料。

2.细胞核

植物中除最低等的类群——细菌和蓝藻外,所有的生活细胞都具有细胞核。人们将具有细胞核的,称为真核生物,无明显细胞核结构的,称为原核生物。细胞核一般呈球形或椭圆形,埋藏于细胞质内。高等植物细胞核的直径约为 $5\sim10\mu m$,低等植物细胞核直径一般在 $1\sim4\mu m$。通常一个细胞只有一个细胞核,少数也有两个或多个的。

　　细胞核具有一定的结构,由核膜、核质、核仁三部分组成(图 1-16)。核膜为双层膜,包在最外面。膜上有许多小孔,称做核孔。核孔也有结构控制着细胞核与细胞质间较大分子物质的交换。核膜内充满核质,其中易被碱性染料染色的物质叫染色质,不染色的部分叫核液。染色质是细胞中遗传物质存在的主要形式,是由许多称为核小体的基本单位组成的串珠状结构(图 1-17)。主要成分是 DNA 和蛋白质。当细胞进入分裂期时,这些染色质便形成染色体。核液是核内没有明显结构的基质,其中含有水、蛋白质、RNA 和一些酶等物质,核质内有一个或数个折光性很强的球状小体,叫核仁。由核糖核酸和磷蛋白组成。核仁是无膜结构。

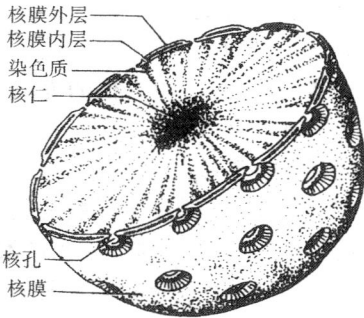

图 1-16　细胞核超微结构模式图

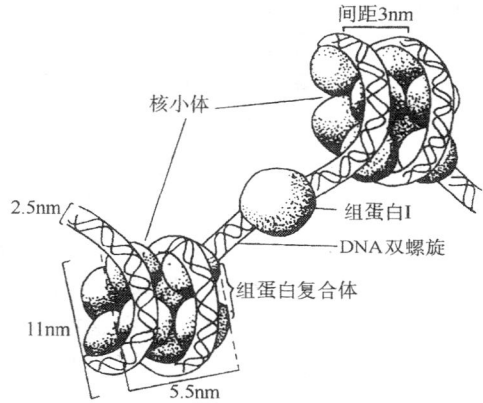

图 1-17　一条伸展的染色质丝的一部分,
示其核小体的结构
引自 Goodwin and Mercer,1983)

　　细胞核的主要功能:一是贮存 DNA 及其上的基因,并在具有分裂能力的细胞中进行复制;二是在核仁中形成细胞质的核糖体亚单位;三是控制植物体的遗传性状,通过指导和控制蛋白质的合成而调节控制细胞的发育。

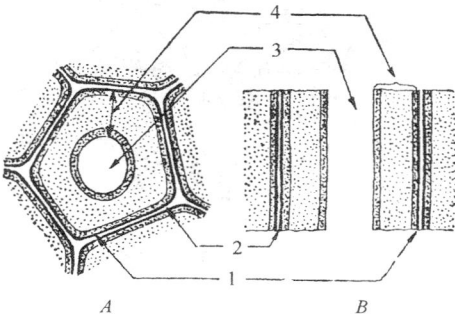

图 1-18　具次生壁细的细胞壁结构
A—横切面;B—纵切面
1—初生壁;2—胞间层;
3—细胞腔;4—三层的次生壁
(引自陆时万等《植物学》)

(二)细胞壁

　　细胞壁是植物细胞特有的结构,由原生质体分泌的物质所形成,具有一定的硬度和弹性。细胞壁包围在细胞最外层,有保护原生质体和维持细胞一定形状的功能。并参与植物吸收、运输、蒸腾、分泌等生理过程。在细胞生长调控、细胞识别等生理活动中,细胞壁也起一定作用。

　　细胞壁可分三层,中间为胞间层,两侧分别为初生壁和次生壁。胞间层和初生壁是所有植物细胞均具有的,次生壁则不一定都具有(图 1-18)。

1.胞间层

　　胞间层又称中胶层,为相邻的两个细胞所共

有。主要成分是果胶质,能将相邻的细胞粘结在一起,具有一定的可塑性,能缓冲细胞间的挤压。

2.初生壁

细胞在体积不断增大的生长过程中,原生质体分泌的纤维素、半纤维素及果胶质加在胞间层的内侧,形成初生壁。初生壁一般很薄,厚约 $1\sim3\mu m$,质地柔软,有较大韧性,可随细胞的生长而延长。

3.次生壁

次生壁是细胞体积停止增大后,在初生壁内侧继续加厚的细胞壁层。在植物体中,只是那些生理上分化成熟后原生质体消失的细胞,才在分化过程中产生次生壁。例如各种纤维细胞、导管、管胞等。

次生壁的主要成分是纤维素,并常有其它物质填充其中,使细胞壁适应一定的生理功能而发生了一些特殊的变化。这些变化主要有角质化、栓质化、木质化、矿质化。

(1)角质化:角质化是细胞外壁为角质所浸透,并常在细胞壁外表面堆积成膜的过程。角质是一种脂类化合物,角质化的细胞壁不易透水,但可透光,角质化一般发生于植物地上部分的表皮细胞,发达的角质膜可增强植物对干旱和病菌的抵抗能力。

(2)木栓化:木栓化是木栓质(脂类化合物)渗入细胞壁引起的变化。细胞壁木栓化的细胞失去透水和通气能力,其原生质体最终解体而成死细胞。植物茎和老根的外面一层或多层细胞层一般都有木栓化细胞层覆盖着,对植物体有很好的保护作用。

(3)木质化:木质素渗入到细胞壁的过程叫做木质化。木质素填加到纤维素构架内,加大了细胞壁的硬度,增加了细胞的机械支持能力。导管、管胞都是细胞壁木质化的例子。

(4)矿质化:细胞壁渗入矿物质称为矿质化。最常见的矿物质是二氧化硅和碳酸钙等。矿质化可增强植物茎叶的机械强度和抗病虫害的能力。禾本科植物茎叶非常坚硬就是其表皮细胞高度硅化的缘故。

次生壁的增厚是不均匀的,有的地方不增厚,形成了许多凹陷的区域,称为纹孔。相邻两个细胞上的纹孔常相对存在,称为纹孔对。纹孔之间的胞间层和初生壁合称纹孔膜。纹孔是细胞之间水分和物质交换的通道,分为单纹孔和具缘纹孔。

初生壁上也有一些较薄的凹陷区域,分布着许多小孔,是相邻两细胞原生质细丝连接的孔道。这些贯穿细胞壁而联系两细胞的原生质细丝称为胞间连丝(图1-19)。细胞壁的其它部位也可分散存在着少量的胞间连丝。胞间连丝是引导物质和信息的桥梁,它将植物体所有的原生质体连接在一起,使所有细胞成为一个有机的整体叫共质体。

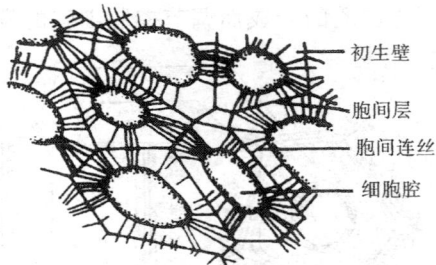

图1-19 胞间连丝

(三)细胞后含物

细胞后含物是细胞原生质体代谢作用的产物,它们可以在细胞生活的不同时期产生和消失。其中有的是贮藏物质,有的是废物;有的存在于原生质体中,有的存在于细胞壁。细胞后含物种类很多,如淀粉、脂肪、蛋白质、激素、维生素、单宁、树脂、色素、草酸钙结晶等。下面介绍几类重要的贮藏物质和常见的盐类结晶。

1.淀粉

淀粉是植物细胞中最普遍的贮藏物质,呈颗粒状态贮存于细胞质中,称为淀粉粒。一些植物的贮藏器官,如块茎、块根、胚乳或子叶中贮存大量的淀粉。造粉体积累淀粉时,先从一处开始形成淀粉粒的核心,称为脐,以后环绕核心层层积累,形成同心轮纹,最后整个造粉体被淀粉所充满。一个造粉体可形成一个或几个淀粉粒。淀粉粒的形态、大小和结构可以作为鉴别植物种类的依据之一(图1-20)。

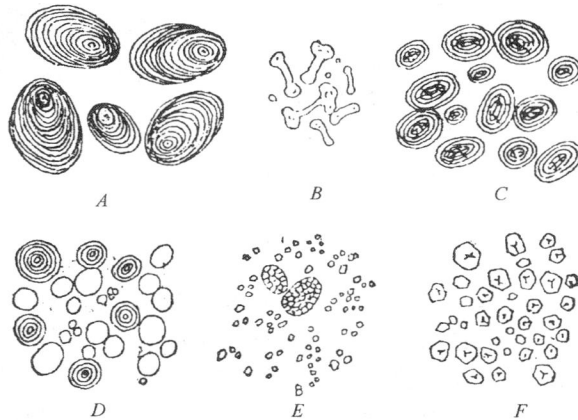

图1-20　各类淀粉粒
A—马铃薯;B—大戟;C—菜豆;D—小麦;E—水稻;F—玉米
(引自陆时万等《植物学》)

2.蛋白质

细胞中贮藏的蛋白质是无生命的,与组成原生质的蛋白质不同,呈比较稳定的状态。它以无定形或结晶状(拟晶体)贮存于细胞中。贮藏的蛋白质,初期以溶解状态存在于液泡中,当细胞成熟时,液泡分成许多小液泡,水分逐渐消失,蛋白质便积聚成固体粒状,称为糊粉粒。简单的糊粉粒是一团无定形的蛋白质,较复杂的糊粉粒中可以包括一个球状体(磷酸盐)和几个拟晶体(蛋白质结晶)。玉米、水稻、小麦等禾谷类的胚乳,最外一层或几层细胞中含有大量的糊粉粒,称为糊粉层(图1-21)。

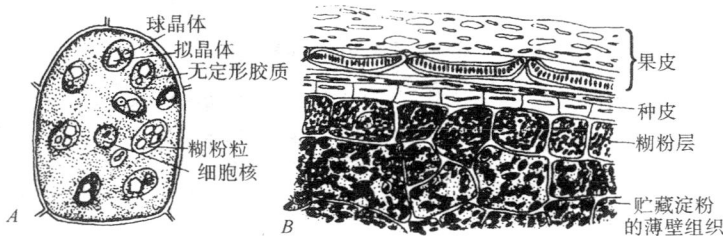

图1-21　糊粉粒与糊粉层
A—蓖麻胚乳细胞中的复杂糊粉粒;B—小麦籽粒横剖面的一部分示糊粉层

3.脂肪

脂肪在圆球体和白色体(造油体)内形成,常以油滴状态存于植物的种子和果实的细胞中,是含能量最高而体积最小的贮藏物质(图1-22)。

15

4. 晶体

图 1-22　含有油滴的椰子胚乳细胞

在植物细胞中常含有各种形状的晶体。这些晶体大多为原生质代谢的废物,有些也能再利用,在细胞液泡中形成,最常见的是草酸钙晶体和碳酸钙晶体(图 1-23)。

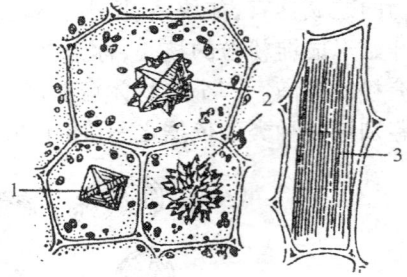

图 1-23　晶体的类型
1—单晶;2—簇晶;3—针晶

5. 色素

植物细胞内的色素除存在于质体的叶绿素和类胡萝卜素外,还有存在于液泡内的一类水溶性色素,为类黄酮色素(花色素苷和黄酮或黄酮醇)。这类色素常分布于花瓣和果实内。花色素苷在酸性溶液中呈橙至淡紫色,在中性溶液中呈紫色,在碱性溶液中呈蓝色。植物花瓣颜色的变化就是由于花色素苷对细胞液酸碱变化的反应。黄酮和黄酮醇使花瓣呈现微白淡黄色。

综合上述,将植物真核细胞构造,归纳为表 1-1。

植物真核细胞的构造　　　　　　　　　　　　　　　　　表 1-1

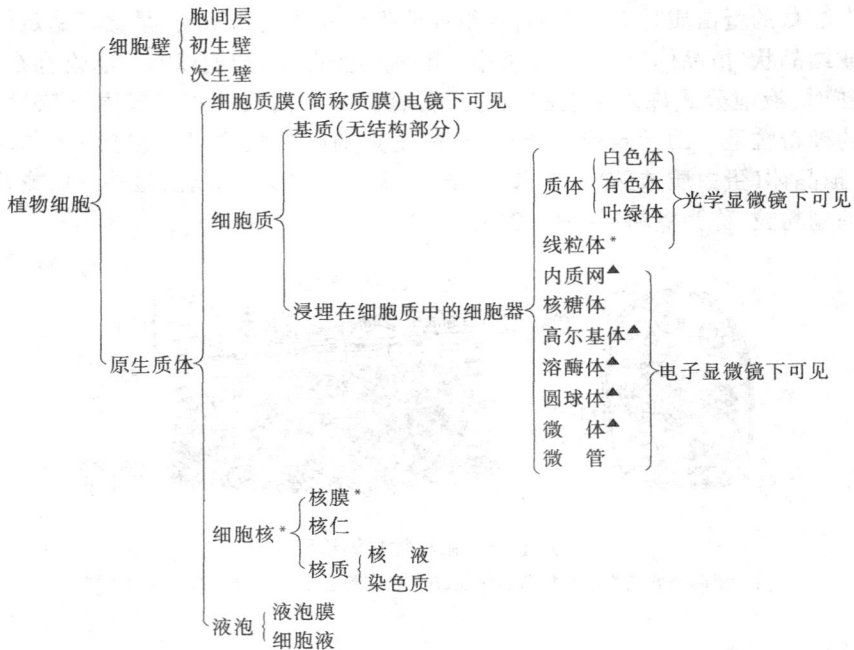

注:*—双层膜包被;
　▲—单层膜包被。

16

第二节 植物细胞的繁殖与分化

一、植物细胞的繁殖

植物个体的生长、发育和繁殖是细胞数目的增多、体积的增大及分化的结果。细胞繁殖是通过细胞分裂实现的。细胞分裂有三种方式:无丝分裂、有丝分裂和减数分裂。

（一）细胞周期

细胞周期是指细胞从上一次分裂结束并开始生长到下一次分裂终了所经历的全部过程。一般将这一过程分为间期和分裂期(图 1-24)。分裂间期约占整个细胞周期时间的95%。间期可分为三个阶段:DNA 复制前期(G_1 期),细胞主要完成 RNA 和蛋白质的合成,包括与 DNA 合成有关的酶类和磷脂等的合成;DNA 复制期(S 期),完成 DNA 的复制和组蛋白的合成,DNA 含量增加一倍;DNA 复制后期(G_2 期),主要是合成纺锤丝的组成材料和RNA,贮备染色体移动所需要的能量。分裂期(M),一般包括两个过程,即核分裂和细胞质分裂。细胞分裂时,在两个核间形成新细胞壁成为两个子细胞。

（二）有丝分裂

有丝分裂是一个连续过程,为了认识和研究的方便,通常根据细胞核发生的可见变化将其分为前期、中期、后期和末期四个时期(图 1-25)。

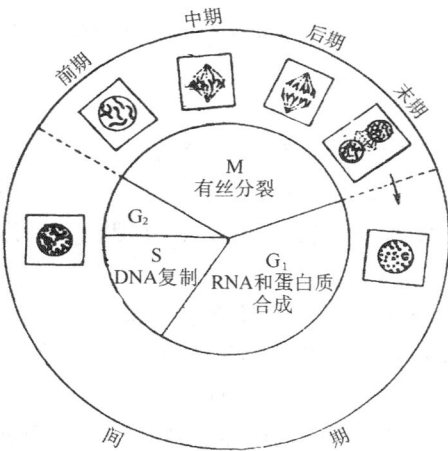

图 1-24 细胞周期图解

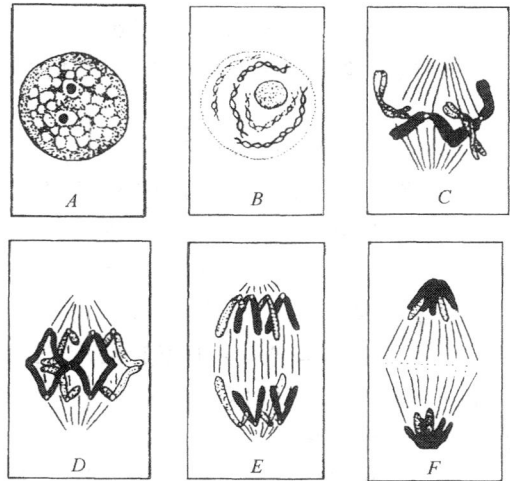

图 1-25 有丝分裂图解
A—分裂间期;B—前期;C—中期;D、E—后期;
F—末期(赤道面处的虚线表示成膜体)

（1）前期:细胞核内染色质丝进行几级螺旋化后形成染色体,并伴随着核膜、核仁的消失。纺锤丝开始出现。

（2）中期:所有染色体排列到细胞中央的赤道板上,纺锤形成而且非常明显。这个时期的染色体变短变粗,彼此松开,有比较固定的形状,是观察染色体形态和数目的最佳时期。此时,可看到每条染色体由两条染色单体组成,其间有着丝点相连。这两条染色单体互称为姊妹染色单体。

（3）后期：姊妹染色单体从着丝点处分开，在纺锤丝收缩的作用下移向两极。这样，在细胞的两极就各有一套与母细胞形态、数目相同的染色体。

（4）末期：染色体到达两极后，又变为细线的染色质。核膜、核仁又重新出现。细胞赤道板处逐渐出现新的细胞壁，形成两个子细胞。至此，有丝分裂的过程完成。

（三）减数分裂

减数分裂是植物在有性生殖过程中所进行的细胞分裂。在种子植物中，发生在花粉母细胞开始形成花粉粒即小孢子和胚囊母细胞开始形成胚囊前的大孢子的时候。减数分裂包括两次连续的分裂，但染色体只复制一次，染色体也仅分裂两次。因此，一个母细胞经过减数分裂，形成 4 个子细胞，但其染色体数目只是母细胞的一半，减数分裂由此得名。现将减数分裂的过程简述如下（图 1-26）：

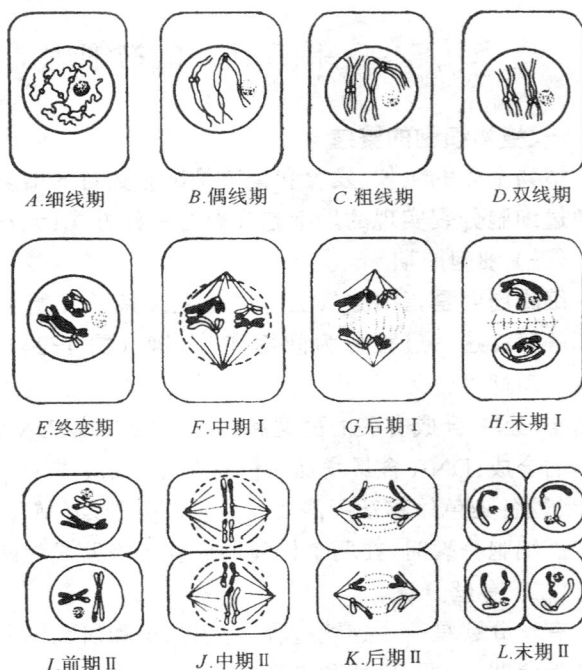

A.细线期　　B.偶线期　　C.粗线期　　D.双线期

E.终变期　　F.中期Ⅰ　　G.后期Ⅰ　　H.末期Ⅰ

I.前期Ⅱ　　J.中期Ⅱ　　K.后期Ⅱ　　L.末期Ⅱ

图 1-26　植物细胞的减数分裂图解

1.第一次分裂(简称分裂Ⅰ)

（1）前期Ⅰ　前期Ⅰ历经时间长，变化复杂，根据其变化特点，又可分为五个时期：

细线期　细胞核内出现细长、线状染色体，细胞核和核仁增大。

偶线期　同源染色体(一条来自父本，一条来自母本，形状、大小相似，其因排列顺序相同的染色体)两两配对。这种形象称为联会。

粗线期　染色体进一步缩短变粗，同时可以看到每对同源染色体含有 4 条染色单体，但着丝点处不分离，称四联体。四联体内，同源染色体上相邻的两条染色单体，常发生横断和染色体片段交换现象。这种交换现象对生物的遗传和变异有非常重要的意义。

双线期　染色体继续缩短变粗，配对的同源染色体开始分离，但在染色单体发生交换处仍旧连接在一起。这期间，联会的染色体常呈现 X、V、8、0 等形状。

终变期　染色体更为缩短变粗，并在核膜内侧均匀地散开。此期是观察计算染色体数目的最好时期。期末，核膜、核仁相继消失，开始出现纺锤丝。

（2）中期Ⅰ：成对的同源染色体移向并排列在细胞赤道面上，两条染色体的着丝点分别排列在赤道面的两侧，纺锤体形成。

（3）后期Ⅰ：在纺锤丝的作用下，两条同源染色体分开并移向两极。每极的染色体数目是母细胞的一半。这时每条染色体仍旧含有 2 条染色单体。

（4）末期Ⅰ：到达两极的染色体又变为细线状的染色质。重新出现核膜，形成两个子核，同时在赤道面上形成细胞板，将母细胞分隔成两个仍连在一起的子细胞，称为二分体。

18

也有的植物,不形成细胞板,两个子核继续进行第二次分裂。

2.第二次分裂(简称分裂Ⅱ)

第二次分裂一般紧接着第一次分裂,但有些植物有极短的间期。第二次分裂前染色体不复制加倍。分裂过程与有丝分裂相似,也分为四个时期。

(1)前期Ⅱ:染色体缩短变粗,核膜、核仁消失,纺锤丝重新出现。

(2)中期Ⅱ:染色体的着丝点排列在子细胞的赤道面上,并同时形成纺锤体。

(3)后期Ⅱ:染色体的着丝点分裂,染色单体在纺锤丝的牵引下,分别移向两极。

(4)末期Ⅱ:染色单体移至两极,各形成子核,细胞板随之出现,形成了四个子细胞。至此,减数分裂完成。

减数分裂虽属于有丝分裂的范畴,但与有丝分裂有着一些明显不同,独具特点。减数分裂过程包含两次连续分裂,而其染色体只复制一次,分裂结果形成染色体数目为母细胞一半的四个子细胞。在其间,出现了同源染色体联会和同源染色体间染色单体的交叉互换现象。

减数分裂在植物遗传和进化中有着非常重要的意义。首先,减数分裂使性细胞的染色体数目只有体细胞的一半,受精时,雌雄性细胞结合后,染色体又恢复到原来的数目,这样就保证了有性生殖植物的遗传物质的相对稳定性。其次,减数分裂中出现了染色单体片段的交换现象,当性细胞结合时,就会出现遗传物质的不同组合,增加了植物个体的变异性,促进了物种的进化。

(四)无丝分裂

无丝分裂亦称直接分裂或非有丝分裂。分裂过程简单快速,不出现染色体、纺锤体,核仁、核膜不消失。

无丝分裂有多种形式,但最常见的是横缢式分裂。其过程是,核仁一分为二移向核的两极,核同时延长,中间缢缩断裂,分成两个子核。子核间形成新壁,形成两个子细胞。

无丝分裂常见于低等植物,在高等植物中也有存在,如禾本科植物节间基部,愈伤组织的形成,不定根的形成,胚乳的发育中均可发生。

(五)染色体数目及多倍体的概念

1.染色体数目

每种植物细胞的染色体数目和形状都是一定的,并且可分组,称为该种植物的基本染色体组。每个基本染色体组中含有的染色体数目是固定的,称为该种植物的基本染色体组基数,常用 x 表示。若植物体细胞含有两个染色体组(一组来自父本,一组来自母本),该植物称为二倍体,常用 $2n$ 表示。其细胞含有的染色体数目为 $2x$。体细胞经减数分裂产生的性细胞只含有一个基本染色体组,称为单倍体,用 n 表示。n 不同于 x,它表示性细胞含的染色体数目,可以是 x 的倍数,这里 $n=x$。

2.多倍体的概念

自然界中的植物不都是二倍体,有的植物细胞含有 3 个以上的基本染色体组,这些植物称为多倍体。其形成的原因是细胞分裂时,染色体进行了复制加倍,但细胞质没分开,没形成两个子细胞。多倍体植物经减数分裂产生的细胞不再是单倍体。例如大丽花是四倍体,体细胞 $2n=4x=32,n=2x=16$。小麦体细胞是六倍体 $2n=42n=3x=21$。

多倍体植物常常具有较强的生活力和适应性,植株、花器、果实较二倍体大。目前,可以用人工诱导的方法培育多倍体新品种。

二、细胞的生长分化与脱分化

（一）细胞的生长

植物体的生长不仅是由于细胞数量增加，而且与细胞的生长有密切的关系。细胞的生长主要是体积增大、重量增加。在植物体的细胞分裂部位，可以观察到有丝分裂产生的子细胞都很小，其体积约为母细胞的一半，但它们能迅速增大。当生长到母细胞大小时，有的继续分裂，但大部分不再分裂，而进入生长期，其体积可增大几倍、几十倍。某些细胞如纤维在纵向可增加几百倍、几千倍。

各种细胞的生长、体积的增大是有限度的，主要由细胞的遗传因子控制；但环境条件也对其有重要的影响。例如水肥充足，温度适宜时，细胞生长迅速，体积较大，在植物体上反映出根茎生长迅速，植株高大。或喷一些激素也能影响其体积的增大。反之，水肥缺乏，温度偏低时，细胞生长缓慢，体积较小，在植物体上反映出生长缓慢，植株矮小。

（二）细胞的分化

差别不大的幼嫩细胞，逐渐变得在形态、结构和功能上发生特化互异的过程，称为细胞的分化。例如绿色细胞专营光合作用，为了适应这一功能，细胞中发育出大量叶绿体。再如表皮细胞，在细胞壁上有所特化，发育出角质层，以利于行使保护功能。细胞的分化，表现在内部生理变化和外部形态变化两个方面，生理变化是形态变化的基础。细胞分化使多细胞植物中细胞的功能趋向专门化，有利于提高生理功能的效率，是进化的表现。植物越进化，细胞分工越细致，植物体的内部结构也就越复杂。

（三）细胞的脱分化

细胞的脱分化是指已经分化的细胞又丢失其结构、功能的典型特征而逆转到具有分裂能力的细胞的过程。植物体内许多已经分化的细胞，仍保留有足够的可塑性。一般认为，成熟组织中，凡保持有原生质的细胞，仍具有一定的分裂潜能和可塑性，在一定的条件下通过脱分化可恢复分裂活动，例如薄壁细胞等。

脱分化从一个侧面说明植物细胞具有全能性。所谓植物细胞的全能性，就是植物的每个细胞都具有该植物的全部遗传信息和发育成完整植株的功能。目前已有几百种植物，用其各部位组织或细胞进行离体培养，在一定的条件下都能再生得到完整的植株。

第三节 植物的组织

一、植物组织的概念

植物细胞分化的结果使细胞的形态结构、生理功能出现了特化，并形成不同类型的细胞群。我们将具有相同来源，相同的生理功能和相近似的形态结构的细胞群，称为组织。由一种细胞构成的组织，称为简单组织；由多种类型细胞构成的组织，称为复合组织。

二、植物组织的类型

根据植物组织的发育程度、生理功能和形态结构，通常将组织分为分生组织和成熟组织两大类。

（一）分生组织

1.分生组织的概念

分生组织是植物体内具有持续或周期性分裂能力的细胞群。它是分化产生其它各种组

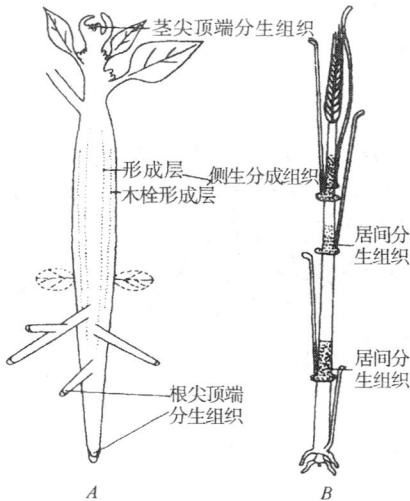

图 1-27　分生组织在植物体内的分布示意图
A—顶端分生组织和侧生分生组织的分布；
B—居间分生组织的分布
（B. 引自 Esau）

织的基础。由于分生组织的存在，植物体才得以终生不断伸长和增粗。

2.分生组织的分类

分生组织可以按其性质和来源的不同，或其在植物体内的位置不同，分为各类分生组织。

（1）按性质、来源不同，可分为原分生组织、初生分生组织和次生分生组织。

原分生组织：由胚细胞保留下来的，一般具有持久而强烈的分裂能力。位于根、茎较前的部位。细胞的结构特点是体积小，细胞核相对较大，细胞质浓厚，多为等径的多面体。

初生分生组织：由原分生组织衍生出来的细胞组成，居于原分生组织的后方，它一方面继续分裂，一方面开始分化，逐渐向成熟组织过渡。

次生分生组织：由原分生组织保留的或由已成熟组织的细胞脱分化，又重新恢复分裂能力形成的。根、茎中的形成层、木栓形成层均是次生分生组织。

（2）按在植物体中的位置，可分为顶端分生组织、侧生分生组织和居间分生组织（图1-27）。

顶端分生组织位于根、茎及其分枝的顶端。其分裂活动，可使根、茎不断伸长。当植物由营养生长转到生殖生长时，其茎的顶端分生组织还可形成生殖器官。

侧生分生组织位于根和茎的周围，靠近器官的边缘。它包括形成层和木栓形成层。形成层的活动使根和茎不断增粗。木栓形成层的活动使长粗的根、茎表面或受伤的器官表面形成新的保护组织。在没有增粗生长的单子叶植物中没有侧生分生组织。

居间分生组织是穿插于成熟组织之间的分生组织，能保持一定时间的分裂能力，后期则转变为成熟组织。它是顶端分生组织在某些器官中局部区域的保留。居间组织存在于许多单子叶植物的茎和叶中。例如玉米、小麦的叶鞘和节间；葱、蒜叶的基部等。

（二）成熟组织

1.成熟组织的概念

分生组织分裂产生的大部分细胞，经过生长和分化逐渐丧失了分生的能力，形成了各种具有特定形态结构和生理功能的组织，称为成熟组织。分化程度较浅的成熟组织，在一定的条件下，可进行脱分，称为成熟组织。分化程度较浅的成熟组织，在一定的条件下，可进行脱分化，成为分生组织。

2.成熟组织的类型

成熟组织按其生理功能，可分为基本组织、保护组织、机械组织、输导组织和分泌组织。

（1）基本组织（薄壁组织）：是构成植物体各器官最基本的组织。它在植物体内分布最广，所占体积最大，是进行各种代谢活动的重要组织。这类组织，细胞壁薄，有较大的细胞间隙，液泡较大（图1-28）。基本组织是一类分化程度较浅的组织，具有很强的分生潜能，在一定的条件下，可脱分化，重新成为分生组织。例如，创伤愈合、再生作用形成不定根和不定芽以及嫁接愈合时，基本组织都能脱分化，转变为分生组织。根据基本组织的主要生理功能，

21

又将其分为下列五类:

同化组织:细胞内含有大量叶绿体,能进行光合作用,合成有机物。同化组织主要存在于叶肉内,嫩茎和幼果中也有(图1-29)。

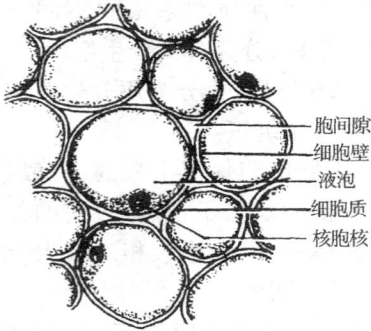

图1-28 茎的薄壁组织

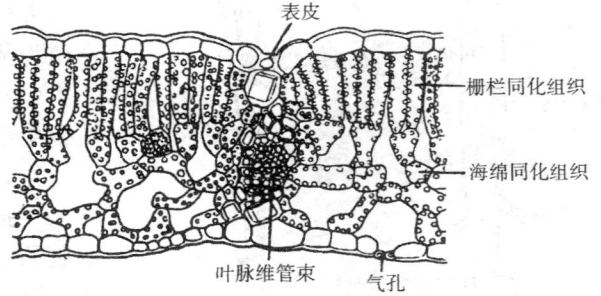

图1-29 叶片中的同化组织

吸收组织:具有从外界吸收水分和营养物质的生理功能。例如根尖的表皮向外突出,形成根毛,具有显著的吸收功能(图1-30)。

贮藏组织:具有贮藏营养物质的功能。它主要存在于果实、种子、块根、块茎以及根茎的皮层和髓中。贮藏的物质主要有淀粉、蛋白质、脂肪、油滴和其他糖类(图1-31)。贮藏组织有时也特化为贮水组织。一些旱生植物,如仙人掌、龙舌兰、景天等的肉质器官的细胞里,液泡很大,里面充满水分,特称为贮水组织。这些植物具有很强的抗旱能力。

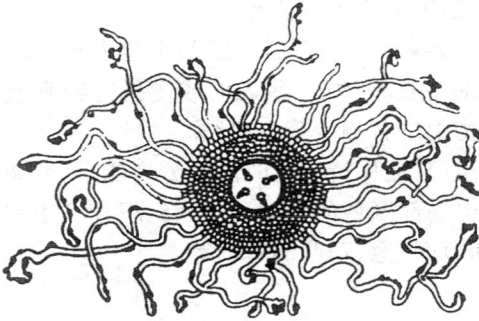

图1-30 幼根外表的吸收组织

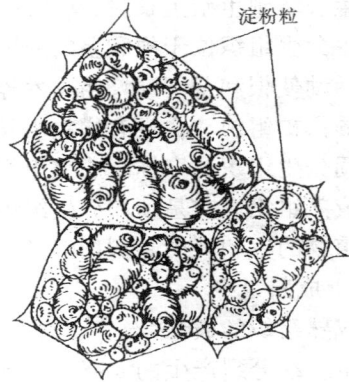

图1-31 马铃薯块茎的贮藏组织

通气组织:具有大量细胞间隙的薄壁组织称为通气组织。在水生和湿生植物中,通气组织特别发达。如水稻、莲、睡莲等的根、茎、叶中的薄壁组织有很大的间隙,在体内形成一个互相贯通的通气系统(图1-32)。

传递细胞:是一类特化的薄壁细胞,它们具有内突生长的细胞壁和发达的胞间连丝,具有适应短途运输物质的生理功能。它普遍存在于叶片叶脉末梢,茎节及导管或筛管周围

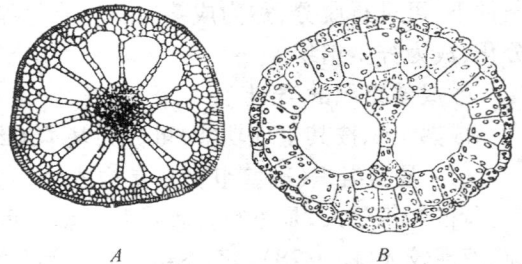

图1-32 水生植物的通气组织
A—狐尾藻;B—金鱼藻
(引自吴万春《植物学》)

（图 1-33）。

（2）机械组织：是具有对植物支持和加固功能的组织。具有抗压、抗张和抗曲挠的性能。机械组织的特征是细胞壁局部或全部不同程度加厚。根据细胞形态及细胞壁加厚的方式不同，可分为厚角组织和厚壁组织两类。

厚角组织：厚角组织细胞稍长端壁平或偏斜，细胞壁增厚不均，通常多在细胞角隅处增厚特别明显（图 1-34）。其细胞都具有生活的原生质体，常含有叶绿体，可进行光合作用。细胞壁不含有木质素，因此具有一定的坚韧性、可塑性和伸展性，既可支持器官的直立，又可适应器官的迅速生长。它们普遍存

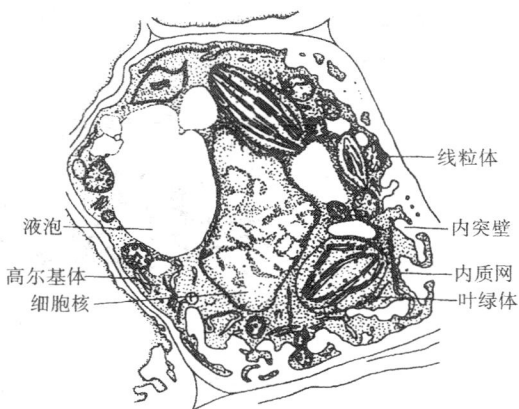

图 1-33 菜豆茎初生木质部中的一个传递细胞
（仿 Esau）

在于尚在生长或经常摇摆的器官中，如幼茎、花柄、叶柄等的表皮内侧常有分布（图 1-35）。

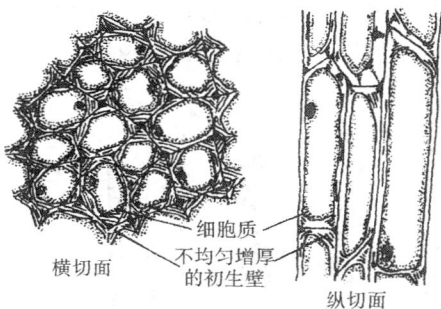

图 1-34 薄荷茎的厚角组织

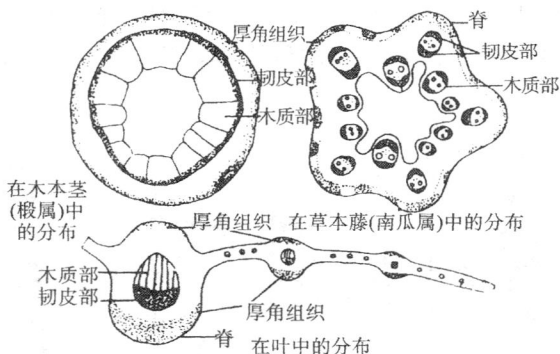

图 1-35 厚角组织分布图解

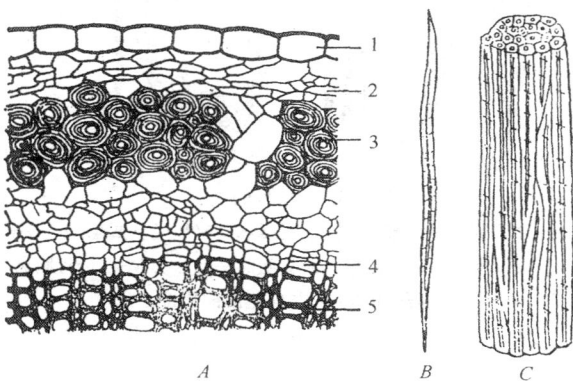

图 1-36 纤维
A—亚麻茎横切面,示韧皮部纤维;B—一个纤维细胞;C—纤维束
1—表皮;2—皮层;3—韧皮纤维;4—形成层;5—木质部

厚壁组织：具有均匀增厚的次生壁，常木质化。细胞成熟时，原生质体分解，成为只留有细胞壁的死细胞。通常可再分为纤维和石细胞两类。纤维是二端尖细成梭状的细长细胞，长度一般比径粗大许多倍。木质化程度很不一致。木质纤维的木质化程度很高，支持力很强。韧皮纤维的木质化程度很低，韧性强。纤维通常在植物体内互相重叠排列，紧密地结合成束，称为纤维束（图 1-36），增加组织的强度。石细胞的形状多为等径的，或稍伸长，或呈芒状骨状。

细胞壁强烈增厚并木质化(图1-37)。石细胞分布很广,桃、李、梅等果实坚硬的果核,水稻的谷壳部分主要是由石细胞构成。梨果肉中的砂粒状物也是石细胞群,女贞的叶片中有分枝的石细胞等等。

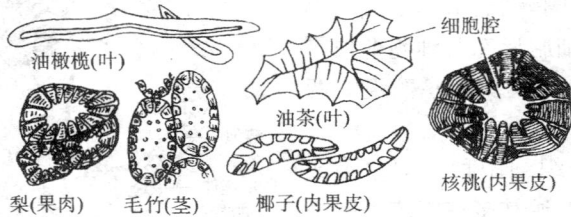

图 1-37 石细胞

(3) 输导组织:输导组织是由一些管状细胞以不同方式上下连接,在植物体内担负长距离运输水分、无机盐和有机物的组织。输导组织常与机械组织在一起组成束状,在整个植物体的各器官内,形成一个输导系统。根据其结构和功能的不同,可将输导组织分为两类。

1) 导管和管胞:导管和管胞的主要功能是输导水和无机盐。它们都是成熟时,没有生活原生质体的厚壁管状细胞。由于次生壁增厚不均匀,通常呈环状、螺旋状、梯状、网纹状加厚,或全部加厚只留有纹孔。所以就形成了环状导管、螺旋状导管、梯形导管、网纹导管、孔纹导管(图1-38)和环纹管胞、螺纹管胞、梯纹管胞、网纹管胞、孔纹管胞(图1-39)。

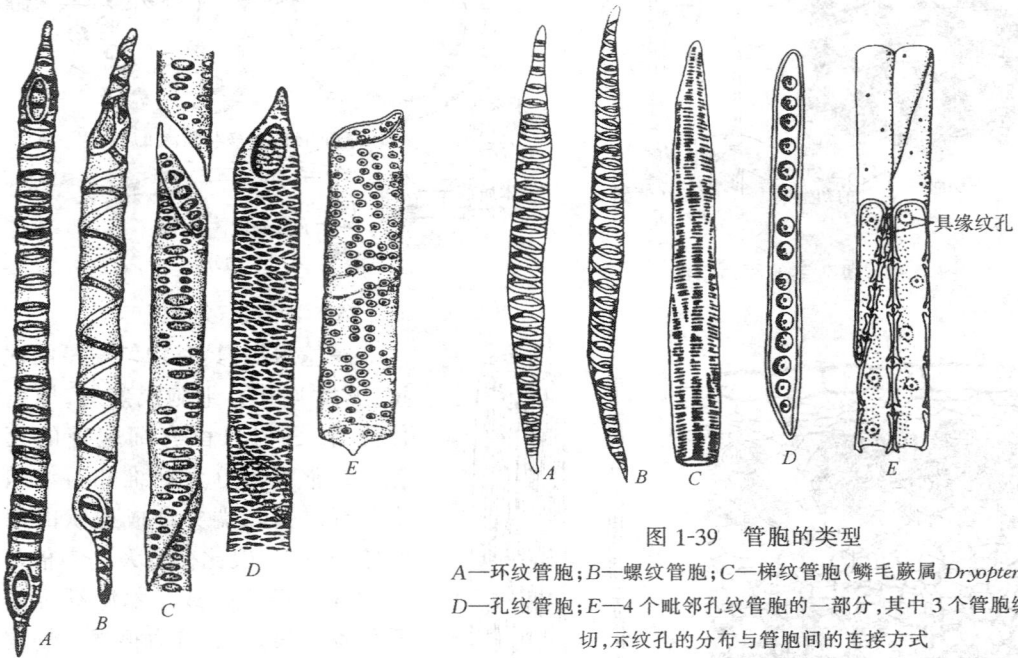

图 1-39 管胞的类型

A—环纹管胞;B—螺纹管胞;C—梯纹管胞(鳞毛蕨属 Dryopteris);
D—孔纹管胞;E—4个毗邻孔纹管胞的一部分,其中3个管胞纵
切,示纹孔的分布与管胞间的连接方式
(A、B、D、E. 引自 Greulach and Adams C. 引自 Fahn)

图 1-38 导管的类型

A—环纹导管;B—螺纹导管;C—梯纹导管;
D—网纹导管;E—孔纹导管
(仿 Greulach and Adams 修改)

导管和管胞的主要区别是导管由许多称为导管分子的管状细胞纵连而成,其相连处的端壁形成穿孔,使导管成为中空的长管。而管胞是狭长的细胞,

两端尖锐,末端没有穿孔。上下排列的管胞以斜端互相连接,水流依次从一个管胞斜端上的纹孔进入另一个管胞,其输导能力远不如导管。

导管是被子植物特有的输导组织,蕨类植物和裸子植物中一般只有管胞,被子植物的双子叶植物中也有管胞存在。

2) 筛管和筛胞:筛管和筛胞的主要功能是输导有机物。筛管是筛状分子,上下相邻两个细胞的端壁特化为筛板,其上有许多称之为筛孔的小孔。联络索通过筛孔上下相连,运输同化产物。成熟的筛管分子虽是生活细胞,但没有细胞核,其细胞质中含有蛋白质(P-蛋白质)粘液。P-蛋白质具有 ATP 酶的活性,被认为与物质运输有关。筛管旁边,有一个或几个狭长的薄壁细胞,叫伴胞(图 1-40)。其细胞质浓厚,有丰富的细胞器和明显的细胞核。伴胞与筛管相邻的侧壁间有胞间连丝相贯通。伴胞与筛管是由同一个母细胞分裂而来。伴胞的功能与

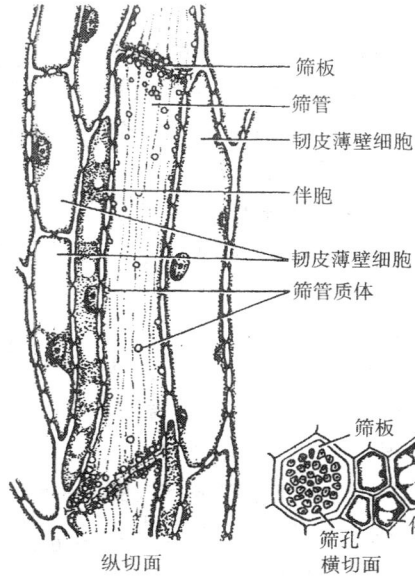

图 1-40 筛管和伴胞

筛管运输物质有关。只有被子植物有筛管,在裸子植物和蕨类植物中靠筛胞输导同化产物。筛胞为两头尖斜的细胞,没有筛板,侧壁和末端部分有一些初步分化的小孔(筛孔),孔中有细窄的原生质丝通过,运输能力较弱。

(4) 分泌结构:某些植物细胞能合成一些特殊的有机物或无机物,并把它们排出体外,细胞外或积累于细胞内,这种现象称为分泌。产生分泌物的细胞来源各异,形态多样,分布方式也不尽相同。有的单个分散于其他组织中,有的集中分布或特化成一定结构。根据分泌物是否排出植物体外,将分泌结构分为外部的分泌结构和内部的分泌结构两大类。

常见外部的分泌结构有腺表皮、腺鳞、盐腺、腺毛、蜜腺和排水器(图 1-41)。常见内部的分泌结构有分泌细胞、分泌腔、分泌通道

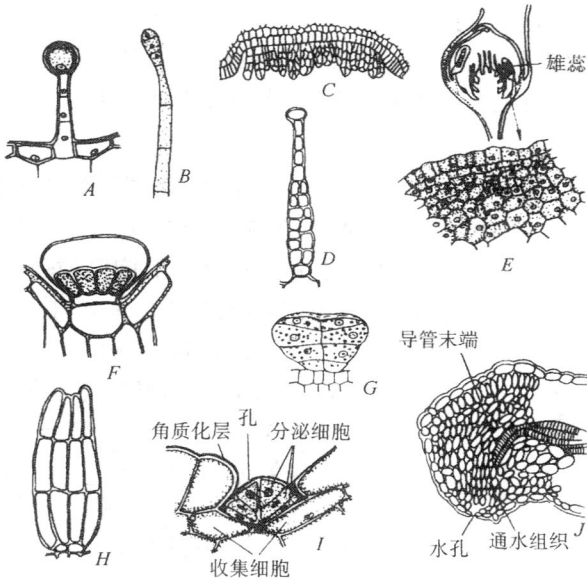

图 1-41 外分泌结构

A—天竺葵属茎上的腺毛;B—烟草具多细胞头部的腺毛;C—棉叶主脉处的蜜腺;D—苘麻属花萼的蜜腺毛;E—草莓的花蜜腺;F—百里香(Thymus vulgaris)叶表皮上的球状腺毛;G—薄荷属的腺鳞;H—大酸模的粘液分泌毛;I—柽柳属叶上的盐腺;J—番茄叶缘的吐水器
(A、B、C、E、G. 引自 Esau D、H. 引自 Schnepf
F. 引自 de Bary I. 引自 Fahn)

25

和乳汁管(图 1-42)。

分泌物的种类很多,常见的有挥发油、树脂、蜜汁、糖类、单宁、粘液、盐类、杀菌素等。这些分泌物,有的能引诱昆虫,有利于花粉传播,有的对某些病菌及其他生物起抑制或杀死的作用,有利于保护自身。许多分泌物是重要的药物、香料或工业原料。

(5)保护组织:保护组织是由一层或数层细胞构成,覆盖于植物体表,起保护作用的组织。其功能是防止植物体内水分过度蒸腾,控制植物与环境的气体交换,防止机械损伤和病虫侵害。可分为表皮和周皮。

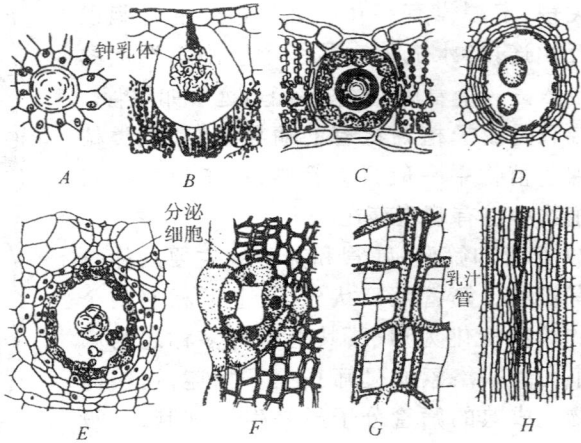

图 1-42 内分泌结构
A—鹅掌揪芽鳞中的分泌细胞;B—三叶橡胶叶中的含钟乳体异细胞;C—金丝桃叶中的裂生分泌腔;D—柑桔属果皮中的溶生分泌腔;E—漆树的漆汁道;F—松树的树脂道;G—蒲公英的乳汁管;
H—大蒜叶中的有节乳汁管
(A、F. 引自 Eames and MacDaniels;B、H. 引自 Esau;C. 引自 Haberlandt;D. 引自 Tschirch;E. 引自陆时万等;G. 引自 Fitting)

1)表皮:覆盖在幼嫩器官的表面,一般只有一层细胞。表皮通常由多种不同类型的细胞构成,它们在形态结构和功能上各不相同。其中表皮细胞为基本成分,此外还有气孔器和许多不同形态和功能的毛状附属物散布于表皮细胞之间。

表皮细胞呈各种形态的扁平体,外壁表面常有一层角质膜,有的植物还有一层蜡质,细胞排列紧密,除分布气孔外,没有胞间隙。表皮细胞是生活细胞,含有较大的液泡,不含叶绿体,无色透明。

有些植物是由 2～3 层细胞组成的复表皮,如夹竹桃叶、橡皮树叶等。

气孔器由 2 个保卫细胞围成(图 1-43)。禾本科植物保卫细胞旁侧,还有一对副卫细胞(图 1-44)。通过气孔的开闭,可以调节植物水分蒸腾和气体交换。

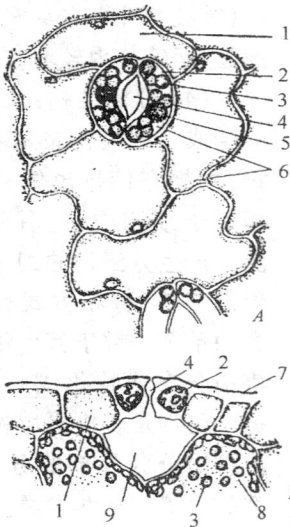

图 1-43 双子叶植物气孔器的构造
A—表面观;B—切面观
1—表皮细胞;2—保卫细胞;3—叶绿体;4—气孔;5—细胞核;6—细胞质;7—角质层;8—栅栏组织细胞;9—气室
(引自高信曾《植物学》)

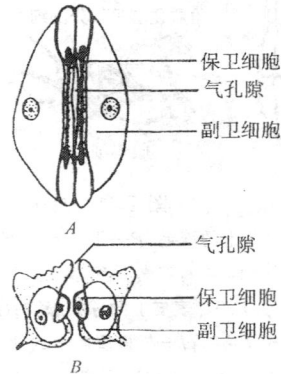

图 1-44 水稻的气孔器
A—顶面观;B—侧面观(气孔器中部横切)

植物叶片上气孔器分布最多。

2）周皮：周皮存在于有次生增粗的器官外表。双子叶植物和裸子植物的根和茎，由于不断增粗，致使表皮被撑破。这时表皮的保护功能由周皮的木栓层组织所代替。木栓层细胞之间无细胞间隙，细胞成熟时，原生质解体，细胞壁高度木栓化，具有不透水、绝缘、隔热、耐腐蚀等特性的保护组织。

木栓层是由木栓形成层向外分裂的几层细胞分化而成。木栓形成层向内分裂还分化成栓内层。木栓层、木栓形成层、栓内层。合称周皮。

上述植物组织的发生、分化及组织之间的关系可以概括为如图 1-45 所示。

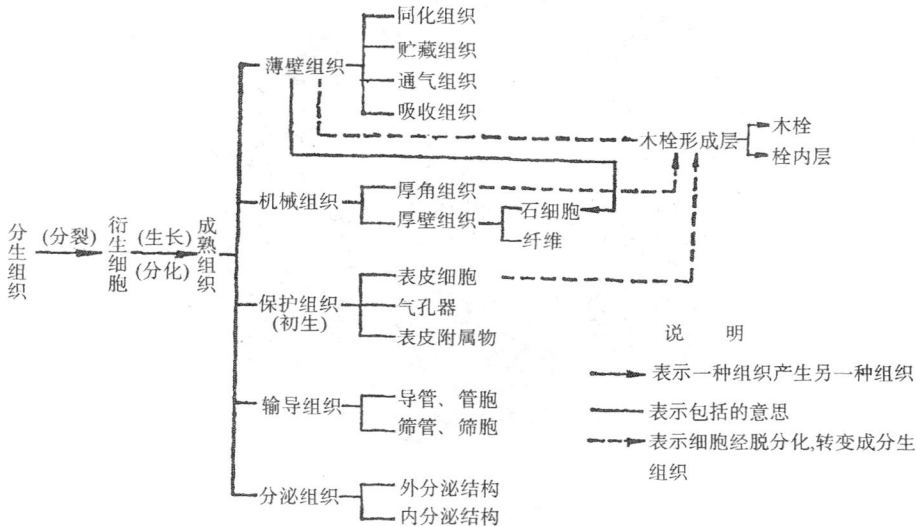

图 1-45　植物组织的发生、分化及组织间的关系

三、维管束的概念及类型

在高等植物的器官中，有一种以输导组织细胞为主体，与机械组织细胞和薄壁组织细胞组成的复合组织，称为维管组织。维管组织在植物体内常以束状存在，称为维管束。维管束贯穿于植物体各器官中，组成一个复杂的，具有输导和支持作用的维管系统（图 1-46）。

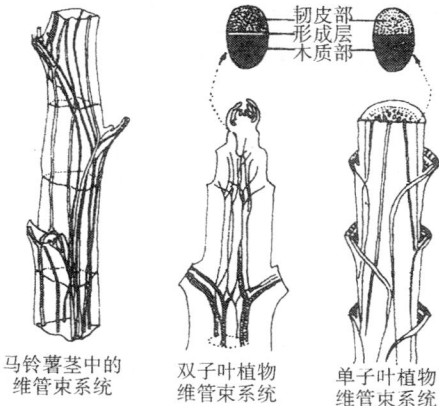

图 1-46　植物体内的维管束系统

单子叶植物的维管束由韧皮部和木质部组成，称为有限维管束。双子叶植物的维管束由韧皮部、形成层和木质部三部分组成，称为无限维管束。韧皮部由筛管、伴胞、韧皮纤维和韧皮薄壁细胞构成；木质部由导管、管胞、木质纤维和木质薄壁细胞构成；形成层位于韧皮部和木质部之间，是一层具有分裂能力的分生组织细胞，其分裂可形成新的木质部和韧皮部。

上述的各种组织，组成了高等植物的根、茎、叶、花和果实，这些器官的相互联系构成了一个完整的植物体(图 1-47)。

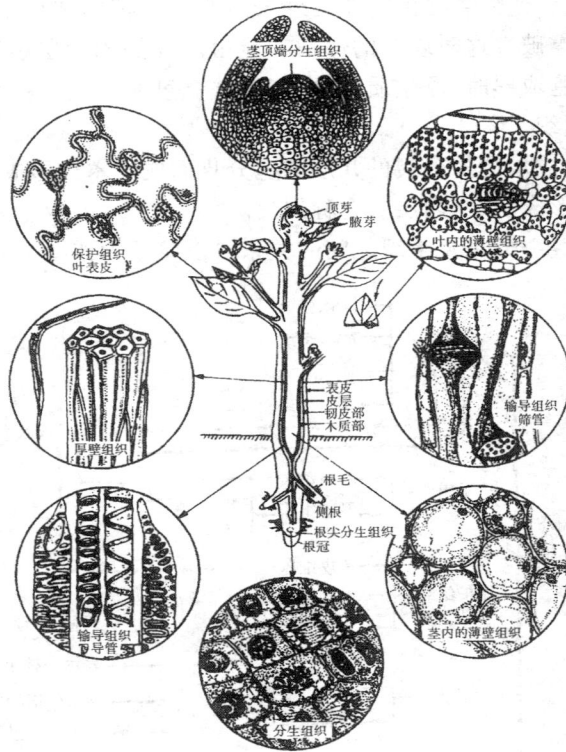

图 1-47 高等植物各种组织在体内的分布

复习思考题

1. 什么是细胞？绘细胞亚显微结构图，并注明各部分。
2. 原生质主要是由哪些物质组成？这些物质在细胞内各起什么作用？
3. 原生质的主要胶体特性有哪些？这些特性与植物体的新陈代谢有何关系？
4. 如何区别细胞质、原生质和原生质体？
5. 生物膜有哪些主要生理功能？
6. 植物的初生壁和次生壁有什么区别？次生壁上有哪些变化？
7. 胞间连丝有何功能？
8. 什么是后含物？主要有哪些类型物质？
9. 植物细胞的分裂方式有几种类型？试说明有丝分裂的过程。
10. 有丝分裂和减数分裂有哪些主要区别？它们各有什么意义？
11. 什么叫细胞的基本染色体组？
12. 什么叫细胞的分化、脱分化？脱分化有何意义？
13. 什么叫组织？植物有哪些主要组织类型？说明它们的功能和分布。

第二章 植物的营养器官

在植物体中，由多种组织构成，具有显著形态特征和特定生理功能的部分称为器官。而根、茎、叶这些担负营养功能的器官称为营养器官。

第一节 根

根是植物在长期适应陆生生活所进化形成的器官，它构成了植物体的地下部分。根的主要功能是从土壤中吸收水和无机盐，并有固定植株的作用。根还是生物合成的场所，一些氨基酸、植物碱、植物激素等重要物质是在根内形成的。有些植物的根还可以产生不定芽而萌生新枝，具有营养繁殖的作用。有些植物的根发生变态，而具有贮藏功能、呼吸功能和攀援功能等等。

一、根的形态

（一）根的类型

植物的根，根据发生部位的不同，可分为定根（主根与侧根）和不定根两大类。由种子的胚根发育形成的根称为主根，主根上发生的分枝以及由分枝再发生的各级分支叫侧根。主根与侧根是直接或间接地由胚根发育而成，都具有固定的生长部位，称为定根。而在茎、叶和胚轴上产生的根，称为不定根。例如常春藤、落地生根的叶上均能产生不定根。生产中常利用植物产生不定根进行扦插、压条等营养器官的繁殖。

（二）根系的类型

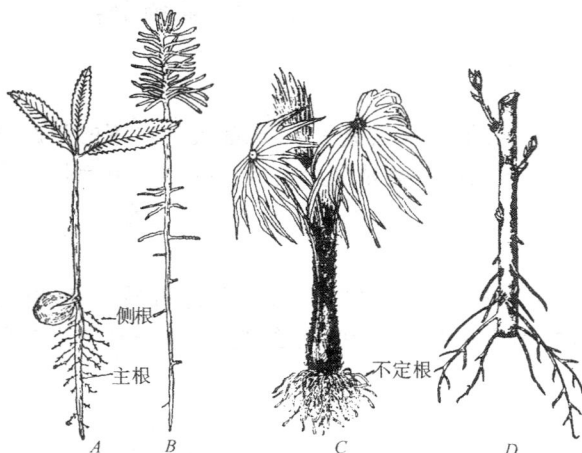

图 2-1　根的种类与根系的类型
直根系：A—麻栎；B—马尾松
须根系：C—棕榈不定根；D—柳树

植株地下部所有根的总体称为根系。根系分为直根系与须根系两种类型（图 2-1）。

1. 直根系

主根发达、粗壮，与侧根有明显区别的根系称为直根系。大部分双子叶植物和裸子植物的根系都属于此类型，如麻栎、马尾松等。

2. 须根系

主根不发达或早期停止生长，在基部产生许多粗细相似的呈须状的根系，称为须根系。大部分单子叶植物为须根系，如竹、棕榈等。但有些双子叶植物也形成须根系，如毛茛、车前等。

（三）根系在土壤中的分布

根系在土壤中的分布状况,对植物地上部分的生长有着极为重要的影响。只有发达的根系才能充分吸收土壤中的水分和营养,才能具有较强的抗逆性,才能枝叶茂盛。在土壤良好的条件下,根系分布一般都十分广泛,其生长幅度往往超过地上部分。例如小麦的根可深入到2m深的土层;花生萌发后一个月,主根长度可达到50cm左右,侧根能达到100~145条,很多树木的根系分布可大于树冠数倍。

根据根系在土壤中的分布深度,可以把根系分为深根系和浅根系两类。深根系主根发达,深入土层,垂直向下生长。浅根系主根不发达,侧根或不定根向四面扩张,长度往往超过主根,根系主要分布在土壤表层。

根系在土壤中的分布,一方面决定于植物的遗传特性,另一方面决定于土壤条件等。在同一树种中,如果生长在地下水位较低,土壤排水和通气状况良好,土壤肥沃,阳光充足的地区,其根系比较发达,可以深入较深的土层。反之,生长在地下水位较高,土壤排水和通气状况不好,肥力又较差的地区,其根系发育不良,多分布较浅的土层。此外,用种子繁殖的实生苗,一般根系分布较深;而移植的苗木主根常常发育不良或停止发育,而侧根大量发生,其根系分布较浅。

在园林生产实践中要创造适于根系发育的土壤条件,提高土壤肥力,改良土壤结构,促进根系发育,为地上部分的生长发育打好基础。

(四)根的变态

植物在长期进化过程中,由于适应生存环境的改变,其营养器官的形态结构及生理功能发生了变化,称为变态。根的变态有以下几种类型(图2-2):

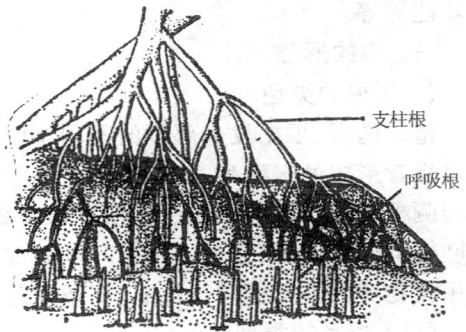

图 2-2　红树的支柱根和呼吸根

1.贮藏根

由主根、侧根或不定根形成的贮藏有大量养料的肉质直根或块根,称为贮藏根。常见于两年生或多年生的草本植物,如萝卜肉质直根,而大丽花、甘薯和天门冬属于块根。

2.支柱根

有些植物在茎节或侧枝上产生许多不定根,向下伸入土壤中,形成起支柱作用的变态根为支柱根。如高粱、玉米近地茎节上产生的不定根,榕树侧枝上产生下垂的不定根都是支柱根。这种根除起支持作用外,还具有吸收功能。

3.气生根

茎上产生,悬垂在空气中的不定根称为气生根。气生根的顶端无根冠和根毛,但有根被,如常春藤、吊兰、石斛等。根被是气生根的根尖表明特化的吸水组织,气生根是植物对高温、高湿的一种适应。

4.呼吸根

生活在沼泽或热带海岸的植物,常有一部分根背地向上生长,裸露在空气中,根中有发达的通气组织,表面有皮孔,适应于呼吸作用,以弥补多水环境中空气的缺乏,如池杉、水杉、红树等植物有这样的变态根(图2-3)。

5.寄生根

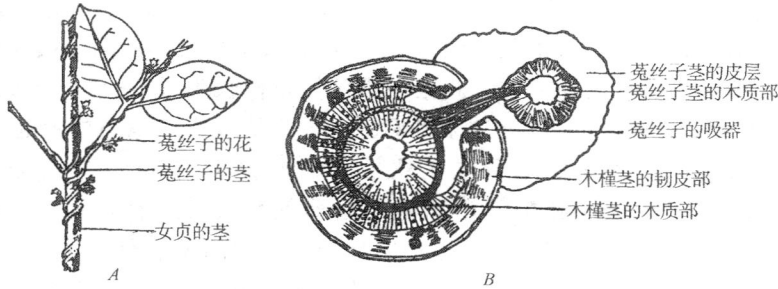

图 2-3 菟丝子的寄生根

A—缠绕在寄主女贞枝条上;*B*—菟丝子寄生木槿茎部横切面

有些寄生植物,缠绕在寄主植物上,根则发育成吸器,伸入到寄主植物体内吸收水分和养料供自身的生活需要,这样的变态根称为寄生根。如桑寄生属、槲寄生属、菟丝子等。

6.攀缘根

有些藤本植物茎上有很多不定根,起到固着作用,使植物沿岩石、墙壁向上生长,这种不定根称攀缘根。如凌霄、地锦等植物就生长这种变态根。

二、根的结构

(一)根尖及其分区

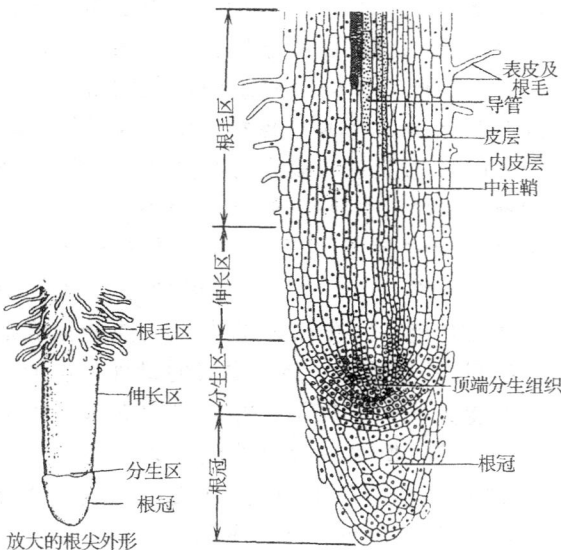

图 2-4 根尖的纵切面

根尖是指根的顶端到着生根毛的部分。不论主根、侧根或不定根都具有根尖,它是根中生命活动最旺盛、最重要的部分。植物对水分和营养的吸收,根的伸长生长与初期分化主要是在根尖进行的。根尖从顶端起,可依次分为根冠、分生区、伸长区和成熟区四个部分。各区的生理功能不同,其细胞的形态结构也具有不同的特点(图 2-4)。

根冠:位于根尖前端的一种保护组织,外形象一顶帽子,包在根尖端的外面,有保护分生组织不受磨擦损伤的作用。

根冠由多层排列疏松的薄壁细胞组成,外层细胞的细胞壁能分泌粘液,原生质体内含有淀粉粒和粘性物质。当根冠外层细胞受到磨擦不断脱落时,可使土壤中的土粒润滑,有利于根尖伸入伸长。根冠除具有保护功能外,还能控制分生组织向地性生长。

分生区:位于根冠的上方,也称生长点。分生区具有很强的细胞分裂能力,是根内产生新细胞的主要部分。分生区的细胞体积小,排列整齐,细胞间隙不明显,细胞壁很薄,细胞核相对较大,细胞质浓密,有少量的小液泡。分生区连续分裂不断增生新的细胞,一端保留分生能力,而另一端则转变为伸长区。

伸长区:位于分生区的上方,是由分生区细胞而产生,这些细胞逐渐停止分裂,开始伸长

31

生长和分化为各种组织(导管、筛管等)。伸长区细胞显著伸长成圆筒形,细胞质成一薄层紧贴于细胞壁,液泡开始形成。由于此区细胞迅速生长,故使根尖不断向土壤深处伸展。

成熟区:成熟区在伸长区的上方。此区细胞已停止伸长生长,并已分化成熟,形成各种组织。成熟区表面一般密生根毛,故又称根毛区。根毛是表皮细胞向外突起形成的其细胞核在根毛的尖端,细胞壁薄而柔软,易与土粒紧密结合,从而进一步增加了根的吸收效率。根毛的生长速度很快,但寿命较短,一般根毛生存期仅有数天到十多天。当老的根毛死亡时,由邻近的伸长区又形成新根毛,使根毛区得以维持一定的长度和数量。随着根尖的向前生长,根毛区的位置也不断向前推移。因此,新陈代谢是根尖发挥吸收功能的基本保障。

(二)双子叶植物根的结构

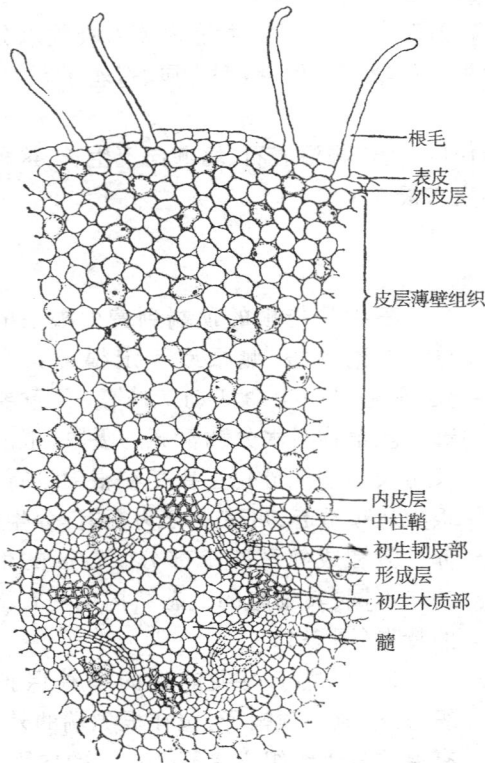

图 2-5　刺槐根的初生构造

皮层最内的一层细胞排列紧密,形状较小为内皮层。内皮层细胞结构十分特殊。细胞径限向和横向壁上部分加厚,呈木质化和栓质化的带状结构,称为凯氏带。凯氏带的结构形成不透层,当水分和无机盐在根内横向运输时,只能通过内皮层的切向壁质膜及原生质体才能进入中柱内,起到了对溶质运输的调控作用(图2-6)。

1.根的初生结构

根尖的伸长生长称为初生生长。初生生长形成各种组织和根的初生结构。

由根毛区作横切,可见根的初生结构由外至内明显地分化为表皮、皮层和中柱三部分(图 2-5)。

(1)表皮:位于根的表面,由一层无色而扁平的活细胞组成。细胞排列紧密,细胞壁薄,适于水和无机盐通过,部分表皮细胞的外壁向外突起,形成根毛,明显地扩大了根的吸收面积。所以根毛区的表皮细胞与其它部分表皮细胞相比,吸收作用比保护作用更为重要。

(2)皮层:位于表皮与中柱之间,由多层排列疏松的薄壁细胞组成,水分及溶质从根毛到中柱的运输途径,皮层在根中占有很大的部分。皮层细胞内常含有许多后含物,具有贮藏营养的功能。水生植物的皮层还能分化成通气组织,具有通气功能。皮层的最外一层或几层可能分化为外皮层。外皮层的细胞排列整齐,无间隙,但水和无机盐仍可以通过。当根毛枯死、表皮细胞脱落时,外皮层的细胞壁栓质化,能代替表皮起保护作用。

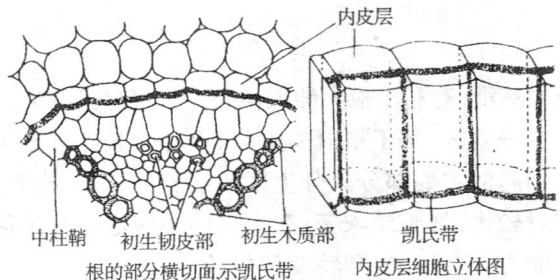

图 2-6　内皮层的结构

(3)中柱:皮层以内的部分称为中柱,它是根的中轴部分,包括中柱鞘、维管束和髓三部分。

中柱鞘:位于中柱的最外层,由一层至多层的薄壁细胞组成,细胞排列紧密,并具有分生能力。在一定条件下,中柱鞘细胞能够产生侧根、不定芽的木栓形成层及形成层的一部分。

维管束:位于中柱鞘以内,包括初生木质部和初生韧皮部。

初生木质部是植物体具有输导和支持功能的一种复合组织,主要由导管、管胞、木纤维和木薄壁细胞组成。其中导管和管胞是输导水和无机盐的,是木质部的主要部分。木质部的细胞壁多数木质化,木纤维是其中特化的支持部分,所以木质部又有支持的功能。在根的初生木质部中,具有两个原生木质部束的称为二原型,如松属、蔷薇属、烟草属。具有三个原生木质部束的称为三原型,如柳属。具有四个原生木质部束的称为四原型,如蚕豆(图2-7)。

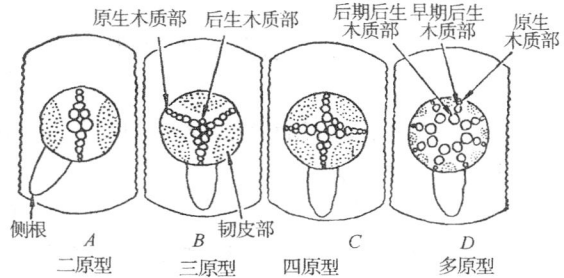

图2-7 根初生木质部的各种类型及侧根发生的位置
A~C—双子叶植物的特征;D—单子叶植物的特征

初生韧皮部在初生木质部的放射角之间发生,为单独成束,相间排列。叶片制造的有机营养物质主要是通过韧皮部输送到根、茎、花和果实等部位。初生韧皮部主要由筛管、伴胞、韧皮纤维和韧皮薄壁细胞组成。

髓:多数单子叶植物和少数双子叶植物根的中心部分由薄壁细胞所组成,称为髓,如刺槐、毛竹等。

2.根的次生结构

单子叶植物和多数一年生双子叶植物根内无形成层,所以没有增粗生长。而多年生木本植物的多数根内,有形成层活动,由形成层和木栓形成层所形成的结构叫次生结构。少数一年生双子叶植物根内也有次生结构如蚕豆、花生等。

形成层位于木质部与韧皮部之间,细胞扁平,细胞质较浓。形成层能进行旺盛的细胞分裂活动,向内分裂的细胞,产生次生木质部;向外分裂,产生次生韧皮部。

随着根内中柱的不断扩大,使原来的表皮和皮层细胞不断破裂。此时,由中柱鞘细胞产生另一种次生分生组织—木栓形成层。它在根中呈圆环状分布,木栓形成层向外分裂产生木栓层,向内分裂产生栓内层,三者合称周皮。

在有些植物中,形成层能产生一些薄壁细胞,呈放射状排列,称为射线。它在根中起横向运输的作用。

根的次生结构形成后,从外到内依次是:周皮(木栓层、木栓形成层、栓内层)、皮层(有或无)、韧皮部(初生韧皮部、次生韧皮部)、形成层、木质部(次生木质部、初生木质部和射线等)(图2-8)。

(三)单子叶植物根的结构(禾本科)

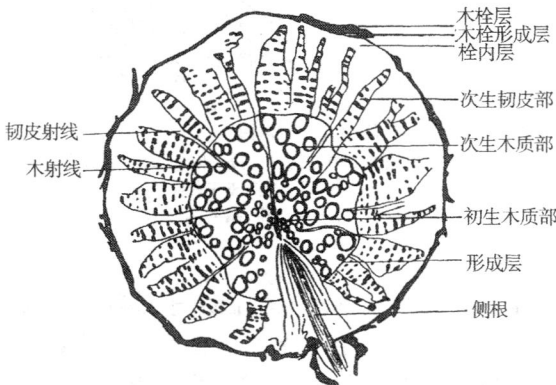

图2-8 楝树老根横切面简图,示根的次生构造

禾本科植物根的构造由外向内依次内分为表皮、皮层和中柱三部分(图 2-9)。与双子叶植物根的构造区别如下:

(1) 禾本科植物根内的薄壁组织不能恢复分裂能力产生形成层。它在发育后期加厚并木质化成为厚壁组织。故禾本科植物只有初生构造,没有次生构造,所以不能进行增粗生长。

(2) 在生长后期,外皮层的部分细胞变为厚壁的机械组织,起支持和保护作用。内皮层中具通道细胞。

(3) 根中央由薄壁组织组成髓。在后期变为厚壁组织以加强中柱的支持与固定作用。

(四) 侧根的形成

侧根由中柱鞘细胞恢复分裂能力所形成。侧根在发生时,中柱鞘细胞的细胞质变浓,液泡缩小,细胞先进行平周分裂使细胞层次增加。细胞再进行平周和垂周分裂,先形成侧根的分生区和根冠,然后由分生区细胞不断分裂、生长和分化,逐渐深入和穿过内皮层和表皮,形成侧根。在二原型的根上,侧根发生在韧皮部与木质部之间。在三原型、四原型的根上,侧根的位置是对着木质部,在多原型的单子叶植物的根上,侧根对着韧皮部,但也有对着木质部的(图 2-10)。

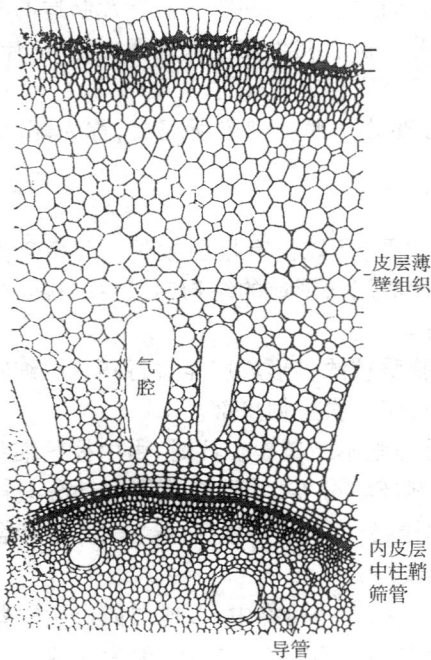

图 2-9 毛竹根横切面

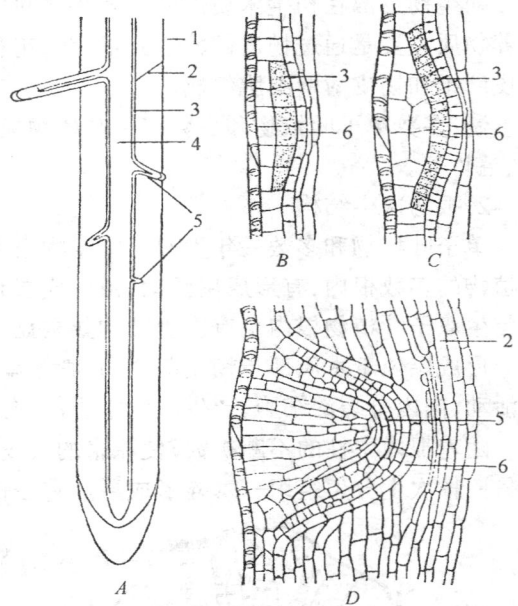

图 2-10 侧根的发生
A—侧根发生的图解;B~D—侧根发生的各期
1—表皮;2—皮层;3—中柱鞘;
4—中柱;5—侧根;6—内皮层

(五) 根瘤与菌根

植物根系分布在土壤中,与根际微生物有十分密切的关系。一方面由于植物的新陈代谢,由根部分泌出多种有机物和无机物质,是微生物的营养来源。另一方面根际微生物的新陈代谢也能产生一些物质,直接或间接地影响着植物的生长发育,形成植物与土壤微生物的共生关系。根瘤和菌根就是高等植物与土壤微生物之间形成的共生类型。

34

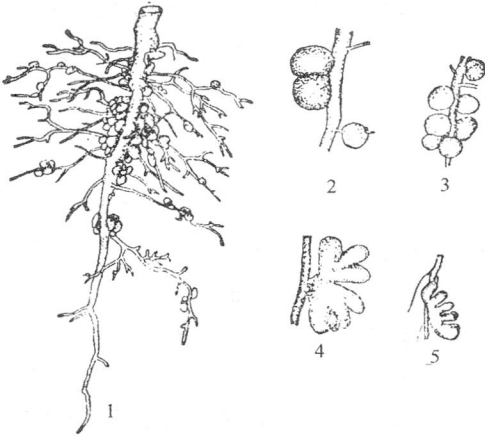

图 2-11　几种豆科植物的根瘤外形

1—具有根瘤的大豆根系；2—大豆的根瘤；

3—蚕豆的根瘤；4—豌豆的根瘤；5—紫云英的根瘤

1.根瘤

在某些植物根部(如豆科植物)由于根瘤细菌生并繁殖,使根部增大,形成瘤状,称为根瘤(图 2-11)。

根瘤的形成是由土壤中的根瘤菌侵入根部皮层或中柱鞘部位,从而引起这部分细胞的强裂分裂和生长,使根的局部膨大形成瘤状突起。根瘤菌可固定空气中游离氮素合成含氮物质,为豆科植物所利用。在生产上为了使豆科植物多生根瘤,可用根瘤菌拌种以提高产量。另外,为了提高其它作物产量可采用与豆科植物轮栽或间作,也可起到增产效果。

2.菌根

土壤中真菌和许多高等植物的根共生的复合体称菌根(图 2-12)。

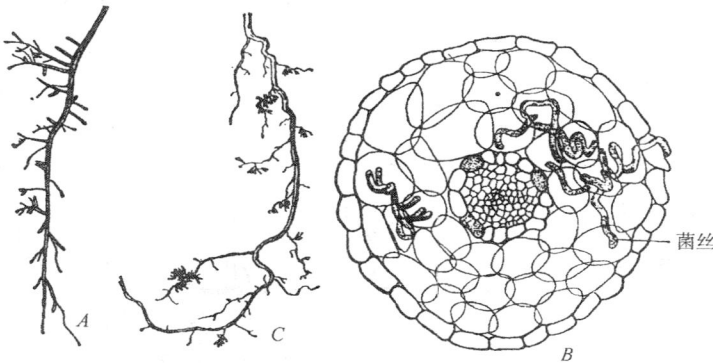

图 2-12　菌根

A—栲叶槭的内生菌根；B—横切面；C—马尾松外生菌根外形

菌根的菌丝可侵入皮层细胞之间,但并不伸进细胞,这种菌根称为外生菌根,如松属、云杉属、落叶松属和杨属等植物的菌根。菌丝全部寄主根的细胞里面,称为内生菌根,如兰科、杜鹃花科等。外生菌根的菌丝代替了根毛的作用,扩大了根的吸收面积。内生菌根可促进根内的物质运输,从而加强了根的吸收机能。菌根还能分泌各种水解酶类,促进根周围有机物质的分解,还能分泌维生素、酶等物质,促进了根的生长发育。

除上述两种类型菌根外,自然界中有些植物还具有兼生菌根,它们是内外生菌根混合型。柳属、苹果、银白杨具有这种类型的菌根。

第二节　茎

茎是植物地上部分重要的营养器官。茎的上部支持着叶、花和果实,并呈有规律地分布,使叶能充分接受阳光,进行光合作用,并有利于传粉和种子的传播。茎的下部连接着根,一方面把根从土壤中吸收的水分及无机盐输送到地上各部分,另一方面将叶制造的有机养料输送到植物体需要的器官或部位。茎把根和叶连接起来,使植物成为一个统一的整体。此外,茎还具有贮藏和营养繁殖的作用。

一、茎的形态

(一)茎的外形与种类

1.茎的外形

植物的茎通常具主干和侧枝,着生叶和芽的部分称为枝条。枝条上生长叶的部位叫做节,两节之间叫做节间。枝条顶端生有顶芽,枝条与叶片之间的夹角称为叶腋,叶腋处生有腋芽也叫侧芽,多年生落叶乔木或灌木的枝条上还可看到叶痕、叶迹、芽鳞痕和皮孔等(图2-13)。叶痕是叶片脱落后在茎上留下的痕迹,叶痕内的点线状突起是叶柄与茎之间的维管束断离以后所留下的痕迹,叫维管束痕或叶迹。枝条之间可看到冬芽长后芽鳞脱落的痕迹,叫芽鳞痕。根据芽鳞痕的数目,可判断枝条的生长年龄。枝条的周皮上还可看到各种不同形状的皮孔,它们是木质茎进行气体交换的通道。

2.茎的种类

茎可分为直立茎、缠绕茎、攀缘茎、匍匐茎等类型(图2-14)。

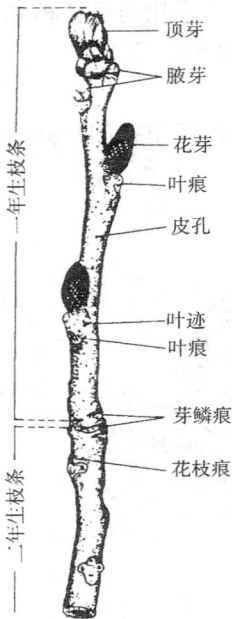

图2-13 胡桃冬枝的外形

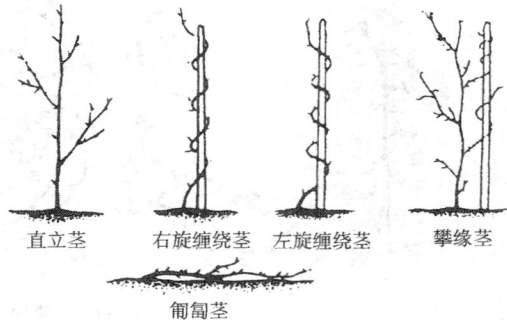

图2-14 茎的类型

直立茎:多数植物的茎是直立的,最适于输导及机械支持作用。如杨、柳等。直立茎高度不等,矮的几厘米,高的可达一百多米,如红杉等。

缠绕茎:茎缠绕于其他植物体上。有些缠绕茎的缠绕方向可分为右旋或左旋。按顺时针方向缠绕为右旋缠绕茎,按逆时针方向缠绕称为左旋缠绕茎。

匍匐茎:茎沿地平方向生长,每个节上可生不定根,与整体分离后能长成新个体,故可用以进行营养繁殖,如草莓等。

攀缘茎:茎不能直立,依靠卷须、吸盘等器官攀援于它物之上才能生长,如葡萄等。

(二)芽的类型

一朵花,一片叶或一个枝的未成熟状态称为"芽",即尚未发育成长的枝或花的雏体。按不同方式,芽可分为以下几种类型(图2-15):

1.定芽和不定芽(按芽的位置分)

在茎上有固定生长位置的芽叫定芽。顶芽和腋芽都属于定芽。有些植物在茎、根、叶上

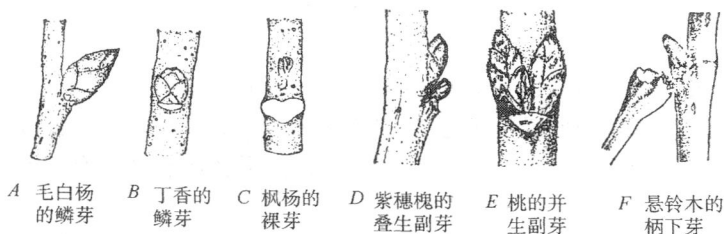

| A 毛白杨的鳞芽 | B 丁香的鳞芽 | C 枫杨的裸芽 | D 紫穗槐的叠生副芽 | E 桃的并生副芽 | F 悬铃木的柄下芽 |

图 2-15 芽的类型

也能产生一些芽,这些芽没有固定的生长位置,称为不定芽,如秋海棠、大岩桐的叶生芽、刺槐、泡桐的根出芽等。

大多数植物每一个叶腋内只有一个腋芽,但有些植物长有两个或两个以上的芽,在这种情况下,除一个腋芽外,其余的都叫做副芽。副芽包括并生副芽和叠生副芽,侧芽水平方向两侧的芽叫并生副芽,如桃、梅等;垂直于侧芽之上的芽称叠生副芽,如枫杨、胡桃等。还有些植物如金丝桃、皂荚等,同时长有叠生副芽和并生副芽两种。此外,有些植物的芽生在叶柄基部,被叶柄覆盖,叶脱落之后,才显露出来,这种芽叫柄下芽,如悬铃木等。

2.叶芽、花芽和混合芽(按芽的性质分)

叶芽:能发育成枝条的芽称为叶芽。叶芽的外形一般较花芽瘦长。

花芽:能发育成花和花序的芽,外形一般较叶芽饱满。

混合芽:芽发育后既生枝又有花或花序称为混合芽,如丁香、苹果等。

3.鳞芽和裸芽(按有或无芽鳞来分)

鳞芽:有芽鳞包被的芽称为鳞芽。鳞芽上常具绒毛或蜡层,可阻碍水分的消耗,增强抗寒性。许多木本植物秋冬季形成的芽多为鳞芽,如榆树的冬芽。

裸芽:芽外面无芽鳞包被的芽称为裸芽。草本植物和生长在热带的植物多为裸芽。

4.活动芽和休眠芽(按生理状态分)

活动芽:当年能发育并长出新枝,或到来年春天能萌发的芽称为活动芽。

休眠芽:枝条上长期保持休眠状态的芽,称为休眠芽或称潜伏芽。

(三)茎的分枝

植物的茎都具分枝能力,分枝一般都是由腋芽发育而成,每种植物都有一定的分枝方式,常见分枝可分为下列几种类型(图 2-16):

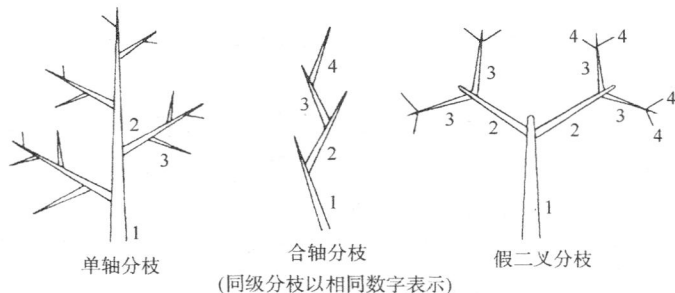

单轴分枝   合轴分枝   假二叉分枝
(同级分枝以相同数字表示)

图 2-16 分枝方式

1.单轴分枝(总状分枝)

从幼苗开始,主茎的顶芽活动始终占优势,以至形成直立的主干,主干上有多次分枝,但

37

主轴明显,这种分枝方式称为单轴分枝,如银杏、松、杉等。

2.合轴分枝

主茎的顶芽生长一个时期以后,开始缓慢或死亡,而下方的一个侧芽生成新枝代替顶芽继续向上生长,形成一段主轴,随后又被其它腋芽所取代,如此形成分枝称为合轴分枝。合轴分枝主干弯曲节间较短,能够形成较多的花芽,故为果树丰产的一种分枝方式。

3.假二叉分枝

植物体主轴顶芽停止生长,由其下方的两个对生侧芽同时长出新枝条。如此重复发生分枝所形成的分枝形式,实际上是由一对侧芽发育而成的,故称假二叉分枝,如丁香、石竹、七叶树等。

禾本科等植物在地下或近地面处发生的分枝称为分蘖,如水稻、小麦等分蘖与产量有密切关系。

(四) 茎的变态

茎的外形上具有节和节间的分化,节上有叶,叶腋内有芽。借此可区分茎的变态,常见茎的变态有以下几种(图2-17):

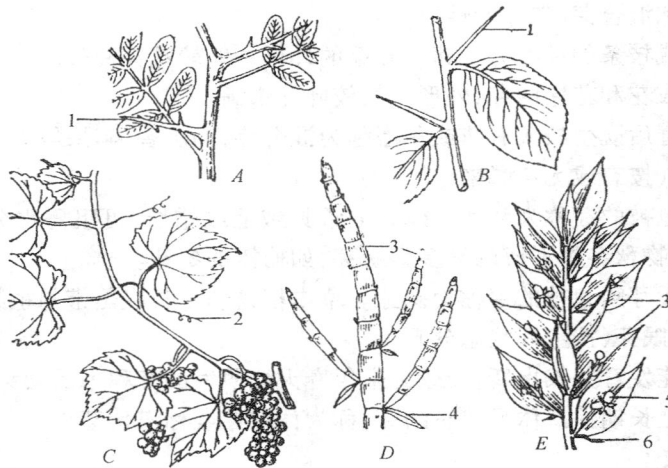

图2-17 茎的变态(地上茎)

A、B—茎刺(A—皂荚,B—山楂);C—茎卷须(葡萄);D、E—叶状茎(D—竹节蓼,E—假叶树)

1—茎刺;2—茎卷须;3—叶状茎;4—叶;5—花;6—鳞叶

(1) 根状茎:生长在地下,形态与根相似的茎为根状茎。根状茎有节与节间,节上有退化的叶,叶腋内有腋芽,如竹、莲的根状茎等。

(2) 贮藏茎:具有贮藏功能的茎称为贮藏茎。主要有块茎、鳞茎和球茎。

块茎:不规则块状的地下茎。其表面有许多芽眼,芽可萌发形成新枝,因可供繁殖之用。块茎是节间缩短的变态茎,如马铃薯、菊芋、姜具块茎。

鳞茎:是着生肉质鳞叶的缩短的地下茎。实质上为适应不良环境的变态的茎与叶。其茎缩短呈盘状,称为鳞茎盘。其顶芽或腋芽外能长出花序,也可供繁殖之用,如洋葱、百合等。

球茎:肥大呈球形的地下茎称球茎。球茎有顶芽,有环状的节、退化成膜的叶及腋芽。基部可发生不定根,球茎内常贮藏大量淀粉等营养物质,如唐菖蒲、仙客来等。

(3) 叶状茎:茎呈叶片状并代替叶的功能称叶状茎,如蟹爪兰、昙花、天门冬等。

（4）茎卷须:由主枝发育成的卷须,用以攀援他物,使茎向上生长,是一种茎的变态,如葡萄的茎卷须、南瓜茎卷须等。

（5）茎刺:是枝的一种变态。由叶芽发育而成的刺状物。有分枝或不分枝,有保护作用,如山楂属、皂荚属等。

二、茎的结构

（一）叶芽的结构

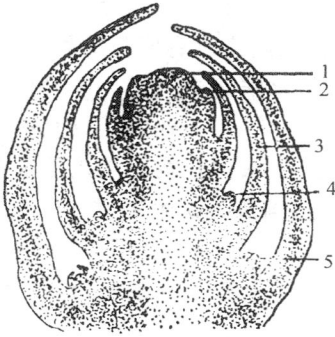

图 2-18　叶芽纵剖面图
1—生长锥;2—叶原基;3—幼叶;
4—腋芽原基;5—幼侧枝

从叶芽的纵切面可看到芽的结构(图 2-18):芽的中央有芽轴,它是未发育的茎。芽轴的顶端由分生组织构成,叫生长锥。在生长锥基部周围有突起,将来可发育成叶,叫叶原基。靠近芽轴下部的叶原基分化程度较高,叶腋处生有小突起,将来可发育成腋芽,叫腋芽原基。此外,在芽的最外部还有起保护作用的芽鳞。

（二）茎尖及分区

茎尖是指茎的尖端,其结构与根尖相似,都具有顶端分生组织。但茎尖和根尖所处的环境和生理功能不同,茎的尖端没有类似于根冠的结构,而分生区具有叶原基突起。茎尖自上而下可分为分生区、伸长区和成熟区三个部分。但每一部分都处在动态变化之中,彼此之间没有明显的界限。

（三）双子叶植物茎的结构

1.双子叶植物茎的结构

双子叶植物茎的初生构造是指由茎顶端的分生组织经细胞分裂、伸长和分化所形成的结构。可分为表皮、皮层和维管束三部分(图 2-19)。

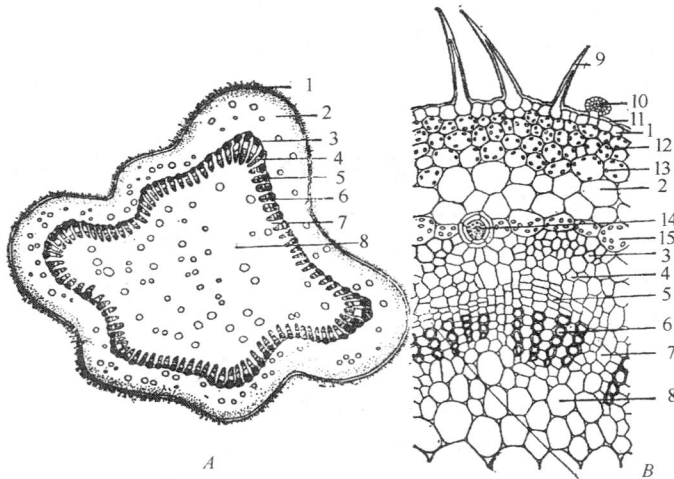

图 2-19　双子叶植物茎的初生构造
A—棟茎初生构造简图;B—棟茎部分横切面放大,示初生构造
1—表皮;2—皮层薄壁组织;3—中柱鞘;4—初生韧皮部;5—束内形成层;6—初生木质部;7—髓射线;8—髓;9—表皮毛;10—腺鳞;11—角质层;12—皮层厚角组织;13—叶绿粒;14—分泌腔;15—淀粉鞘

39

（1）表皮：位于幼茎表面，由最外的一层扁平细胞组成的。细胞排列紧密，细胞外壁较厚形成角质层。表皮有气孔，是植物与外界环境进行气体交换的通道。有些植物的表皮上还有表皮毛或腺毛，具分泌和保护功能。

（2）皮层：位于表皮内方，主要由薄壁组织所组成。细胞排列疏松，常含有叶绿体，故为绿色，能进行光合作用。靠近表皮的几层细胞常分化为厚角组织，主要起支持作用。有些植物的皮层中有纤维和石细胞。

（3）维管柱：皮层以内所有部分的总称。主要包括维管束、髓、髓射线三部分。与根比较，多数植物茎没有中柱鞘，或中柱鞘不明显，因而皮层和维管柱之间也没有明显的界限。

维管束：是维管柱的主要部分，在横切面上成束状分布，在茎内排列成一环。主要包括初生韧皮部、束内形成层和初生木质部三部分。初生韧皮部位于维管束的外侧，由筛管、伴胞、韧皮薄壁细胞和韧皮纤维组成。主要功能是输送叶片合成的碳水化合物。束内形成层位于韧皮部与木质部之间，具有细胞分裂的能力，能产生茎的次生构造。初生木质部位于维管束的内方，除具有输导作用以外，还具有支持作用。

髓：位于中柱的中心部，由较大的薄壁细胞组成，有些植物的髓中有厚壁细胞（栓皮栎）或石细胞（樟树）。还有些植物的髓早期死亡，形成中空的髓腔。

髓射线：各维管束之间的薄壁组织，在横切面上呈辐射状排列，具有贮藏养料和横向运输的功能。

2. 双子叶植物茎的次生结构

双子叶植物茎在初生结构形成后，便开始产生次生结构，使茎不断加粗。茎的次生结构是由形成层和木栓形成层不断活动产生的。

（1）形成层的产生及活动：茎的初生结构形成后，束内形成层开始活动，髓射线细胞恢复分裂能力并产生束间形成层；由束间形成层再与束内形成层相连，构成了形成层环。形成层的细胞不断分裂，向内分裂产生次生木质部，加在初生木质部的外面；向外分裂产生次生韧皮部，加在初生韧皮部里面。在形成层的分裂过程中，形成的次生木质部远比次生韧皮部多，所以木本植物的茎主要由次生木质部占据，而次生韧皮部分布在茎的周边参与形成树皮。

形成层还能在次生木质部和次生韧皮部内分裂，产生数行的薄壁细胞，在横切面上呈放射状分布，以增强其横向运输及贮藏养料的功能。

木本植物茎的次生木质部在一年的生长期内，因季节的显著变化，在横切面上形成深浅不同的同心环称为年轮。一年只有一个年轮，所以根据树干基部的年轮数，可推测树木的年龄。

（2）木栓形成层的产生及活动：木栓形成层是形成周皮的次生分生组织，多由表皮细胞发育而成，向外分裂产生木栓层，向内产生栓内层。

木栓层木栓形成层、栓内层合称为周皮。周皮形成后，表皮细胞死亡并脱落，在表皮原来气孔的位置上，由于木栓形成层的分裂，产生一团排列疏松的薄壁细胞，形成一个缝状的裂口，叫皮孔。它是植物体内外气体交换的通道。

木栓形　成层的活动期很有限，一般只有几个月就失去活力，但每年在第一次周皮内方，都可以再形成新的木栓形成层，产生新的周皮。这样，木栓形成层的位置则逐渐向内移，阻断了其外周组织与内部组织的联系，使外周组织不能得到水分和营养的供应而死亡。这些失去生命的组织,包括多次的周皮总称为树皮。但习惯上也把形成层以外的所有部分统称为树皮,包括历年产生的周皮、一些已死的皮层、韧皮部等,使树皮有更好的保护作用。

双子叶植物的茎,如图 2-20 所示,自外而内依次是:周皮(木栓层、木栓形成层、栓内层)、皮层、初生韧皮部、次生韧皮部、形成层、次生木质部、初生木质部、髓等。此外维管束之间还有髓射线,维管束内有维管射线。

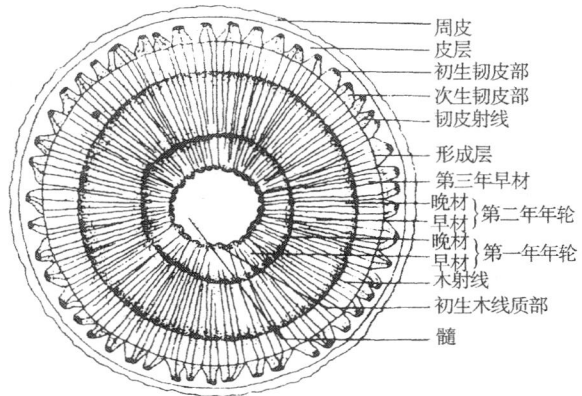

图 2-20 木本植物三年生茎横切面图解

（四）单子叶植物茎的结构

单子叶植物的茎一般只有初生结构并有以下特点:

（1）单子叶植物茎一般只有初生结构,无次生结构,茎有明显的节与节间,节上可以长芽,形成分枝。

（2）表皮细胞由长形细胞和短形细胞纵向相间排列而成。细胞壁厚,有的发生角质化或硅质化。有些植物表皮覆盖蜡质,表皮上还有少量气孔。表皮下面有多层厚壁细胞构成了茎部坚固的支持物,如竹外皮等。

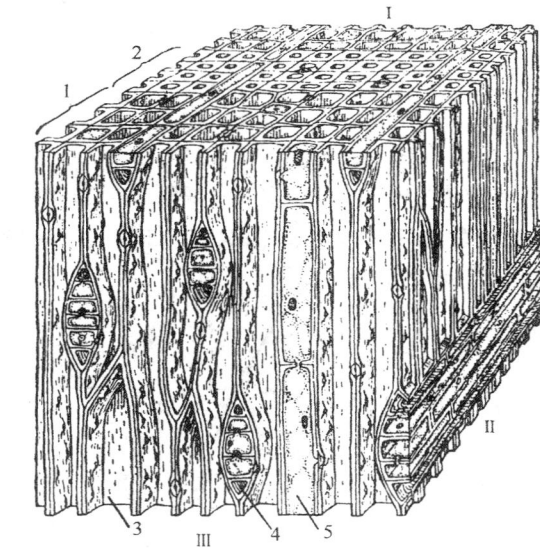

图 2-21 裸子植物茎木质部的立体图解
Ⅰ—横切面;Ⅱ—径向切面;Ⅲ—切向切面;
1—早材;2—晚材;3—管胞;4—射线;5—薄壁细胞

（3）茎没有皮层、髓之分,主体由薄壁组织构成,其中嵌合着木质纤维和维管束。维管束的组成成分与双子叶植物相同,其数目很多,散生在基本组织中。每个维管束外有维管束鞘,每个维管束的初生木质部在内,初生韧皮部在外。维管束内无形成层,属有限维管束。薄壁组织具多种功能,有绿色的光合组织,可贮存糖分或脂类,它还是水、无机盐的调剂库和径向输导者(图 2-22、2-23)。

（五）裸子植物茎的结构

裸子植物绝大多数为乔木,茎的结构与双子叶植物茎的结构相似,有发达的次生结构,与被子植物的主要区别是:在木质部中几乎无导管(只有较进化的麻黄属等有导管分化),主要由管胞组成(图 2-21)。在韧皮部中主要由筛胞和薄壁细胞组成,没有筛管及伴胞。

多数裸子植物具有树脂道,它是一种细长的管状结构,由许多泌脂细胞(上皮细胞)和中间的树脂腔所组成。树脂道是有些树种所固有的结构,如松科,但有些也可因伤而形成树脂道。

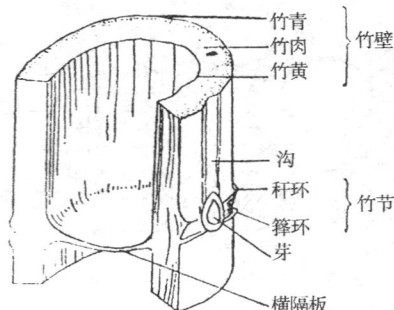

图 2-22　毛竹的茎秆

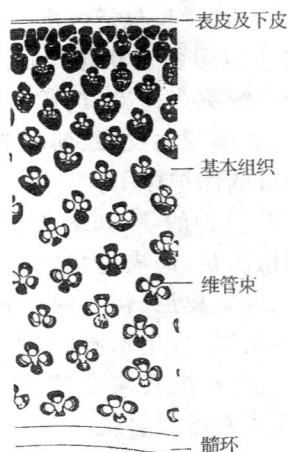

图 2-23　毛竹茎秆横切面简图

第三节　叶

　　叶是绿色植物重要的营养器官,其主要功能是进行光合作用,蒸腾作用和气体交换。由于具有这些功能,才使植物获得生长发育所需要的能量和碳素,才得到水分与无机盐吸收与运输的动力,才使植物维持正常的温度。绿色植物调节大气成分,改善人类生存环境的生态效应也是通过叶的功能才得以体现的。

　　此外,叶还具有贮藏营养,进行无性繁殖等作用。

一、叶的形态

（一）叶的组成

　　叶是由叶片,叶柄和托叶三部分组成。这种叶称为完全叶,如豆科,蔷薇科等植物的叶。如果某种植物的叶具有三部分中的一部分或两部分称为不完全叶。如泡桐、白腊的叶缺少托叶;金银花的叶缺少叶柄;而郁金香、君子兰即少叶柄又无托叶,它们都属不完全叶(图2-24)。

　　1.叶片

　　叶片一般为绿色,外形扁平展开。叶中有叶脉贯穿,叶脉具有输送水分、养分和支撑作用。

　　2.叶柄

　　叶柄是叶片与茎的连接物,一般呈半圆柱形。叶柄内具维管束,是叶片与茎水分和养料的通道。此外,叶柄还具有支持叶片的作用,并能转动,使叶片变换位置与方向,充分采光。禾本科植物的叶柄成鞘,叫叶鞘,包围在节间。

　　3.托叶

　　托叶位于叶柄与茎的连接处,多成对而生,一般呈小叶状,也因植物种类而异。如梨的托叶为线状,刺槐的托叶呈刺状等。

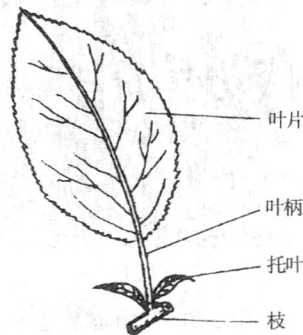

图 2-24　叶外形,示完全叶

42

	长阔相等(或长阔大得很少)	长比阔大1.5~2倍	长比阔大3~4倍	长比阔大5倍以上
最宽处在叶的基部	阔卵形	卵形	披针形	线形
最宽处在叶的中部	圆形	阔椭圆形	长椭圆形	
最宽处在叶的尖端	倒阔卵形	倒卵形	倒披针形	剑形

图 2-25 叶片的基本形状

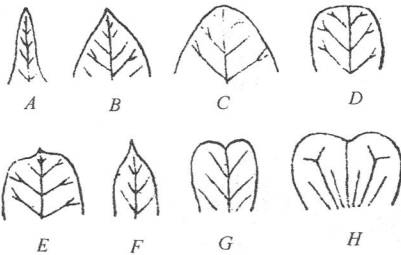

图 2-26 叶尖的类型
A—渐尖；B—急尖；C—钝形；D—截形；E—具短尖；F—具硬尖；G—微缺的；H—倒心形

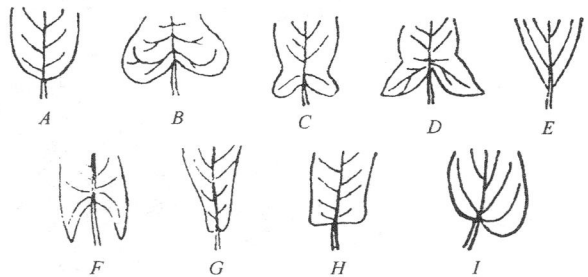

图 2-27 叶基的类型
A—钝形；B—心形；C—耳形；D—戟形；E—渐尖；F—箭形；G—匙形；H—截形；I—偏斜形

（二）叶片的形态

每种植物的叶片都有一定的形态，所以叶片是识别植物的主要依据之一。叶片的形态包括叶形、叶尖、叶基、叶缘、叶裂、叶脉等。

1.叶形

根据叶片的长、宽比例和最宽处位置，叶形可分为如图 2-25 所示的各种类型。如苏铁、水杉是线形；桃、柳是披针形；国槐、女贞是卵形等。此外叶片图形也可分为三角形、扇形、菱形、心形、锥形、针形等类型。如银杏为扇形，紫荆为心形；油松为针形等等。

叶尖、叶基也因植物种类不同而呈现各种不同的类型，如图2-26、2-27 所示。

2.叶缘

叶片的边缘叫叶缘，其形状因植物种类而异。叶缘主要类型有全缘、锯齿、重锯齿、齿牙、钝齿、波状等（图2-28）。如果叶缘凹凸很深的则称为叶裂，可分为掌状、羽状两种，每种又可分为浅裂、深裂、全裂三种（图2-29）。

图 2-28 叶缘的基本类型

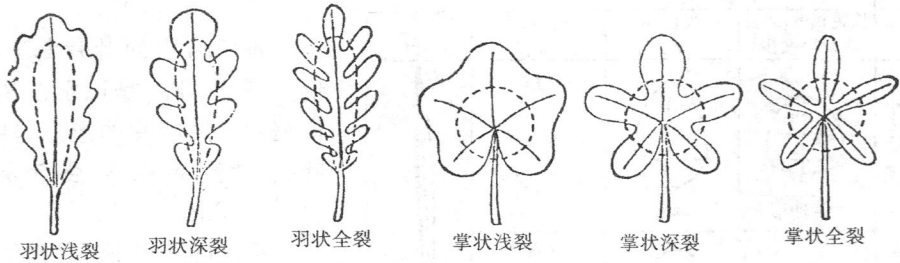

| 羽状浅裂 | 羽状深裂 | 羽状全裂 | 掌状浅裂 | 掌状深裂 | 掌状全裂 |

图 2-29　叶的缺刻类型

3.叶脉

被子植物叶脉在叶片上的分布方式有两种类型,一种是网状脉,一种是平行脉。

网状脉:是双子叶植物特征之一,又分为羽状网脉和掌状网脉。如果只有一条主脉,在主脉两侧分生出侧脉为羽状网脉,如女贞、桃等。如果从基部伸出 3～5 条主脉则为掌状网脉,如梧桐、五角枫等(图 2-30)。

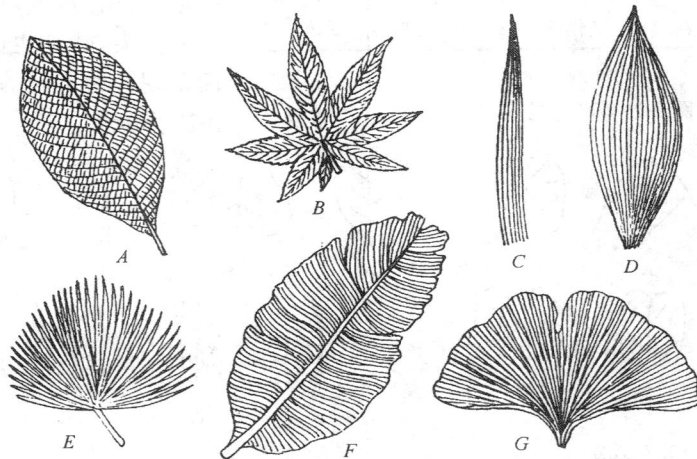

图 2-30　叶脉的类型
A、B—网状脉(A—羽状网脉,B—掌状网脉);C～F—平行脉
(C—直出脉,D—弧形脉,E—射出脉,F—侧出脉);G—叉状脉

平行脉:单子叶植物的特征之一。主脉与侧脉平行或接近平行。平行脉中又分为直出平行脉(竹)、射出脉(棕榈)、侧出脉(美人蕉)、弧状脉(玉簪)四种。

而叉状脉为较原始叶脉,如银杏及蕨类植物等。

(三) 叶序

叶在茎上着生都按一定的排列顺序称叶序。叶序主要有互生、对生和轮生等类型。若茎上每个节只生一个叶的叫互生,如杨、柳。若每个节上相对着生两个叶的称为对生,如丁香、女贞。若每个节上着生三个或三个以上的叶称为轮生,如夹竹桃、梓树等。若叶在节间很短的短枝上成簇生出,称为簇生(图 2-31)。

(四) 单叶与复叶

按叶柄着生叶片的数目分为单叶和复叶两类。

1.单叶

在每个叶柄上只生长一个叶片的称单叶。大多数植物都为单叶，如桃、李等。

2.复叶

在每个叶柄上生有两个以上叶片的称为复叶，如国槐等。复叶的叶柄叫总叶柄。总叶柄着生的叶叫小叶。小叶的叶腋没有芽，是区别单叶与复叶的特征。根据小叶的排列方式，复叶分为四种类型：

（1）羽状复叶：小叶排列在总叶柄的两侧呈羽毛状。若顶生小叶存在，小叶数目为单数称为奇数羽状复叶，如国槐。若顶生小叶成对生长，小叶数目为双数则称为偶数羽状复叶，如皂荚。根据总叶柄的分枝还有二回羽状复叶（合欢）、三回羽状复叶（南天竹）和多回羽状复叶。

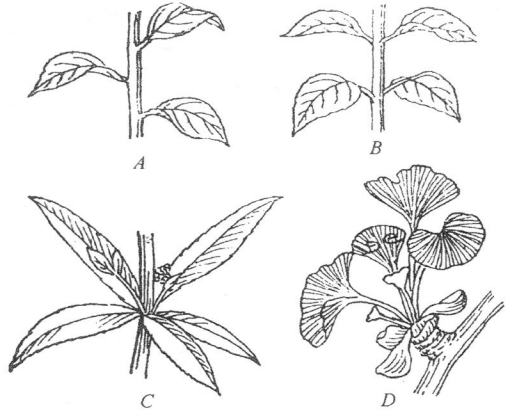

图 2-31　叶序
A—互生叶序；B—对生叶序；
C—轮生叶序；D—簇生叶序

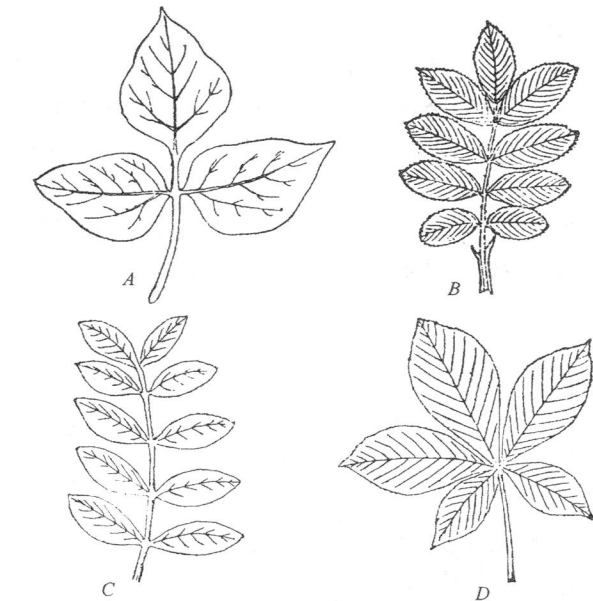

图 2-32　复叶的类型
A—三出叶；B—奇数羽状复叶；C—偶数羽状复叶；D—掌状复叶

（2）掌状复叶：小叶都着生于总叶柄的顶端，呈掌状排列的复叶叫掌状复叶，如七叶树。

（3）三出复叶：仅有三个小叶的复叶称为三出复叶，有羽状三出复叶与掌状三出复叶之分，前者如大豆，后者如酢浆草。

（4）单身复叶：总叶柄上两个侧生小叶退化仅留下顶端小叶，外形上很象单叶，但小叶基部有显著关节，是三出复叶的变形，如柑桔（图 2-32）。

（五）叶的变态

当正常的叶发生变态，其形态和功能发生改变，就形成变态叶（图 2-33）。常见变态叶有以下几种：

（1）芽鳞：包在芽外面，鳞片状的变态叶称为芽鳞。树木的冬态大都具有芽鳞，起到保护幼芽越冬的作用。

（2）叶刺：叶的全部或部分变成刺状称叶刺。如仙人掌的刺，小檗、洋槐的托叶刺等。叶刺与茎刺的区别在于茎刺在叶腋处发生。

（3）苞叶：是生在花或花序下面的变态叶，具有保护花和果实的作用。如壳斗科植物的壳斗，菊科花序的苞片，玉米雌花序外面苞片等。

（4）叶卷须：植物的叶变态成卷须，用以攀缘生长。有的叶卷须由托叶变态，有的由复叶中的小叶变态而成，如豌豆属的植物。

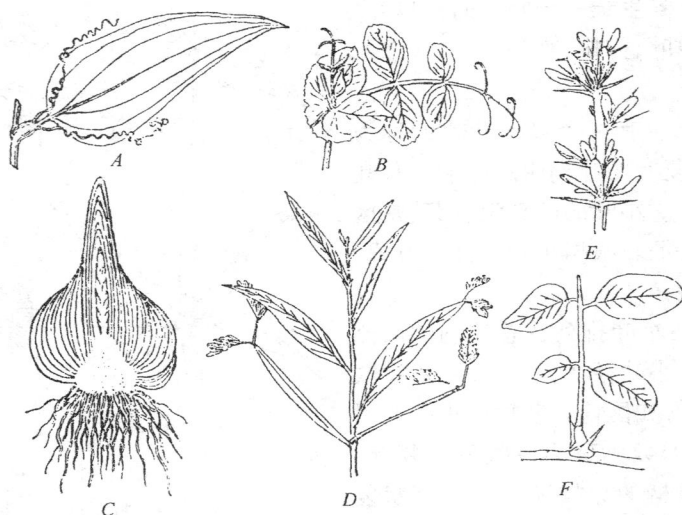

图 2-33 叶的变态

A、B—叶须卷(A.菝葜,B.豌豆);C—鳞叶(风信子);

D—叶状柄(金合欢属);E、F—叶刺(E—小檗,F—刺槐)

(5)捕虫叶:即某些植物特有的一种捕捉昆虫的变态叶。它们有呈盘状的(茅膏菜)、囊状的(狸藻)、瓶状的(猪笼草)等,但叶面均有与捕虫相适应的功能存在。如捕蝇草,当昆虫飞落在叶片上时,立刻闭合,将昆虫包住,直到昆虫死亡。而后叶片分泌消化液,将虫消化、吸收,用以补充氮素的不足。

(6)贮藏叶:具有贮藏功能叶的变态。如百合、水仙、石蒜等,其鳞茎上变态的叶片含有丰富的营养物质,将为植物进一步生长发育提供条件(图 2-32)。

二、叶的结构

(一)双子叶植物叶的结构

双子叶植物的叶由表皮、叶肉和叶脉三部分组成(图 2-34)。

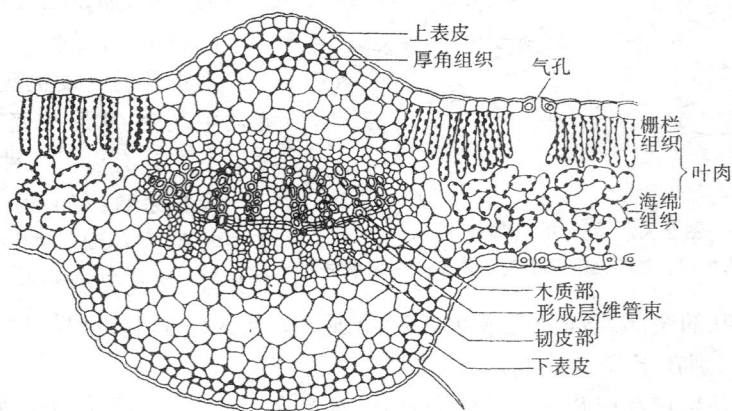

图 2-34 双子叶植物叶片横切面

1.表皮

表皮是覆盖在叶片表面的保护组织,分上表皮和下表皮。叶表皮通常由一层排列紧密,无细胞间隙的活细胞组成。这些细胞常不含叶绿体,是无色半透明的。从叶片正面观察,表皮细胞呈不规则形,相邻细胞紧密镶嵌。从横切面观察,表皮细胞呈长方象;细胞外壁形成角质层,有调节水分蒸腾的作用,一般上表皮角质层较厚,下表皮较薄。在叶表皮之间有许多气孔器。气孔器是由两个半月形的保卫细胞组成的小孔。保卫细胞内有叶绿体,这与气孔的张开关闭有关。保卫细胞的细胞壁靠近气孔近的一面较厚,其它面较薄。当保卫细胞从邻近细胞吸水而膨胀时,气孔就张开;当保卫细胞失水而收缩时,气孔就关闭。因此能调节气体的交换和水分的蒸腾。

气孔器的数目因植物种类、环境条件的不同而有差异,一般每平方毫米在 100～300 个左右。气孔器的分布,一般植物下表皮多于上表皮。有些植物只存在于下表皮,如苹果、桃等。而浮生在水平的叶,如莲、菱等气孔器只分布在上表皮。有些植物气孔在下表皮的一定位置存在,如夹竹桃气孔在气孔窝内。

叶表皮上还常形成表皮毛和蜡质层。它们具有调节蒸腾和保护作用。

2.叶肉

叶肉是叶片进行光合作用的主要部分。叶肉存在于上、下表皮之间,由薄壁组织组成,一般分化为栅栏组织和海绵组织。

栅栏组织靠近上表皮,细胞呈圆柱形,与叶表面垂直排列成栅栏状。叶绿体含量较高,光合作用主要在这里进行。

海绵组织靠近下表皮,细胞形状不规则,排列疏松,细胞间隙大,与气孔构成叶内通气系统,有利于气体交换。细胞内叶绿体较少,故叶背面颜色浅。

栅栏组织与海绵组织的分化说明叶的结构、功能与生态条件的相关性。具有栅栏组织和海绵组织的叶,称为两面叶。两面叶通常保持水平位置,叶片受光面积大,有利于光合作用。大多数植物属于这种类型。有些植物的叶两面受光机会相等,没有栅栏组织与海绵组织的分化,称为等叶面,如夹竹桃、垂柳等。

3.叶脉

叶脉分布在叶肉中,纵横交错成网状排列是叶中的维管束,分为主脉、侧脉等。

主脉较粗大,通常在叶背隆起,主脉的维管束外围有机械组织分布,所以叶脉不仅有输导作用,而且具有支持叶片的作用。维管束包括木质部、韧皮部和形成层三部分。木质部在上方,由导管、管胞、薄壁细胞和厚壁细胞组成。韧皮部在下方,由筛管、伴胞、薄壁细胞组成。形成层在木质部和韧皮部之间,其活性期短,很快就失去作用,因此成熟叶不具形成层。

在侧脉的结构中,维管束的外围只具有一圈由薄壁细胞组成的维管束鞘。随着叶脉的变细,维管束的结构愈简化,首先是形成层和机械组织的消失,其次是木质部和韧皮部的组成减少。

叶脉的输导组织与叶柄的输导组织相连,叶柄的输导组织又与茎、根的输导组织相连,从而使植物体内形成一个完整、贯通的输导系统。

(二)单子叶植物叶的结构

单子叶植物叶的结构类型较多,仅以竹叶为例,论述单子叶植物叶的一般特征。

竹叶结构,包括表皮、叶肉、维管束三部分。

1.表皮

表皮分为上表皮和下表皮,由表皮细胞,泡状细胞和气孔组成。表皮细胞有长细胞和短细胞两种。长细胞构成了表皮的大部分,细胞壁角质化。短细胞位于两个长细胞之间,有的细胞壁硅质化或栓化。硅质化的细胞向外突出成刺状,使表皮坚硬而粗糙,有保护作用(见图2-35)。

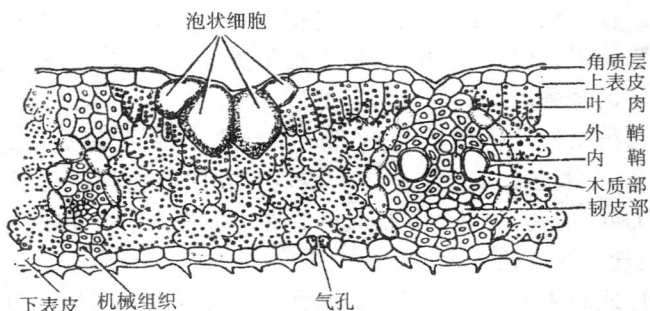

图 2-35　毛竹叶的横切面

表皮上分布有气孔,下表皮分布较多。从表面观察气孔由两个哑铃形的保卫细胞和两个副卫细胞构成。

在相邻的两个叶脉之间的上表皮上有几个特殊形态的薄壁细胞称泡状细胞。在横切面上,泡状细胞排列成扇形,中间的细胞最大,两侧较小,细胞内具大液泡。当水分亏缺时,泡状细胞失水收缩,使叶片向上卷缩成筒状,具有调节水分蒸腾的功能。起到保护作用。

2.叶肉

竹叶的叶肉细胞,靠上表皮的呈圆柱形,排列较整齐。下方的形状不一。栅栏组织和海绵组织的分化不明显,属等面叶。叶肉细胞壁向细胞腔内形成褶叠,叶绿体沿褶叠的壁排列,扩大光合面积。

3.叶脉

主脉和侧脉平行排列于叶肉组织中,中间有细脉互相连结。叶脉由维管束和外围的维管束鞘组成。维管束中包括木质部和韧皮部,木质部在上方,韧皮部在下方,无形成层。维管束鞘分为两层,外层是薄壁细胞,内层为厚壁细胞。

(三) 裸子植物叶的构造

大多数裸子植物的叶是绿色的,叶形成针状、条状或鳞片状。下面以松属针叶为例,论述裸子植物叶的一般结构。

松属的叶为针状,2～5针叶成束生长。单个针叶的横截面有半圆形和扇形等。针叶的结构包括表皮系统、叶肉、维管束三部分(图2-36)。

1.表皮系统

表皮系统包括表皮、下皮层和气孔等组织。表皮包围在叶的周围,由二层紧密排列的砖形细胞组成。表皮细胞外面覆盖着发达的角质层。无上下表皮的区别。

表皮的内方有一至多层厚壁纤维状的细胞,称为下皮层。也有些树种表皮与下皮层形态相同,如华山松、白皮松。下皮层细胞的层数,依种类不同而异。

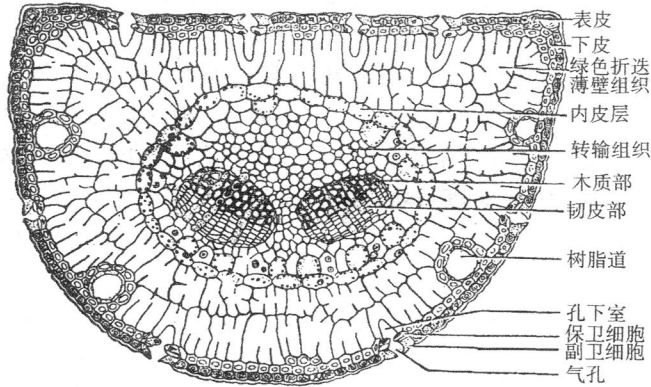

图 2-36　马尾松叶的横切面

　　在表皮与下皮层之间有下陷的气孔,气孔由一对保卫细胞和一对副卫细胞组成。气孔下面有一个下陷的空腔,是气体进出的场所,松属针叶的这种特殊结构,是减少叶的蒸腾,对干旱的一种适应。

　　2.叶肉

　　叶肉位于下皮层的内方,由含叶绿体的薄壁细胞组成。叶肉细胞壁内褶增加了叶绿体的排列面积,提高了光合作用效率。

　　叶肉组织内分布着树脂道,树脂道的位置因种类不同而有差异(图 2-37)。如马尾松、

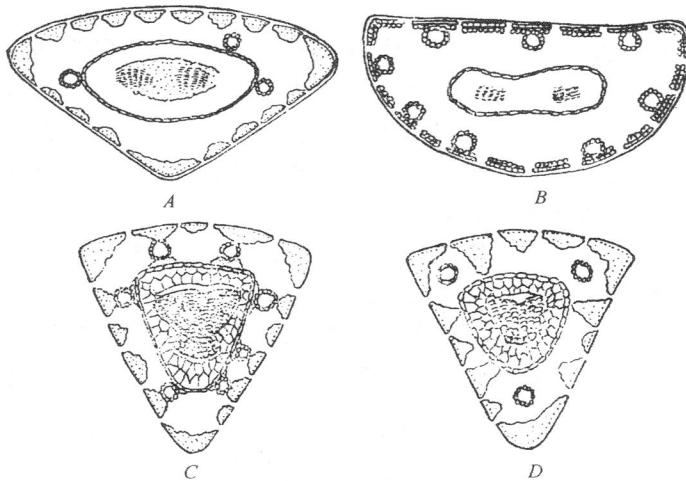

图 2-37　松属叶树脂道生长的位置
A—内生;B—外生;C—横生;D—中生

赤松的树脂道与下皮层相接,称外生树脂道。湿地松的树脂道与内皮层相接,称内生树脂道。红松、黑松的树脂道在叶肉组织中间,不与下皮层相接,也不与内皮层相接,称中生树脂道。还有少数种类既与下皮层相接又与内皮层相接,称为横生树脂道。

　　3.维管束

　　针叶的维管束与叶肉之间分化有环状的内皮层,维管束分布在内皮层以内。维管束的数目随树种而异。有的具两个维管束,如马尾松;有的只有一个维管束,如红松、华山松。维

管束中木质部分布在叶束的内方一面,即近轴面相当于复面,韧皮部在叶束的外方一面,即远轴面相当于背面。木质部与韧皮部的组成与根茎相同。

在维管束和内皮层之间是转输组织,由转输薄壁细胞和转输管胞组成。转输组织是维管束与叶肉之间水分和养料运输的通道。上述松属针叶结构,具有下皮层、内陷气孔、转输组织等,在其他松柏类植物中也存在,只是数量和排列有所不同。大多数松柏类植物没有褶叠的叶肉细胞,而冷杉属、杉木属、紫杉属、银杏属与苏铁的叶中有栅栏组织和海绵组织的分化。

(四)叶的结构与环境条件的关系

植物叶的形态结构千变万化,形形色色,但都是与其光合作用和蒸腾作用的功能高度适应的。这是长期进化的结果。根据达尔文的进化学说,生物的变异是广泛和普遍存在的,但那些适者生存,不适者被淘汰,这就是自然选择规律。在生物进化中,变异是基础,而环境条件的选择起到主导作用。对植物叶片功能影响最大的外界条件当然是光照和水分,所以植物叶片的形态结构必然与植物所处的光照和水分条件相适应。

例如生活在干旱条件下植物的叶片具有抗旱的形态结构。一种是叶面积小而厚,而角质层发达,表皮常有蜡被及各种表皮毛,形成下皮层,气孔下陷等等,以此减少蒸腾量。另一种是景天科等类植物,它们叶片肥厚,有发达的贮水薄壁组织,细胞液浓度高,保水能力强。而生活在潮湿多雨条件下的植物叶片就不具有上述结构,叶片常常大而薄,角质层不发达,一般无蜡被和表皮毛,其结构与湿生条件相适应。水生植物输导组织不发达,叶无分化,具有发达的通气组织。

三、叶的寿命和落叶

植物的叶是有寿命的,到一定时期,叶就会衰老、死亡、脱落。但不同植物种类叶的寿命有很大差别。草本植物的叶随植株死亡而枯萎。木本植物分为落叶树和常绿树。落叶树春季长叶,秋季落叶,叶的寿命只有一个生长季,如杨、柳、榆、槐。而常绿树叶的寿命可在一年以上,紫杉6~10年。常绿树虽然有老叶脱落,但植株上大量叶片仍然存在,新叶不断增生,它的叶脱落不是同步,植株整体是常绿的。

落叶是正常的生命现象,是植物对环境的一种适应,对植物提高抗性具有积极意义。例如,树木冬季到来之前的落叶具有脱水、进入休眠、提高抗寒性的作用。否则这些树木无法抵御冬季的低温。落叶还具有降低水分消耗维持水分平衡,排除有害物质等等作用。

落叶过程是由于叶柄基部形成了离层(图 2-37),植物落叶前,叶肉细胞合成能力降低,有机物及其他营养物质转移到根、茎等别的部位。叶柄基部可形成几层薄壁细胞称为离层。当这些细胞间发生化学变化,果胶酸钙转化为可溶性果胶和果胶酸时,细胞间彼此分离。叶柄的输导组织也失去作用。在重力和风雨等机械作用下,叶就从离层断开而脱落,同时叶柄断面处出现栓化,形成保护层(图 2-38)。

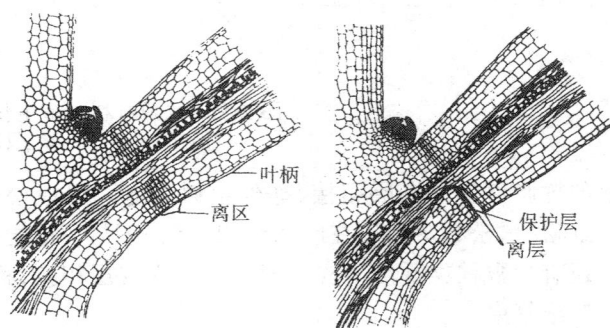

图 2-38　棉叶柄基部纵切面,示离区结构

复习思考题

1.什么叫器官？植物体有哪些器官？各种器官的功能有何严格的区别？

2.根系有几种类型？了解根系的类型,以及根系在土壤中分布情况,在生产上有何意义？

3.如何区分主根、侧根和不定根？生产上是如何利用植物产生不定根的特性来进行繁殖的？

4.列表说明根的初生结构是由哪几部分组成,各部分的主要功能是什么？各属于那种组织？

5.观察双子叶植物老根的横切面,绘一示意图,并注明各部分。

6.侧根是怎样形成的？

7.什么叫共生现象？在采用根瘤菌制剂拌种时应注意哪些问题？

8.从外形上怎样区分根和茎？

9.如何识别定芽和不定芽;花芽与叶芽;单轴分枝与合轴分枝;有效分蘖与无效分蘖？了解这些内容在生产上有何意义？

10.分别绘出双子叶植物根的初生构造和双子叶植物茎的次生结构之示意图(横切面)并在图下说明两者之主要区别。

11.列表说明双子叶植物茎的次生结构,并指出各属于哪种组织。

12.双子叶植物的根与茎是怎样增粗的？为什么大部分禾本科植物的根与茎增粗有限？

13.解释名词:芽、枝条、叶痕、叶迹、皮孔、芽鳞痕、年轮、维管射线

14.按下表描述本地几种植物叶片的各种类型和叶序:

形态类型 植物种类	完全叶或 不完全叶	叶　　形	叶缘或叶裂	叶　脉	单叶或复叶	叶　　序

15.用实物对比区分出全裂单叶与复叶,并绘图加以说明。

16.说明双子叶植物与禾本科植物、裸子植物在叶的形态、结构方面,有哪些不同之处。

17.简述落叶的意义及其过程。

18.解释以下名词:单身复叶;泡状细胞(运动细胞);两面叶与等面叶;叶镶嵌。

19.取一双子叶草本植物或禾本科植物(包括根、茎、叶)作为标本,绘出其全貌并详细注明根、茎、叶各部分的形态。

20.列表说明各种变态根、茎、叶的类型及形态特征。

21.说明下列几种变态器官的区别点:

块根与块茎;茎卷须与叶卷须;茎刺与叶刺;鳞茎与球茎。

第三章 植物的生殖器官

植物生长包括营养生长和生殖生长两个阶段。从种子萌发到根、茎、叶的形成称为营养生长。营养生长到一定时期,植物开始进入生殖生长。生殖生长包括花芽分化、开花、传粉、受精,形成果实和种子的全过程。植物的花、果实和种子称为生殖器官。

第一节 花的发生与组成

一、花芽的分化

花是由花芽发育而成的。当植物进入生殖生长阶段,有些芽的分化发生质的变化。芽内的顶端分生组织不再分化为叶原基,而是形成若干较小突起成为花各部分原基,这一形成花芽的过程称为花芽的分化。多数植物花原基的形成按花萼、花冠、雄蕊、雌蕊的顺序进行(图3-1)。

花芽的形状比叶芽肥大。有些植物的花芽只能发育成一朵花为单生,如玉兰、月季等。有些植物的花芽可形成一个花序,如杨、柳、水仙等。

花芽分化的时期因植物种类而异。落叶树种花芽分化常在开花前一年的夏季进行,然后进入休眠,如桃、油桐等。春夏开花的常绿树种一般在冬季或早春进行花芽分化,如柑桔、油橄榄等。而秋冬开花的植物则在当年夏天花芽分化,无休眠期,如茶、油茶等。

花芽分化要求适宜的外界条件,充足的养分,适宜的温度、光照都有利于花芽的形成。在植物栽培管理过程中,通过修剪,水肥控制,生长调节剂的使用等技术措施都可达到促进花芽的目的。

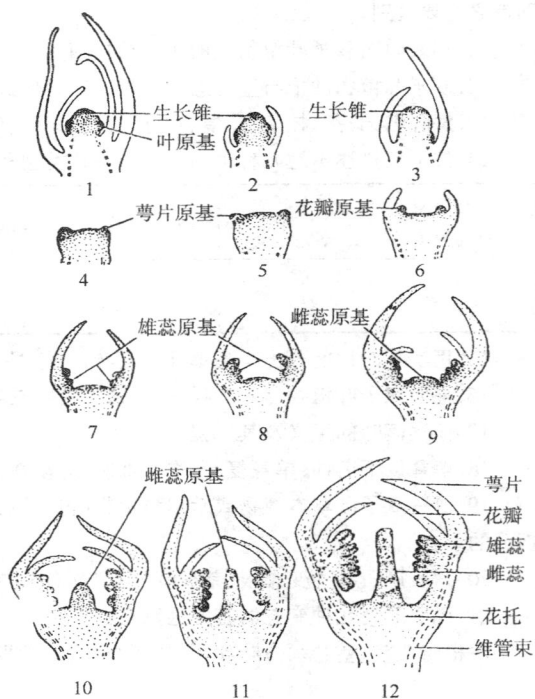

图3-1 桃的花芽分化

1—营养生长锥;2~3—生殖生长锥分化初期;
4~5—萼片原基形成期;6—花瓣原基形成期;
7~8—雄蕊原基形成期;9~12—雌蕊原基形成期

二、花的组成部分

典型被子植物的一朵花是由花萼、花冠、雄蕊和雌蕊组成的(图3-2)。具有上述四部分的花称为完全花,如桃、梅等;缺少其中一部分的花称为不完全花,如桑、榉等。从进化的角度来分析,花实际上是一种适于生殖的变态短枝,而花萼、花冠,雄蕊与雌蕊是变态的叶。

52

（一）花梗和花托

花梗(柄)是花与茎的连接部分,主要起支持和输导作用。花梗的顶端是着生花的花托。花托的形状因植物种类的不同而各式各样,如玉兰的花托呈圆锥形,蔷薇花托呈杯状等等。

（二）花被

花被是花萼和花冠的总称。

1.花萼

位于花的外侧,通常由几个萼片组成。

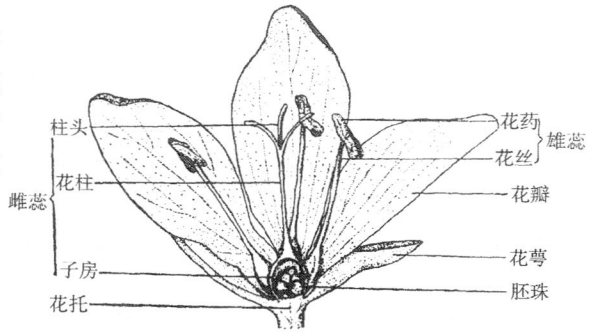

图 3-2　花各部分的模式图

有些植物具有两轮花萼,最外轮的为付萼,如木槿、扶桑等。花萼随花脱落的称为早落萼,如桃、梅等;花萼在果实成熟时仍存留的称为宿存萼,如石榴、柿子等。各萼片完全分离的称离萼,如玉兰、毛茛等;花萼连为一体的称合萼,如石竹等。花萼颜色多为绿色,而杏花的花萼为暗红色,石榴为鲜红色,倒挂金钟的花萼有几种颜色。

2.花冠

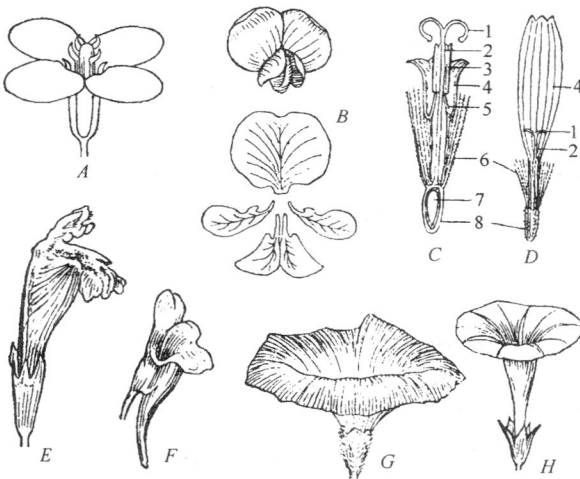

图 3-3　花冠的类型
A—十字形花冠;B—蝶形花冠;C—管状花冠;D—舌状花冠;
E—唇形花冠;F—有距花冠;G—喇叭状花冠;H—漏斗状花冠
（A、B 为离瓣花;C～H 为合瓣花）
1—柱头;2—花柱;3—花药;4—花冠;
5—花丝;6—冠毛;7—胚珠;8—子房

位于花萼内侧,由若干花瓣组成,排列为一轮或数轮,对花蕊具保护作用。由于花瓣中含有色素并能分泌芳香油与蜜汁,所以花冠颜色艳丽,具有芳香,能招引昆虫,起到传粉作用。

花冠形态因植物种类的不同而千姿百态,按花瓣离合程度,花冠可分为离瓣花冠与合瓣花冠两类(图 3-3)。

（1）离瓣花冠:花瓣基部彼此完全分离,这种花冠称为离瓣花冠,常见有以下几种:

蔷薇型花冠:由 5 个(或 5 的倍数)分离的花瓣排列成,如桃、梨等。

十字型花冠:由 4 个花瓣十字型排列组成,如二月兰、桂竹香等。

蝶型花冠:5 片花瓣大小不等,形状不对称,花形似蝶,如豆科植物。

（2）合瓣花冠:花瓣全部或基部合生的花冠称为合瓣花冠,常见有以下几种:

辐状花冠:茄科植物花冠为辐状花冠。

漏斗状花冠:花冠呈漏斗状,如牵牛等。

钟状花冠:花冠短而阔,形似钟,务倒挂金钟、桔梗等。

舌状花冠:花冠下部筒形,上部呈扁平舌状,如菊科花序边缘的花。

53

唇形花冠:花冠裂片分开似唇形,如薄荷、串红等。

管状花冠:花冠筒较长,上下均匀,花冠裂片向上伸展,如菊科等。

（三）雄蕊

雄蕊位于花冠之内,是花的重要组成部分之一,由花丝和花药两部分组成。花丝一般细长,一端生于花托之上,另一端连着花药,具有输导和支持花药的作用。花药膨大呈囊状,位于花丝顶端,常分为两个药室,每个药室具一个或两个花粉囊,花粉成熟时,花粉囊开裂,散出大量花粉粒。

一朵花中所有雄蕊组成雄蕊群,雄蕊的数目因植物种类而异。如兰科植物只有一个雄蕊,木犀科两个雄蕊,蝶形花科10个雄蕊,而桃花有很多雄蕊但没有定数。根据雄蕊数目以及花丝与花药的离合,雄蕊分为离生雄蕊和合生雄蕊(图3-4)。

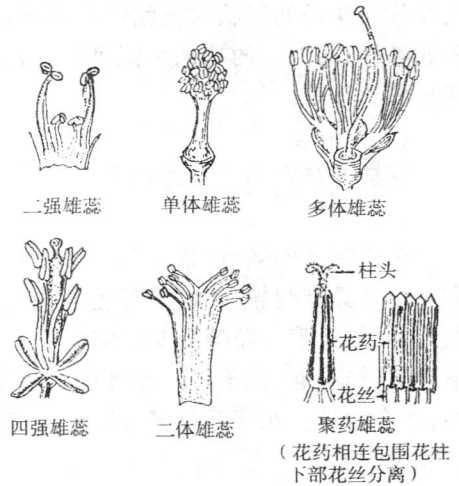

二强雄蕊　单体雄蕊　多体雄蕊

四强雄蕊　二体雄蕊　聚药雄蕊
（花药相连包围花柱下部花丝分离）

柱头

花药

花丝

图3-4　雄蕊的类型

1.离生雄蕊

花中雄蕊各自分离,有以下几种类型:

二强雄蕊:花中雄蕊4枚,二长二短,如凌霄、泡桐等。

四强雄蕊:雄蕊6枚,四长二短,如十字花科植物等。

2.合生雄蕊

花中雄蕊全部或部分合生,有以下几种类型:

单体雄蕊:花丝下部连合成筒状,花丝上部和花药仍分离,如木芙蓉、木槿等。

二体雄蕊:花丝连合成两组,如有些豆科植物雄蕊10个,其中9个花丝连合,另一个分离。

多体雄蕊:花丝基部合生成几束,如金丝桃、椴树等。

聚药雄蕊:花丝分离而花药合生,如向日葵、凤仙花等。

（四）雌蕊

雌蕊位于花的中央,是花的另一个重要组成部分,由柱头、花柱和子房三部分组成的。

柱头:位于雌蕊的顶端,是接受花粉的部位,通常呈球状、盘状。柱头可分泌柱头液,具有固着花粉粒、促进花粉粒萌发的作用。

花柱:雌蕊中柱头与子房之间的部分叫花柱。它是花粉管由柱头进入子房的通道。花柱因不同植物种类而各具形态。

子房:雌蕊基部膨大的部分叫子房。子房外围为子房壁,内有一个或多个子房室。每个子房室有一个至多个胚珠,受精后,子房发育成果实,胚珠形成种子,子房壁发育成果皮。

不同种类的植物其雄蕊的类型、子房的位置、胎座的类型常有不同。

1.雌蕊的类型

雌蕊是由变态叶卷合而成的,这种变态叶称为心皮。心皮的边缘连接处叫腹缝线,它的背部(相当于叶的中脉处)称背缝线。根据雌蕊心皮的数目和离合,雌蕊可分为以下类型(图3-5、3-6)。

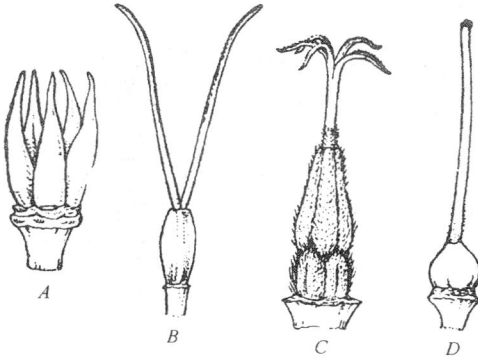

图 3-5 雌蕊的类型

A—离生雌蕊,各心皮完全分离,着生在同一花托之上;
B~D—合生雌蕊(B—子房连合,柱头和花柱分离;C—子房和花柱连合,柱头分离;D—子房、花柱和柱头全部连合)

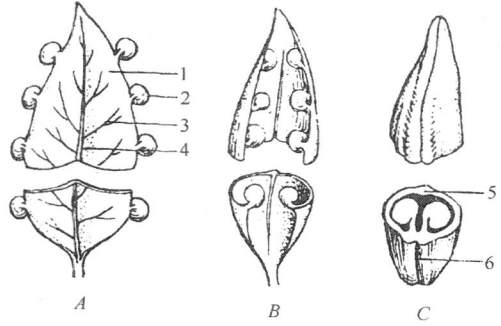

图 3-6 心皮边缘愈合,形成雌蕊过程的示意图

A、B、C—表示由一片张开的心皮逐步内卷,边缘进行愈合的程序

1—心皮;2—心皮上着生的胚珠;3—心皮的侧脉;
4—心皮的背脉;5—背缝线;6—腹缝线

单雌蕊:一朵花中只有一个雌蕊,此雌蕊只由一个心皮构成称单雌蕊,如桃、李等。

合生雌蕊:一朵花中只有一个雌蕊,此雌蕊由两个以上的心皮卷合而成,称为合生雌蕊,又称复雌蕊,如柑桔等。

离生雌蕊:一朵花中有数个彼此分离的雌蕊称为离生雌蕊,如木兰、毛茛等。

2.子房的位置

根据子房在花托上着生位置及花托的连合程度,子房分为以下几种类型:

子房上位:子房仅以底部与花托相连,叫子房上位。子房上位分为两种情况,如果子房仅以底部与花托相连,而花被、雄蕊着生位置底部子房叫子房上位花下位,如玉兰、紫藤等。如果子房仅以底部和杯状花托的底部相连,花被与雄蕊着生于杯状花托的边缘叫子房上位周位花,如桃、李等。

子房半下位:又叫子房中位,子房的下半部陷于花托中,并与花托愈合,子房上半部仍露在外,花的其余部分着生在花托边缘,故也叫周位花,如接骨木、忍冬等。

子房下位:子房埋于下陷的花托中,并与花托愈合称子房下位,花的其余部分着生在子房的上面花托的边缘,故也叫上位花,如水仙、石蒜、苹果、梨等(图 3-7)。

3.胎座的类型

胚珠通常沿心皮的腹缝线着生于子房上,着生的部位叫胎座,如图 3-8。胎座有以下几种类型:

边缘胎座:单雌蕊,子房一室,胚珠生于腹缝线上,如豆类。

侧膜胎座:合生雌蕊,子房一室或假数室,胚珠生于心皮的腹缝线上。

中轴胎座:合生雌蕊,子房数室,各心皮边缘聚于中央形成中轴,胚珠生于中轴上,如柑桔等。

特立中央胎座:合生雌蕊,子房一室或不完全的数室,子房室的基部向上有一个短的中轴,但不到达子房顶,胚珠生于此轴上,如石竹等。

基生胎座和顶生胎座:胚珠生于子房的基部或顶部,前者有菊科植物,后者如胡萝卜等。

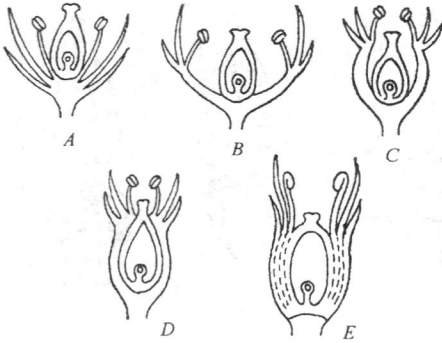

图 3-7 子房的位置
A—子房上位(下位花);B、C—子房中位
或半下位(周位花);D、E—子房下位(上位花)

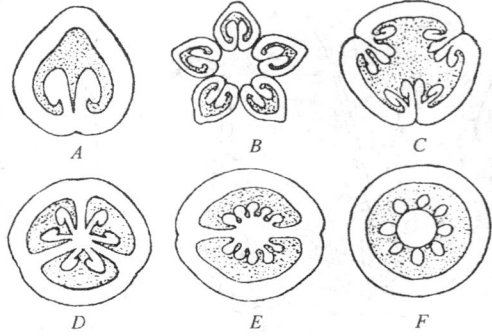

图 3-8 几种不同的子房和胎座
A—单雌蕊,单子房,边缘胎座;B—离生雌蕊,单子房,边缘胎
座;C—合生雌蕊,单室复子房,侧膜胎座;D、E—合生雌蕊,多
室复子房,中轴胎座;F—合生雌蕊,子房一室,特立中央胎座

三、花程式与花图式

(一)花程式

用字母符号及数字表示花各部分结构组成的公式称为花程式。花的各部分用拉丁文字母表示:K 表示花萼,C 表示花冠,A 表示雄蕊群,G 表示雌蕊群,P 表示花被。花各部分的数目用数字表示,写在字母的右下角。其中 0 表示缺乏或退化,∞ 表示数目很多或不定数。符号表示花各部分的着生位置,着生方式等等。例如"+"表示花的轮数或组合,"( )"表示合生。$\underline{G}$ 为子房上位,$\overline{G}$ 为子房下位,$\overline{\underline{G}}$ 为子房中位,心皮数字后用":"隔开的数字表示子房的室数,隔开为每室胚珠数。♂表示雄花,♀表示雌花,☿表示两性花,↑表示不整齐花,*表示整齐花等等。以下举例说明:

紫藤:☿↑$K(5)C1+2+2A(9)+1G1:1$

紫藤是两性不整齐花;花萼五个合生,花瓣三轮,外轮一片,第二、三轮各两片;雄蕊两组,九个合生,一个分离;雌蕊一心皮一室,子房上位。

玉兰:☿ * $P3+3+3A\infty\underline{G}\infty10:1:2$

玉兰是两性整齐花;花单被,三轮,每轮三片离生;雄蕊多数,离生;雌蕊心皮多数,离生,子房上位。多心皮离生,每心皮一室,每室两个胚珠。

百合: * $P3+3A3+3\underline{G}(3:3)$

百合为整齐花;花被两轮,每轮三片,离生;雄蕊两轮,每轮 3 个,离生;雌蕊三心皮合生,三室,子房上位。

(二)花图式

花的各部分结构组成用横切面简图表示称为花图式。如图 3-9 所示,百合花的花轴,苞片、花被、雄蕊、雌蕊等各部分的组成及排列。黑色圆圈表示花轴,通常位于图的上方。空心弧线表示苞片,位于图的下方。带有线条的弧线表示花萼,位于图的最外层,由于花萼的中脉明显,因此弧线中部外实。实心弧线表示花冠,位于图的第二层。合生雄蕊用黑线连接。雌蕊以子房横切面表示,位于图的中心。

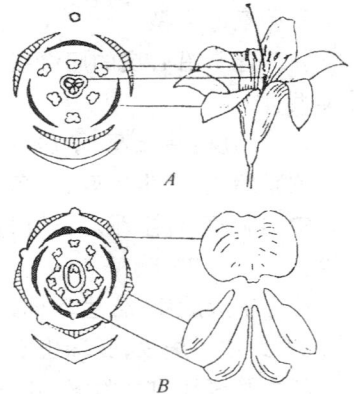

图 3-9 花图式
A—百合的花图式;B—蚕豆的花图式

四、花序

有些植物的花单生于叶腋或枝顶称为单生花,如牡丹、茶花等。但也有植物很多花按一定规律排列在花轴上,这种花在花轴上有规律的排列方式称为花序。

花序分为无限花序和有限花序两大类型(图3-10)。

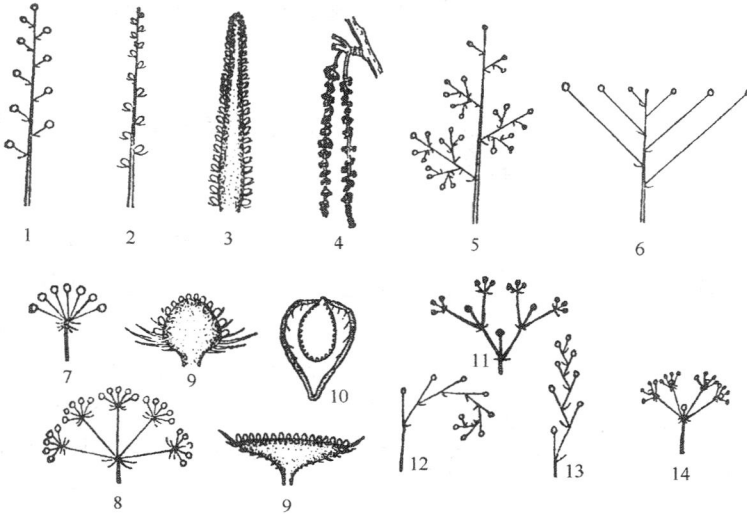

图3-10 花序的类型

1—总状花序;2—穗状花序;3—肉穗花序;4—柔荑花序;5—圆锥花序;
6—伞房花序;7—伞形花序;8—复伞形花序;9—头状花序;10—隐头花序;
11—二歧聚伞花序;12、13—单歧聚伞花序;14—多歧聚伞花序

(一)无限花序

无限花序开花由基部开始,依次向上开放(或由边缘向中心开放),花轴顶端能继续伸长并陆续开花。无限花序主要有以下类型:

(1)总状花序:花互生于不分枝的花轴上,各小花花梗等长,如刺槐、紫藤等。

(2)穗状花序:与总状花序相似,只是花无梗,如车前、木麻黄等。如果穗状花序轴膨大则为肉穗花序,如天南星。

(3)柔荑花序:单性花排列于一细长的花轴上,通常下垂,花后脱落,如桑、杨、柳等。

(4)伞房花序:花有梗,但不等长,下部较长,上部渐短,花位于一近似平面,如麻叶绣球等。

(5)伞形花序:各小花均从花轴顶端生出,花柄等长,花的排列伞形,如山茱萸、君子兰等。

(6)隐头花序:小花着生于肉质中空的总花托的内壁上,并被总花托所包围,如无花果、榕树等。

(二)有限花序

有限花序的花轴呈合轴分枝或二叉分枝,花序中最顶点或最中心的花先开,渐及下边或周围的花,花柄不能继续生长,主要有以下几种类型:

(1)单歧聚伞花序:花轴的顶端先开一花,其下苞腋又发生一侧枝,侧枝顶端又开花,以同一方式继续分枝,如紫草科植物。如果侧枝在同一侧的苞腋发生,整个花序就会卷曲,特称卷伞花序。如在两侧产生,花序称蝎尾状。

(2)二歧聚伞花序:花轴的顶端先开花后,下面相对的两侧苞腋同时分枝,在分枝顶端有形成花,如此反复分枝,如石竹科植物、海洲常山等。

(3) 多歧聚伞花序:花轴顶花下同时产生数个分枝,各枝顶生一花后,继续以同一方式分枝,如大戟、榆等。

第二节　花药和花粉粒的发育与结构

一、花药的发育与结构

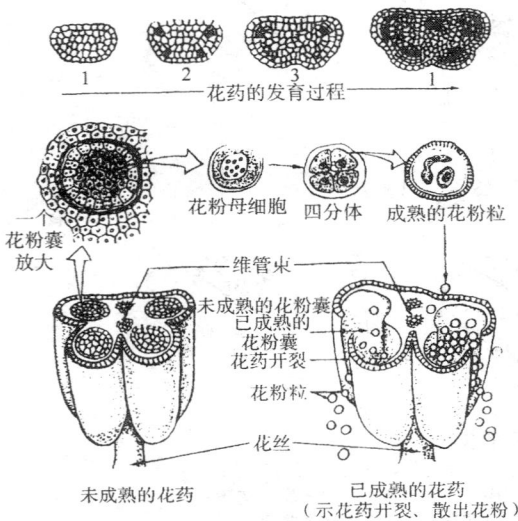

图 3-11　花药的发育与结构

花药在发育初期是一团形态相同的基本分生组织,外围是原表皮,不久形成具有四棱的花药雏形,以后在四棱的表皮下分化出孢原细胞。孢原细胞核较大,细胞质较浓分裂能力较强。它经过分裂,形成内外两层细胞,里层叫造孢细胞,外层叫周缘细胞。周缘细胞再经分裂,自外而内,逐渐形成药室内壁、中层及绒毡层与表皮共同组成花粉囊的壁,中层为 $2\sim3$ 层细胞构成。以后,随花粉母细胞和花粉粒的发育,中层和绒毡层会逐渐解体,成为营养物质被吸收(图 3-11)。

在花粉囊壁发育的同时,花粉囊内的造孢细胞进一步分裂,形成很多花粉母细胞(小孢子母细胞)。每个花粉母细胞经过一次减数分裂产生四个子细胞,叫四分体。每个子细胞染色体数目是花粉母细胞的一半,最后发育成单核花粉粒。

二、花粉粒的发育、结构与形态

经过减数分裂产生的单核花粉粒,细胞壁薄,细胞质浓,细胞核位于中央。随着花粉粒发育,开始出现液泡,并逐渐增大,占据细胞的中央,细胞核逐渐迁移细胞壁。此时花粉粒的壁已分化为两层,位于里边的内壁薄而富有弹性,其主要成分是果胶质和纤维素,吸水后膨胀。外壁增厚并有各种花纹,并有小孔称为萌发孔,是花粉管萌发生长的孔道。其数目因植物种类而异,一般为几个,多的可达数百个。

单核花粉粒继续发育,经过有丝分裂形成营养核和生殖核,每个核各自包围着细胞质。营养核较大,一般呈球形,其作用与花粉管的萌发、生长有关。生殖核较小,呈圆形或纺锤形,将来分裂成精子。此时的花粉粒称为二核期花粉粒。从单核花粉粒到二核花粉粒,也就是被子植物从小孢子发育成为雄配子体的过程。以后雄配子体继续发育,在传粉前后,生殖细胞再分裂一次,形成两个精子。精子是在传粉后,在花粉管内形成(图 3-12、3-13)。小麦的精子在花粉粒中产生,精子是雄配子。

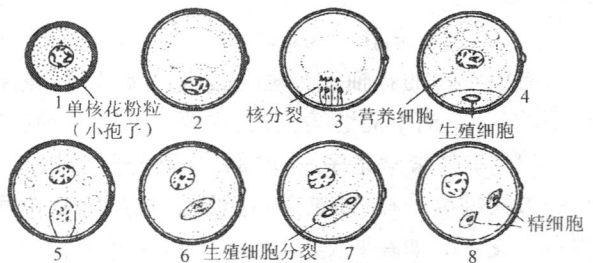

图 3-12　花粉粒的发育

花药 ┃ 药隔及维管束
　　 ┃ 幼花粉囊 ┃ 原表皮 ──────────────────────── 表皮
　　　　　　　　　┃ 孢原细胞(2n) ┃ 周缘细胞(外) → 药室内壁 → 纤维层(与花药开裂有关)
　　　　　　　　　　　　　　　　　　　　 中层(最后消失)
　　　　　　　　　　　　　　　　　　　 绒毡层(2n)(为花粉粒发育提供养料、控制其发育、最后也消失)
　　　　　　　　　　 造孢细胞(内)(2n) ──有丝分裂──→ 花粉母细胞(2n) ──减数分裂──→ 四分体(n)

花粉囊壁

单核花粉粒 ┃ 营养细胞(n)
　　　　　 ┃ 生殖细胞(n) ──有丝分裂──→ 精细胞(n) / 精细胞(n)

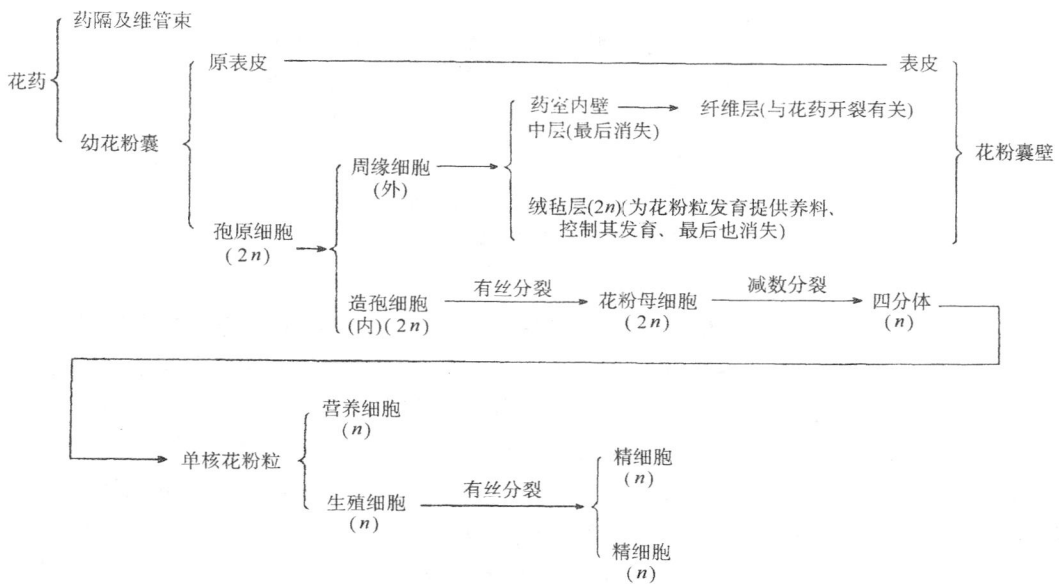

图 3-13　花粉发育过程

不同植物花粉粒的大小、形状、颜色、外壁的结构各不相同,可做为鉴别植物的依据。花粉粒一般为球形,直径在 $10\sim15\mu m$,如柳、毛白杨等;椭圆形的如苕子、小茴香等;三角形的如桉树、枣等。

第三节　胚珠和胚囊的发育与结构

一、胚珠的发育与结构

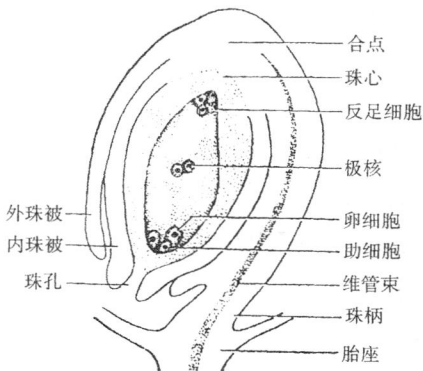

图 3-14　成熟胚珠的结构

合点
珠心
反足细胞
极核
外珠被
内珠被
珠孔
卵细胞
助细胞
维管束
珠柄
胎座

胚珠着生于子房内壁的胎座上,受精后的胚珠发育成种子。一个成熟的胚珠由珠心、珠被、珠孔、珠柄及合点几部分组成(图3-14)。

随着雌蕊的发育,首先在胎座上产生突起,成为胚珠原基。原基的前端发育成珠心,基部发育成珠柄。以后在珠心的基部产生小突起,逐渐延伸着包围珠心,形成珠被。珠被发育时,顶端留有珠孔。与珠孔相对处的珠心基部称合点。

珠被通常分为内外两层,分别称为内珠被和外珠被。但有些植物只有一层珠被,如胡桃、桦木、海桐、五加等。

根据珠孔与珠柄的位置,胚珠分为直生、倒生、横生、弯生等不同类型(图3-15)。

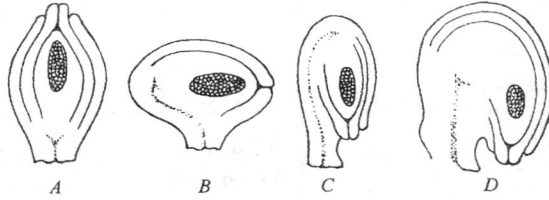

图 3-15　胚珠类型的纵切面图

A—直生胚珠；*B*—横生胚珠；*C*—倒生胚珠；*D*—弯生胚珠

二、胚囊的发育与结构

在珠被发育的同时，珠心薄壁组织中近珠孔的一端有一个细胞体积迅速增大，发育为孢原细胞。孢原细胞有大的细胞核和较浓的细胞质，经过分裂或直接发育为胚囊母细胞。再经减数分裂，胚囊母细胞形成四分体，每个细胞称为大孢子，其染色体数目减少一半。四分体中，靠近珠孔的三个子细胞很快萎缩解体，只有最里面的发育成胚囊（大孢子）。

大孢子继续发育，体积增大，最后占据大部分的珠心位置。大孢子的细胞核继续进行三次有丝分裂，第一次分裂形成两个子核，分别移向胚囊两极，再各自分裂两次。此时胚囊两端各有一个细胞移至胚囊中央，称为极核。留在珠孔端的三个细胞，其中一个分化为卵细胞即雄配子，其余两个为助细胞。在合点一端的三个细胞称为反足细胞。经过受精，受精卵发育成胚，极核受精发育成胚乳，胚珠发育成种子。胚囊最后发育成极核的过程，是大多数被子植物所共有特征，只有少数植物例外（图 3-16、3-17、3-18）。

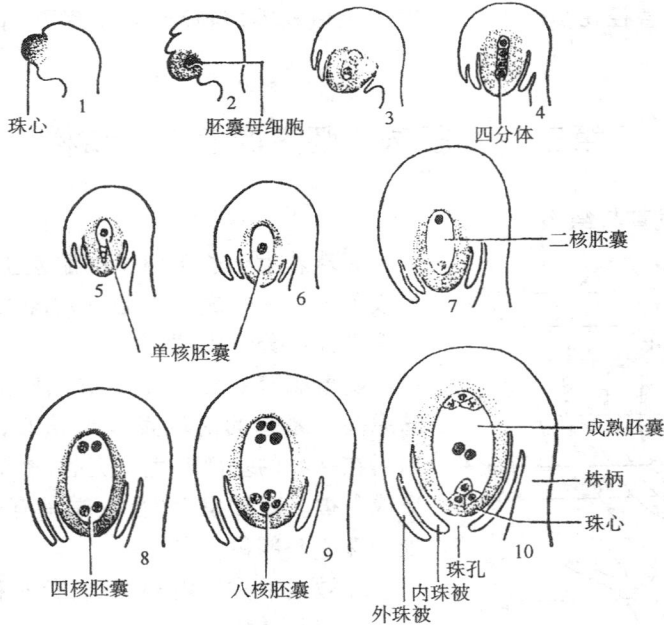

图 3-16　胚珠和胚囊发育过程模式图

（1～10 为发育顺序）

60

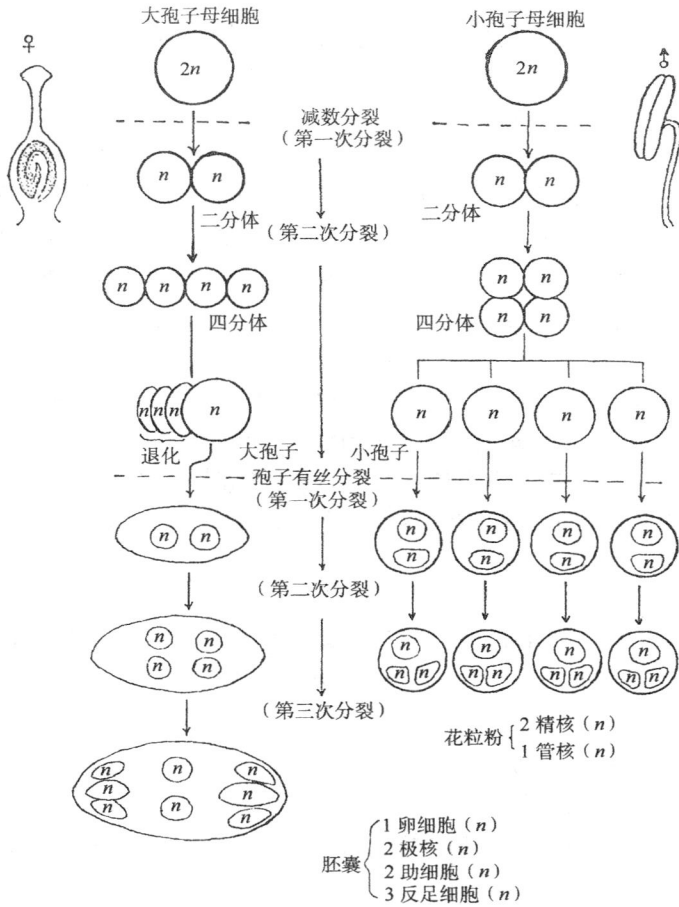

图 3-17　高等植物雌雄配子形成的过程

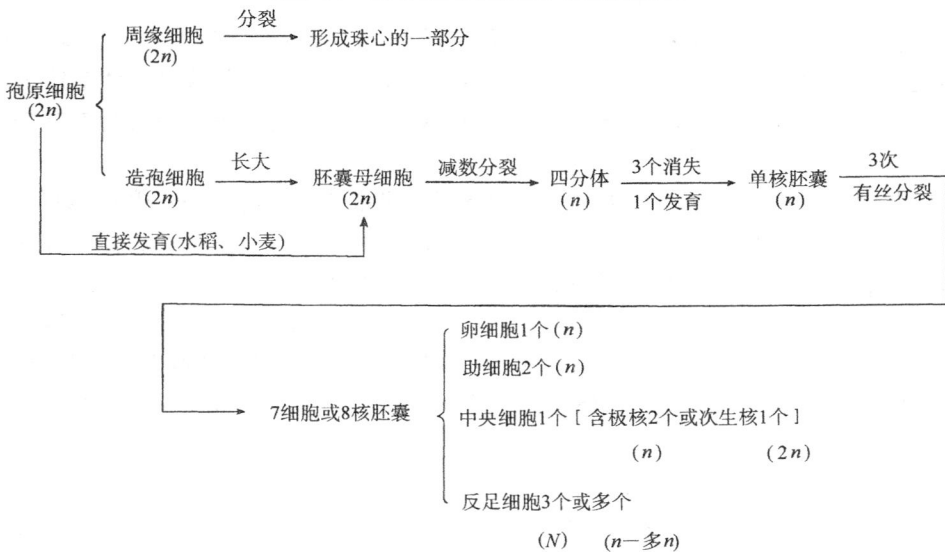

图 3-18　胚囊发育过程

第四节　开花、传粉和受精

一、开花

当植物生长发育到一定阶段,雄蕊的花粉粒或雌蕊的胚囊达到成熟时,花冠即行开放,露出雄蕊和雌蕊,这一现象称为开花。开花时,雄蕊花丝挺立,花药呈现特有的颜色;雌蕊分泌柱头液。如柱头是分裂的,则裂片张开;如柱头有腺毛的,则腺毛突起以利于接受花粉。

每一种植物开花的年龄、开花的季节、开花期的长短以及花朵开放的具体时间和开花的持续时间,都有各自的规律。例如,多年生植物第一次开花,桃 3～5 年,桦木 10～12 年,麻栎 10～20 年,椴树 20～25 年等等。开花期的长短与植物的遗传性有关,例如月季花期较长,可维持数月,而樱花只有数天。每朵花的寿命也因植物种类而异,菊花、腊梅较长,热带兰科植物可达一至两月,而昙花最短,仅一、两个小时即凋谢。

植物开花在某种程度上要受生态条件影响,如温度、湿度、光照、营养状况等都会改变花期。因此,研究并掌握植物的开花规律,对于调整植物花期,提高观赏价值;对于植物育种和繁殖都具有重要意义。

二、传粉

植物花开后,花药开裂,成熟的花粉粒借助媒介传到雌蕊柱头上的过程,称为传粉。传粉是有性繁殖中不可缺少的环节,有自花传粉和异花传粉两种类型。

(一)自花传粉

自花传粉是指花粉粒传到同一朵花柱头上的过程。但在实际应用中,有时把同株异花或同种异株传粉都称为自花传粉。

花卉中的凤仙花、矢车菊、桂竹香、紫罗兰、半支莲、金盏花等,都属于自花传粉植物。

(二)异花传粉

异花传粉是指花粉粒传到另一朵花上的过程。但果树栽培中异花传粉是指不同品种间的传粉,林业中是指不同植株间的传粉。

花卉中的石竹、万寿菊、雏菊、矮牵牛、百日草、大丽花、百合、菊花、月季等都属于异花传粉植物。

异花传粉必须借助于一定的媒介。在自然条件下,花粉主要靠风力和昆虫传播。靠风传粉的植物叫风媒植物,如桦木、杨树等。它们的花也叫风媒花。靠昆虫传粉的植物叫虫媒植物,如泡桐、油桐等,它们的花叫虫媒花。

风媒花和虫媒花都各自具有明显地传粉特征。风媒花一般花被小或退化,颜色不鲜艳,也无香味,但常具柔软下垂的花序或雄蕊花丝细长,易为风吹摆动散布花粉。风媒花能产生大量的花粉,花粉粒一般小而轻,干燥而光滑,易于被风吹送,有效传粉范围可达 300～500m。有的雌蕊柱头呈羽毛状,有利于接受花粉。而虫媒花一般具有鲜艳搭花被,芳香搭气味和分泌花蜜搭蜜腺。色、香、蜜均有利于引诱昆虫传粉。此外,虫媒花的花粉粒大,粗糙有花纹,具有粘性,易于粘附在昆虫体上。虫媒花的大小结构及蜜腺位置一般与传粉昆虫的体型、行为都十分吻合,有利于传粉。

(三)植物对异花传粉的适应

在植物两种传粉方式中,异花传粉比自花传粉具有更积极的生物学意义。大量事实证明这样的规律:自花传粉可使植物的有害性状分离,造成种质退化;异花传粉可使植物后代出现不同程度的杂种优势,生活力加强。在生物的长期进化过程中,只有那些适应环境变化的物种才得以生存和进化。异花传粉比自花传粉更能适应环境的变化,这是花期自然选择的结果。因此,花在结构和生理上形成了许多适应于异花传粉的特点:

(1)雌雄异株:有些植物只有单性花:即雄花与雌花分别着生不同的植株上,称为雌雄异株。这种植物严格的异株传粉,如杨、柳、杜仲等。

(2)雌雄异熟:有些植物虽然为两性花,但雄蕊与雌蕊不能同时成熟,即花期不遇,称为雌雄异熟,如泡桐、柑桔等。

(3)花柱异长:有些植物虽然为两性花,但一朵花中花柱过长或过短,不能正常自花传粉,如中国樱草等。

(4)自花不孕:柱头液对于同花或同株的花粉具有抑制作用,而对异株花粉有萌发作用,如某些兰科植物。

三、受精作用

植物的雌雄配子,即卵细胞和精子相互融合的过程称为受精作用。被子植物的受精,必须经过花粉粒在柱头上萌发形成花粉管,经过花柱进入胚囊才能进行。

(一)花粉粒的萌发忽然花粉管的伸长

传粉后,落在柱头上的花粉粒从柱头分泌物中吸收水分膨胀,内壁从萌发孔向外突出形成花粉管。这个过程叫花粉管萌发(图 3-19)。但并非落在柱头上全部花粉粒都能萌发,只有经过识别柔和的花粉才能萌发。

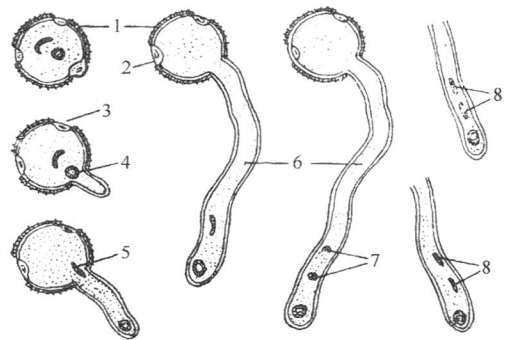

图 3-19 花粉的萌发和花粉管的发育
1—外壁;2—内壁;3—萌发孔;4—营养核;
5—生殖核;6—花粉管;7—精子在形成中;8—精子

花粉粒萌发后,花粉管进入柱头,继续伸长,穿过花柱进入子房。当花粉管生长时,花粉粒中的营养核和两个精子(或一个生殖细胞)随同细胞质一同进入花粉管内(生殖细胞在花粉管内也分裂成两个精子),成为具有细胞的花粉管。花粉管进入子房后,直趋珠孔,通过珠孔进入珠心,最后进入胚囊,称为珠孔受精,如油茶等大多数植物都是这种类型。有些植物,花粉管进入子房后,沿子房内表皮经合点进入胚囊,叫合点受精,如桦木、木、鹅尔枥等。

(二)被子植物的双受精

花粉管进入胚囊时,先端破裂,两个精子进入胚囊。此时,营养核已逐渐解体,其中一个精子与卵细胞结合,形成二倍的合子,将来发育成胚。另一个精子与极核结合形成三倍体的初生胚乳核,将来发育成胚乳。花粉管中的两个精子分别和卵细胞和极核结合的现象,称为双受精。双受精是被子植物都具有的受精现象(图3-20)。

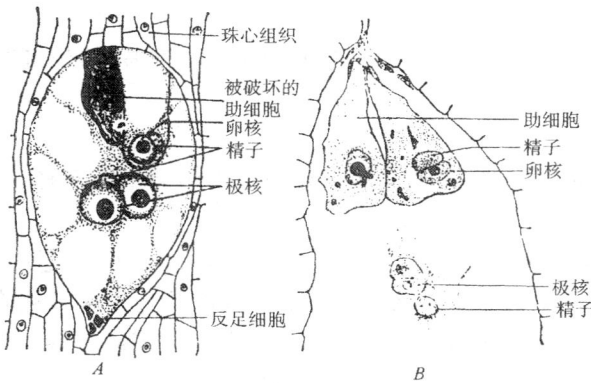

图 3-20 被子植物的双受精
A—核桃成熟胚囊,示二精子分别与卵和极核融合
B—油茶成熟胚囊,示二精子分别与卵细胞和极核融合,细胞内染色深的物质为花粉管带入的

第五节　种子和果实

植物经开花、传粉和受精后,雌蕊发生了一系列变化,胚珠发育成种子,子房则发育成果实(图3-21)。

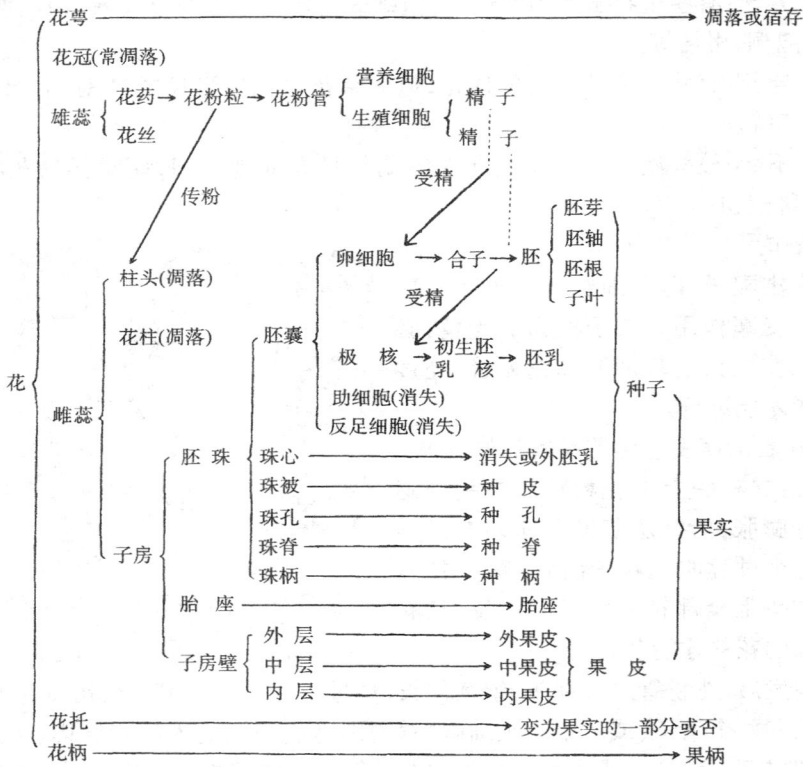

花萼 —————————————————————→ 凋落或宿存
花冠(常凋落)
雄蕊 { 花药 → 花粉粒 → 花粉管 { 营养细胞　精　子
　　　　花丝　　　　　　　　　生殖细胞　精　子
　　　　　　传粉　　　　　受精
　　柱头(凋落)　　　卵细胞 → 合子 → 胚 { 胚芽　胚轴　胚根　子叶
　　花柱(凋落)　胚囊　　受精
雌蕊　　　　　　　极　核 → 初生胚乳核 → 胚乳　　种子
　　　　　　　　　助细胞(消失)
　　　　　　　　　反足细胞(消失)
　　　胚珠 { 珠心 ————————→ 消失或外胚乳
　　　　　　　珠被 ————————→ 种　皮
　　　　　　　珠孔 ————————→ 种　孔
　　　　　　　珠脊 ————————→ 种　脊
　　　　　　　珠柄 ————————→ 种　柄
　　子房　胎座 ————————————→ 胎座　　果实
　　　　子房壁 { 外层 ————→ 外果皮
　　　　　　　　 中层 ————→ 中果皮　果　皮
　　　　　　　　 内层 ————→ 内果皮
花托 ————————————————→ 变为果实的一部分或否
花柄 ————————————————→ 果柄

图 3-21　果实和种子形成过程

一、种子的形成

被子植物双受精后,合子发育成胚,初生胚乳核发育成胚乳,珠被发育成种皮。胚、胚乳和种皮共同构成种子。

(一)胚的发育

受精后,合子经过一定时间的休眠才开始发育,休眠期的长短随植物种类不同而异,并与环境条件有密切关系。一般为数小时至数天。

胚的发育是从合子的分裂开始的。合子分裂为两个异质的细胞,近珠孔端的一个较大,叫基细胞(柄细胞);近合点端的一个较小,叫顶细胞(胚细胞)。顶细胞常具有更多的细胞质,将来发育成胚体。基细胞主要形成胚柄,或者也参加胚体的形成。胚柄能将胚体推入胚乳,有利于从胚乳中吸收养分和加强短途运输,此外胚柄还能合成激素。

在胚的发育早期,胚体成球形。此时单子叶植物与双子叶植物没有明显区别。随着胚的发育,双子叶植物的球形胚继续增大和分化,由于各部分生长的速度不同,在顶端的两侧生长较快,形成两个突起(子叶原基),突起继续生长,形成胚的两个子叶,子叶之间的小突起

64

是胚芽,在胚芽相对的一端形成胚根,胚芽和胚根之间的连接部位称为胚轴。这样,一个具有子叶、胚芽、胚轴和胚根的胚就形成了(图 3-22)。在单子叶植物的胚发育时,生长点偏向胚的一侧因而只形成一片子叶。

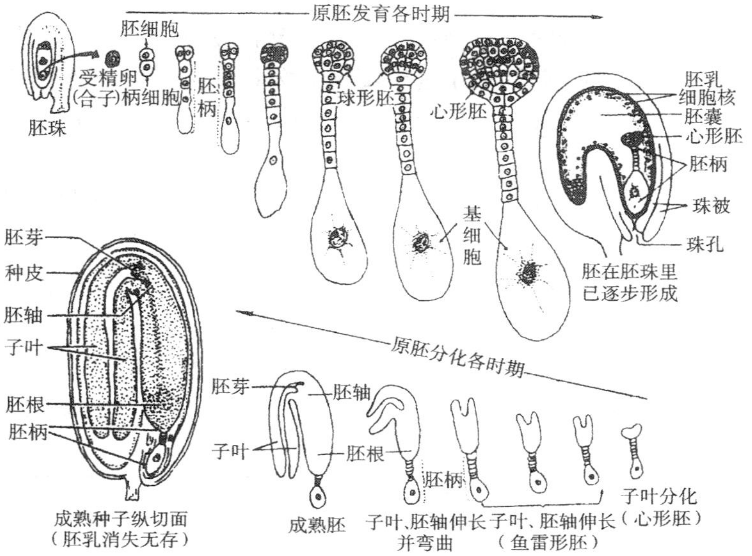

图 3-22　荠菜胚的发育

(二) 胚乳的发育

被子植物的胚乳是极核受精后,形成的初生胚乳核发育而成。初生胚乳核不经休眠,即开始分裂。由此可见,胚乳的发育早于胚的发育,为胚的发育创造条件。

有些植物在初生胚乳核的核分裂中,不伴随形成细胞壁,故胚乳细胞核呈游离状态分布在胚囊中。随着胚乳的继续发育,胚乳细胞核才被新形成的细胞壁分割而形成胚乳细胞。以这种方式形成的胚乳叫核型胚乳,如核桃、椰子及禾谷类作物等,大多数植物胚乳都属这种类型。

有些植物初生胚乳的每次分裂都产生细胞壁,形成胚乳细胞,不经过游离核的时期,这种类型的胚乳叫细胞壁胚乳;常见于合瓣花植物,如樱草及唇形科植物等。

大多数植物在胚和胚乳发育过程中,胚囊外的珠心组织全部被吸收。最后,胚及胚乳外面只有珠被包围。但有些植物胚囊外的珠心组织始终存在,在种子成熟时,发展为一种类似胚乳的贮藏组织,包在胚乳之外,称为外胚乳,如石竹、藜科等植物。

(三) 种皮的形成

在胚和胚乳发育的同时,珠被发育成种皮,包在种子的最外面起保护作用。具两层珠被的胚珠,常形成两层种皮,外珠被形成外外种皮,内珠被形成内种皮,如蔷薇科、大戟科植物。但有些植物内珠被在种子形成过程中全部被吸收而消失,只能形成一层种皮,如毛茛科植物等。具有一层珠被的胚珠,则只能形成一层种皮,如胡桃等。

一般种皮坚硬而厚,由木化或角化的厚壁组织组成,有各种色泽、花纹或其它附属物。例如,梓属的种皮延伸成翅,杨、柳种子有毛等。

有些植物具有假种皮,假种皮是珠柄或胎座发育成的。例如荔枝、龙眼的食用部分就是假种皮将胚珠包围起来,卫矛种子具橙红色的假种皮等。

65

二、无融合生殖和多胚现象

被子植物的胚,一般都是从受精卵发育而来。但也有植物有时不经过雌雄性细胞的融合(受精)也可以产生胚,这种现象称为无融合生殖。

(一)单倍体无融合生殖

(1)单倍体孤雌生殖:胚囊中的卵细胞不经过受精而发育成一个单倍体的胚,这种现象称为单倍体孤雌生殖。例如早熟禾属1玉米属等植物中有单倍体孤雌生殖现象。

(2)单倍体无配子生殖:胚囊中的反足细胞或助细胞直接发育成单倍体胚的现象,称为单倍体无配子生殖。例如,百合属、鸢尾属植物有这种现象。

上述两种单倍体无融合生殖方式中,产生的胚均为单倍体,即细胞中只有一套染色体组,一般情况不能结实。

(二)二倍体无融合生殖

有时胚囊细胞没经过受精,其染色体组已经是二倍的,这种情况下形成的孤雌生殖或无配子生殖产生的胚是二倍体,称为二倍体无融合生殖。这种二倍体有的来自珠心、珠被细胞,有的是未经减数分裂的胚囊母细胞。

(三)不定胚和多胚现象

由珠心、珠被细胞直接发育成的胚称为不定胚。产生不定胚的珠心或珠被细胞的共同特征是具有浓厚的细胞质,能很快分裂成为数群细胞,这些细胞最后入侵胚囊,与正常受精卵产生的胚同时发育,形成一个或数个同均具有子叶、胚芽、胚轴和胚根的胚。

不定胚常导致多胚现象。一粒种子中具有一个以上的胚,就称为多胚现象。例如,柑桔类的种子中可产生4~5个甚至10多个胚,其中只有1个是合子胚,其余均为不定胚。此外,由受精卵分裂成二个或多个独立的胚,或者胚珠中有两个以上的胚囊,都可以形成多胚现象。

三、果实的形成与结构

(一)果实的形成与结构

卵细胞受精后,随着胚珠发育成种子的同时,子房壁也发育成果皮,于是形成了果实。果实分为真果和假果。多数植物的果实纯由子房发育而成,称为真果,如桃、杏等。有些植物除子房外,花的其它部分(花萼、花托、花被)也参与到果实的形成,这种果实称为假果,如苹果、梨、菠萝等(图3-23)

果皮的结构分为外果皮、中果皮和内果皮三层。外果皮一般很薄,只有1~2层细胞,通常具角质层和气孔,有时有蜡粉和毛。中果皮很厚,占整个果皮的大部分,在结构上各种植物差异很大。如桃、李、杏的中果皮肉质,刺槐的中果皮革质等。内果皮各种植物差异也很大,有的内果皮细胞木化加厚,非常坚硬,如桃、李、核桃。有的内果皮毛变为肉质化的汁囊,如柑。有的内果皮分离成单个的浆汁细胞,如葡萄、番茄等。

(二)单性结实

一般情况,不经过受精作用胚珠不能形成种子,子房也不能发育成果实。但有些植物不经过受精,子房也能发育成果实,这种现象称为单性结实。单性结实所形成的果实,不含种子,称为无子果实。葡萄、蜜桔、凤梨等都有单性结实现象。

产生单性结实的原因很多,一种是虽然不需要受精,但需要受粉,由花粉刺激后才能形成无子果实。另一种情况是不需传粉或其它任何刺激,便可膨大形成无子果实。此外,单性结实也可以由人工诱发产生。例如用30~100ppm 的吲哚乙酸或2,4-D水溶液喷洒花蕾

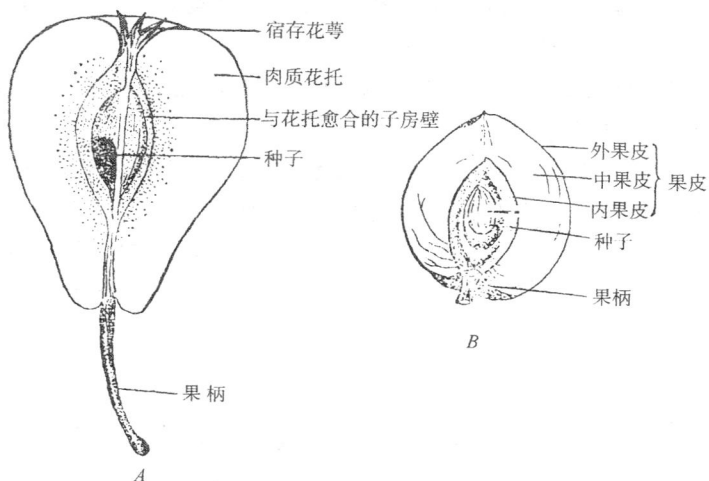

图 3-23　果实的构造
A—梨,示假果　B—桃,示真果

即可得到无子果实。

单性结实必然产生无子果实,但并非所有无子果实都是单性结实。因为受精后的胚珠受到某种影响而中途停止发育,却能形成无子果实。

四、果实与种子的传播

果实可分为三大类型,即单果、聚合果和聚花果。

(一) 单果

由一朵花中的单雌蕊或复雌蕊形成的果实称为单果。根据果皮的性质与结构,单果又可分为肉质果与干果两大类。

1.肉质果

果实成熟后,肉质多汁,常见的有下列几种(图 3-24):

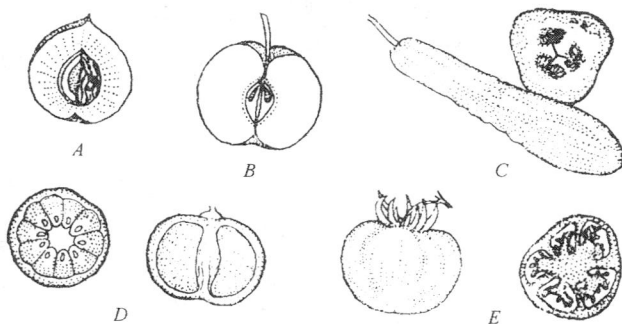

图 3-24　肉果的主要类型(外形和切面)
A—桃的核果;B—苹果的梨果;C—黄瓜的瓠果;
D—桔的柑果;E—番茄的浆果

(1) 浆果:外果皮膜质,中果皮、内果皮均肉质化,充满汁液,内含一至多粒种子,如葡萄、枸杞等。

（2）柑果：外果皮革质，中果皮疏松纤维状即桔络，内果皮被隔成瓣，向内生许多肉质多浆的汁囊。柑果为芸香科柑桔属所特有。

（3）核果：内果皮坚硬，包于种子之外，构成果核。种子常1粒，中果皮多肉质，如桃、梅、李、杏樱桃、橄榄、楝树等。

（4）瓠果：由下位子房发育而成的假果，花托与外果皮结合为较硬的果壁，中果皮与内果皮肉质化，有发达的肉质胎座。瓠果为葫芦科植物所特有。

（5）梨果：为下位子房形成的假果。果实外层由花托发育而成，果肉大部分由花筒发育而成，子房发育的部分位于果实的中央。由花筒发育的部分和外果皮、中果皮为肉质，内果皮纸质或革质，如梨、苹果、枇杷等。

2. 干果

果实成熟后，果皮干燥，分为裂果和闭果两类。

（1）裂果：果实成熟后，果皮开裂的果实，有以下几种类型（图3-5）。

荚果：由单雌蕊发育而成，成熟时沿背缝线和腹缝线两面开裂，如豆类植物。有些荚果不开裂，如皂荚、紫荆、合欢等。

蓇葖果：由单雌蕊发育而成，成熟时仅沿背缝线或腹缝线一面开裂，如飞燕草、玉兰、梧桐等。

角果：由两心皮复雌蕊发育而成，果实中间有由胎座形成的假隔膜，种子着生于假隔膜的边缘上。有些角果细长，称长角果，如白菜、紫罗兰等。有些角果很短，称为短角果，如香雪球、荠菜等。

蒴果：由复雌蕊发育而成，成熟时有多种开裂方式。沿背缝线开裂的有乌桕、百合、鸢尾等。沿背缝线或腹缝线中轴开裂的有牵牛、杜鹃等。从心皮顶端开一小孔的（孔裂）有罂粟、虞美人等。果实横裂为二的有马齿苋、桉树等（图3-25）。

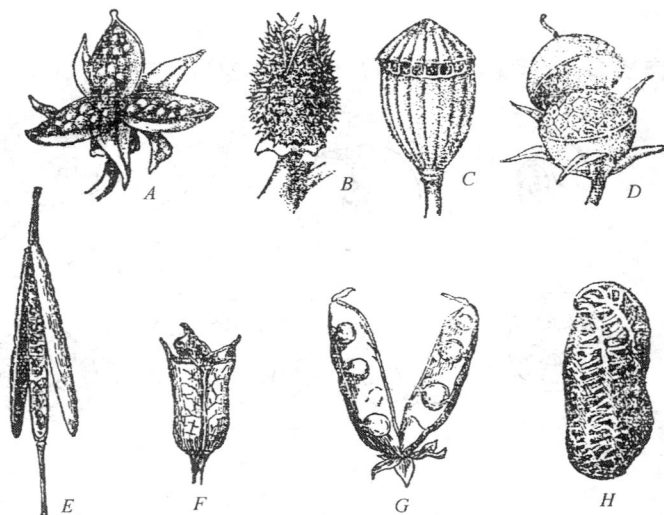

图3-25　各种裂果

A—紫堇的蒴果；B—曼陀罗的蒴果（A、B均为纵裂）；C—罂粟的蒴果（孔裂）；D—海绿属的蒴果（盖裂）；E—油菜的长角果；F—飞燕草的蓇葖果；G—豌豆的荚果；H—落花生的荚果（不开裂）

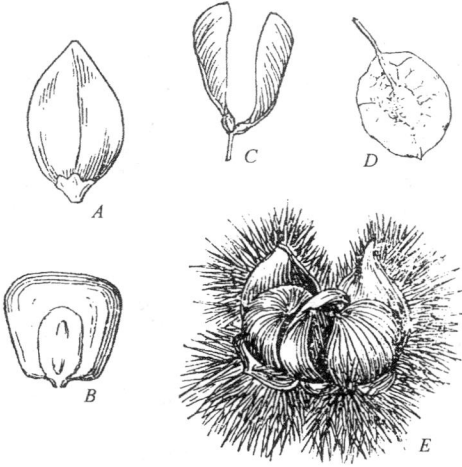

图 3-26　各种闭果
A—荞麦的坚果；B—玉米的颖果；C—槭树
的翅果；D—榆树的翅果；E—板栗的坚果

（2）闭果：果实成熟后，果皮不开裂的果实有下列几种类型（图3-26）。

瘦果：只含1粒种子，果皮与种皮分离，如向日葵、蒲公英、喜树等。

颖果：由2-3心皮组成，一室含1粒种子，果皮与种皮愈合不易分离，如小麦、玉米等禾本科植物的果实。

翅果：果皮形状如翅，如榆树、槭树的果实。

坚果：果皮木质化而坚硬，如板栗、槲栎、鹅耳枥等。

分果：多心皮组成，每室含1粒种子，成熟时，各心皮分离，如锦葵、蜀葵等。

（二）聚合果

由一朵具有离生心皮雌蕊发育而成的果实，许多小果聚生在花托上，称为聚合果。例如玉兰、芍药是聚合膏葖果，莲是聚合坚果，草莓为聚合瘦果等（图3-27）。

（三）聚花果

由整个花序发育而形成的果实称为聚花果，例如桑椹、无花果、菠萝等（图3-28）。

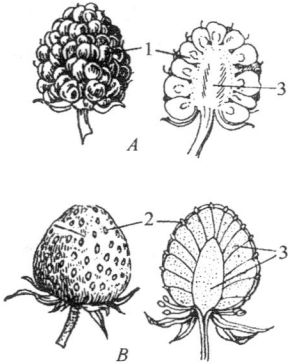

图 3-27　聚合果
A—悬钩子的聚合果，由许多小形核果聚合而成；
B—草莓的聚合果，由膨大的花托转变为可食的肉
质部分，每一真正的小果为瘦果
1—小形核果；2—瘦果；3—花托部分

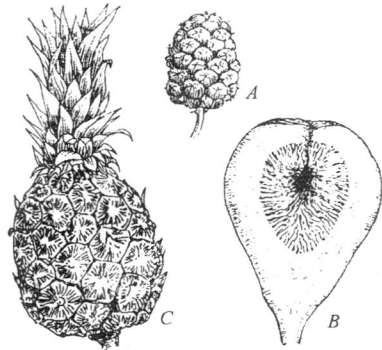

图 3-28　聚花果（复果）
A—桑椹，为多数单果所成的果实，集于花轴上，
形成一个果实的单位；B—无花果果实的剖面，隐
头花序膨大的花序轴成为果实的可食部分；C—凤
梨的果实，多汁的花轴成为果实的食用部分

五、果实与种子的传播

果实与种子的传播，扩大了植物的分布范围。对于植物获得有利的生长条件和种类的繁衍有着重要意义。在长期的自然选择过程中，各种植物果实和种子都具备适于各自的传播方式（图3-29）。

（一）风力传播

借风力传播的果实和种子一般小而轻，往往带有翅或毛等附属物，如槭树、白蜡树、榆树

69

的果实,松属、云杉属的种子,蒲公英、铁线莲的果实都有这样的特征。

（二）水力传播

借水力传播的多为水生植物和沼生植物,它们的果实或种子能随水漂浮。如莲蓬等。有些陆生植物也可以借水力传播,如椰子的果实等。

（三）人和动物传播

适应于人和动物传播的果实和种子主要特点是果皮或种皮坚硬,虽然被蚕食,但不易消化能随粪便排出体外达到传播的作用。还有一些果实和种子易于粘附人的衣服或动物皮毛上而传播,如苍耳、鬼针草等。

人类根据需要有意识的进行植物引种,是最重要的传播方式。

（四）果实弹力传播

有些植物的果实成熟时,果皮干燥而开裂,以弹力将种子弹射到较远的地方,如凤仙花等就具这种特征。

根据不同植物和种子的传播方式,在进行采种时就要采取不同措施。例如松属、杉属具翅的种子可随风散失,采种就要在球果成熟而未裂开时进行。借果实弹力传播的种子必须在果实成熟而果皮未干燥前采收。

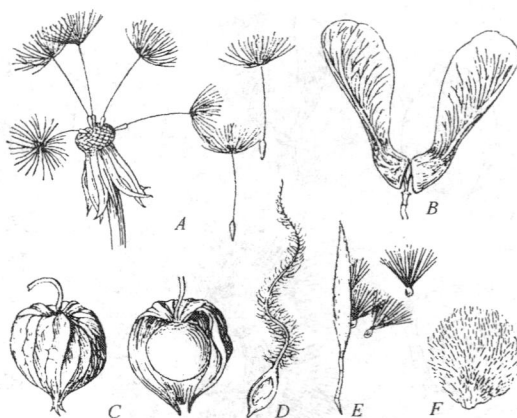

图 3-29 借风力传播的果实和种子

A—蒲公英的果实,花萼变为冠毛;B—槭的果实,果皮展开成翅状;C—酸浆的果实,外面包有花萼所形成的气囊;D—铁线莲的果实,花柱残留成羽状;E—马利筋种子的纤毛;F—棉花的种子,表皮细胞突出成绒毛

复习思考题

1. 说明花是如何发生的,解剖一朵典型的花,指出是由哪几部分组成的,各部的主要功能是什么,举例说明花冠的类型。

2. 举例说明雄蕊有哪些类型。

3. 举例说明雌蕊有哪些类型。

4. 解剖观察具有上位子房、中位子房和下位子房的花,并说明它们有什么区别。

5. 举例说明双子叶植物花的结构特点。

6. 举例说明什么是单性花、两性花。

7. 什么叫雌雄同株？雌雄异株？杂性同株？

8. 举例说明花序的类型及特点。

9. 说明花药的发育与结构,画已开裂的花药横切面。

10. 说明花粉粒的发育与结构,画花粉粒的结构与萌发图。

11. 说明胚珠和胚囊的发育与结构,画成熟胚珠结构图。

12. 说明胚珠和胎座的类型。

13. 了解植物开花习性在生产中有什么实践意义。

14. 什么是传粉？为什么异花传粉具有优越性？植物对异花传粉具有哪些适应特点？

15. 说明生产上是怎样对传粉规律进行利用的。

16.什么叫受精作用？说明受精作用的过程及双受精的生物学意义。

17.列表说明受精后花各部分的变化。

18.说明种子的形成过程,解剖国槐、蓖麻种子结构有何异同。

19.什么叫无融合生殖？无融合生殖有哪些方式？什么叫多胚现象？产生多胚现象的原因是什么？

20.说明果实是怎样形成的,单性结实和无子结实有什么关系。

21.什么叫真果和假果？二者在结构上有什么特点？

22.列表表示果实的类型和特点。

23.根据专业特点,选择两种典型植物,按下表项目描述所属类型:

各部分类型植物种类	整齐花和不整齐花	花萼(数目离合)	花冠(形状、离合、数目)	雄蕊(数目、类型)	雌蕊(心皮数类型)	子房位置	胎座类型	花和植株性别	花序类型	果实类型

第四章　植物分类的基础知识和植物界的主要类群

第一节　植物分类的基础知识

自然界的植物种类繁多,目前已被人类发现和记载的近 50 万种。我国土地辽阔,自然条件复杂,植物资源极为丰富,仅高等植物就有三万多种,其中木本植物约有七千多种。面对这些种类繁多的植物,如果没有科学、系统的识别和整理的分类方法,就无法进行发掘和利用。植物分类学是一门历史悠久的学科,是人类在利用植物的实践中发展起来的。它的内容主要是对各种植物进行描述记载,鉴定,分类和命名;它是各种应用植物学科的基础,也是研究园林植物学科所应具备的基础。

一、植物分类的方法

人类认识植物历史悠久,远古时代就由探寻食用和药用植物,逐渐积累了植物知识。在人类认识植物的历史过程中,植物分类学科不断发展,先后建立了两种分类方法,即人为分类法和自然分类法。

人为分类法是着眼于应用上的方便,是选择植物的一个或几个形态特征或经济性状作为分类的依据,如我国明代医药学家李时珍(1518～1593 年),按植物性状和功能把 1095 种植物分为草、谷、菜、果、木几类。但这种分类方法不能反映出植物间的亲缘关系和进化情况。

自然分类法是依据植物进化趋向和彼此间的亲缘关系进行分类的方法。亲缘关系的远近主要根据各类植物的形态和解剖构造特征、特性和植物化石等进行比较而确定。这种分类方法能反映植物类群间的进化规律与亲缘关系,科学性较强,在生产实践中也有重要意义。例如可以根据植物的亲缘关系选择亲本,以进行人工杂交,培育新种,也可以根据亲缘关系探索植物资源。

二、植物分类的单位

在植物分类系统中,根据各种植物在形态结构上的相同和不同特征,使用了界、门、纲、目、科、属、种等级别,其中种是分类的基本单位。在各级分类单位中,又可根据实际需要,再划分更细的单位,如亚门、亚纲、亚目、亚科、亚属、组、变种、变型等。现以桃树为例说明各级分类单位。

界……植物界　Regnum Plantae

　门……种子植物门　Spermatophyta

　　亚门……被子植物亚门　Angiospermae

　　　纲……双子叶植物纲　Dicotyledoneae

　　　　亚纲……离瓣花亚纲　Archichlamydeae

　　　　　目……蔷薇目　Rosales

亚目……蔷薇亚目　Rosineae
科……蔷薇科　Rosaceae
亚科……李亚科　Prunoideae
属……梅属　Prunus
亚属……桃亚属　Amygdalus
种……桃　Prunus Persica

"种"又称物种。"种"是在自然界中客观存在的一种类群,是具有相似的形态特征,具有一定的生物学特性以及要求一定生存条件的无数个体的总和,在自然界中占有一定的地理分布区域。每一个"种"都有自己的特征、特性,不同的"种"之间不能结合产生后代,即使产生后代也不具有正常的生殖能力。

"种"是具有相对稳定性的,但也不是绝对固定不变的。由于同种植物包括有无数个体,分布于不同的区域,环境条件不同,受其影响,植物体会发生各种各样的变异。某些个体当积累了一定数量的、稳定的、可遗传的变异性时,便会发生变异,形成变种。

另外,在园林、农业、园艺等应用科学及生产实践中,由人工培育出的植物,是根据其经济性状,如植株的大小,果实的色、香、味及成熟期等来区分的,我们称其为"品种"。如白梨中的鸭梨、象牙梨、秋白梨、慈梨、冬果梨等品种。

三、植物的科学命名

每一种植物,各国均有不同的名称,即使在同一国家,不同的地区,也常有着不同的名称。如马铃薯又叫土豆、洋芋、山药、山药蛋、薯仔等。又如在北方一种鼠李科的小灌木与南方一种漆树科的大乔木都称为酸枣。由于植物种类极其繁多,叫法不一,常常发生同名异物或异名同物的混乱现象。为了科学研究和应用上的方便,国际植物学会统一规定,采用瑞典植物学家林奈所提倡的"双名法",作为植物命名的方法。

双名法规定,植物的学名由两个拉丁词组成。第一个词是属名,多数为名词,第一个字母要大写;第二个词是种名,多数为形容词来描述该种的主要特征,第一个字母小写。一个完整的学名还要在种名之后附以定名人的姓名,可以缩写。如银杏的学名是 Ginkgo biloba L,其中第一个词 Ginkgo 为属名,是中国广东话的拉丁文拼音;第二个词 biloba 为种名,形容银杏的叶片先端呈二裂状;最后的 L 为命名人林奈 Linnaeus 的缩写。

如有变种,则在种名后加缩写字 var. 后,再写上拉丁变种名;对变型则加缩写字 f. 后,再写变型名,最后写缩写的命名人。如红玫瑰的学名为 Rosa rugosa Thunb var. rosea Rehd。

四、植物检索表的编制和使用

植物分类检索表是鉴定植物的工具,它的编制是根据法国人拉马克(Lamarck)的二歧分类原则,把一群植物的特征、特性分成相对的两个分支,再把每个分支中相对的性状又分成相对的两个分支,依次分下去。在每一分支的一组相对特征前面,按顺序编上数字。每一相对特征的数字是相同的,这样可以按数字的顺序,对照检索表的特征向下查阅,直至查出最终确定的科、属或种为止。

植物检索表一般分为分科、分属及分种等三种检索表。其格式有多种,常见的有定距检索表和平行检索表。

下面以植物界基本类群为例说明。

定距检索表:每一相对特征编上同样号码,以后各级分支号码向右缩入,逐级错开。

1. 植物体无茎、叶的分化;生殖器官由单细胞构成

  2. 无叶绿素 ··· 菌类植物

    3. 无细胞核分化 ·· 细菌

    3. 有细胞核分化 ·· 真菌

  2. 有叶绿素 ·· 藻类植物

1. 植物体有茎、叶的分化,生殖器官由多细胞构成

  2. 无维管束 ·· 苔藓植物

  2. 有维管束

    3. 无种子 ·· 蕨类植物

    3. 有种子

      4. 种子外面无果皮包被 ································ 裸子植物

      4. 种子外面有果皮包被 ································ 被子植物

平行检索表:各级相对特征的号码平行排列而不向右缩入,在每一特征后面注明向下查的号码或植物名称。

1. 植物体无茎、叶的分化;生殖器官由单细胞构成 ················ (2)

1. 植物体有茎、叶的分化;生殖器官由多细胞构成 ················ (4)

  2. 无叶绿素 ··· (3)

  2. 有叶绿素 ··· 藻类植物

    3. 无细胞核的分化 ·· 细菌

    3. 有细胞核的分化 ·· 真菌

    4. 无维管束分化 ·· 苔藓植物

    4. 有维管束分化 ·· (5)

      5. 无种子 ·· 蕨类植物

      5. 有种子 ·· (6)

      6. 种子无果皮包被 ·· 裸子植物

      6. 种子有果皮包被 ·· 被子植物

第二节　植物界的基本类群

植物界的种类非常丰富。在地球上,它们的分布极为广泛,无论从平地到高山,从海洋到江河湖泊,从热带到寒带,甚至空气中都有各种各样的植物分布。不同的植物其大小、形态结构和生活习性各不相同。它们有的很小,只有单细胞组成,大多数植物由多细胞构成。有自养型植物,也有异养型植物,还有共生型植物。根据植物的形态、构造、生活习性和进化顺序,可将植物划分为低等植物和高等植物两大类群。

一、低等植物

低等植物是地球上出现最早,进化程度比较原始的类群。植物体结构比较简单,是单细胞或多细胞的叶状体。叶状体有的分枝,有的不分枝,植物体没有根、茎、叶的分化。生殖器官一般是单细胞的,极少为多细胞的。它们的生殖过程也特别简单,由合子直接萌发为叶状体,而不形成胚。植物体大部分生活在水中或潮湿的环境条件下。根据植物体的结构、营养

方式等的不同,低等植物又可分为藻类植物、菌类植物和地衣三种类型。

（一）藻类植物

藻类植物是地球上最古老的植物群,一般个体较小,结构简单,形态结构差异很大,它反映着从单细胞到多细胞的进化过程。藻类植物细胞中含有叶绿素或其他色素,因而可以进行光合作用制造有机物,是自养植物。它们大多数生活在海水或淡水中,少数生活在陆地上,世界各地凡是潮湿地区都可以见到。藻类植物个体大小差别很大,有的肉眼不易看清,需借助于显微镜才能看清其形态、结构,但也有一些藻类植物高达几米甚至几十米,可形成海底森林,如海带等。由于藻类植物所含的色素以及结构、生殖方式等不同,又可分为蓝藻门、绿藻门、眼虫藻门、金藻门、甲藻门、褐藻门、红藻门等七门。

蓝藻门:蓝藻是藻类植物最原始的一类。它没有真正的细胞核和载色体,只有核质分散于原生质的中央无色部分,没有核膜把它和细胞质隔开,但具核的功能,属原核生物。蓝藻所含的色素为叶绿素和藻蓝素,分散在原生质的外围,故植物体呈蓝绿色,如念珠藻、鱼腥藻等(图 4-1)。

绿藻门:绿藻多生于淡水中,其细胞内已明显有细胞质、细胞核和载色体的分化,属于真核生物。光合色素成分与高等植物相同,故呈绿色。绿藻中的衣藻、实球藻和团藻能够清楚地说明植物的进化趋势。

衣藻是单细胞植物,呈卵形,中央有一个细胞核,细胞质中有一个大的杯状叶绿体和一个淀粉核。淀粉核为贮藏器官。在细胞的前端伸出两条或四条细长的鞭毛,能在水中游动。衣藻的繁殖方式有两种,一种是无性生殖,另一种是有性生殖。无性生殖是由原生质体分裂成 4 或 8 个有鞭毛的游动孢子,孢子囊壁破裂后逸出,各形成一个新衣藻。有性生殖是在细胞内产生许多配子,配子也有鞭毛,当配子在游动中两个配子游在一起时,两个配子融合,形成合子。合子萌发前进行减数分裂形成四个细胞,合子壁破裂后逸出细胞,形成四个新衣藻(图 4-2)。

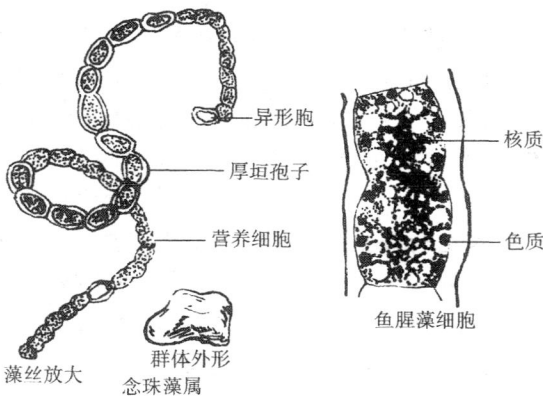

图 4-1 蓝藻

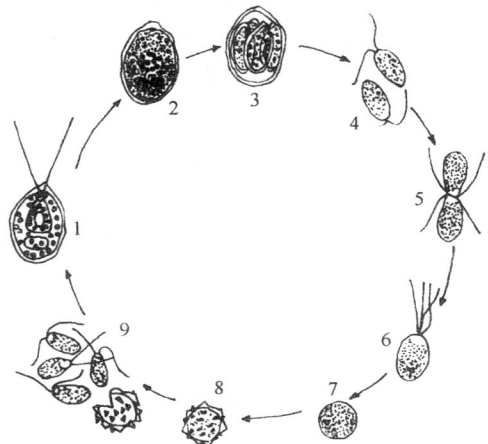

图 4-2 衣藻的同配生殖过程

1—营养细胞;2—鞭毛消失;3—配子囊内四个配子;
4—配子;5—配子结合;6—游动合子;7—失去鞭毛的
合子;8—成熟的合子;9—合子萌发

褐藻门:褐藻是藻类植物中比较高级的类群,多生于海水中,属多细胞植物。它的细胞内含有光合色素和褐色的藻褐素,故使植物体呈现褐色。如海带体长达2~3m,全株已分化为三部分,基部是具有固定作用的分枝状假根,用以固着在海底的岩石上;在假根上方是圆柱形的柄称为带柄;带柄上部是扁平的带片。其内部构造已分化为表皮、皮层和髓,有性生殖(属卵式生殖),见图4-3。

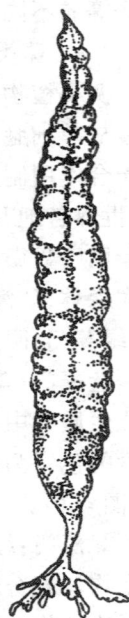

藻类植物具有明显的无性世代孢子体和有性世代配子体的世代交替生活史,即由无性世代的孢子体产生有性世代的配子体,再由有性世代的配子体产生无性世代的孢子体,这种孢子体与配子体相互交替出现的现象,称为世代交替。

藻类植物在自然界和经济中起着非常重要的作用。地球上每年靠绿色植物合成的有机物,有90%由海洋中的藻类完成。藻类还能促进岩石风化,分泌胶质粘合沙土,增加土壤中的有机质。虽然许多藻类植物个体非常小,但在整个地球的水域里却构成了体积很大的浮游植物,它们成为鱼类和其他水生动物的主要食物,对发展水产养殖业有着重要的意义。藻类植物在进行光合作用过程中可吸收水中的有害物质,增加水中的氧气,对于净化和氧化污水,清除水中腐烂的嫌气细菌有重要作用。因此,可以藻类的存在和数量的多少鉴定水质,测定水源的清洁程度。浮游的藻类在形成腐殖质淤泥的过程中起着重大作用,腐殖质淤泥又是园林和农业上的很好肥源。此外,还有些藻类可作食用,如发菜、地耳、海带、裙带菜、紫菜、石花菜等,有些则是工业上和医药上的主要原料。因此,很多经济价值较高的藻类已进行专门养殖。

图4-3 海带

(二)菌类植物

大多数菌类植物都不含叶绿素,因而自己不能进行光合作用制造有机物,需要依赖"异养"进行生活。菌类植物一般是寄生在活的有机体上或腐生在死的有机体上,吸收现成的有机物为自身的营养。这类植物为非绿色植物,种类多,分布广,生长快,生殖时间短,适应能力强,它包括细菌门、真菌门等。

细菌门:细菌又叫裂殖菌,是一类原始的单细胞植物,因其极微小,在显微镜下才能看到细菌有三种主要形态,即球菌、杆菌、螺旋菌。球菌细胞呈球形,直径$0.5~2\mu m$;杆菌呈杆棒状,长$1.5~10\mu m$;宽$0.5~1\mu m$;螺旋菌细胞长而弯曲,有的呈螺旋状,略弯曲的叫弧菌(图4-4)。

球菌和杆菌

带鞭毛的杆菌 弧菌 螺旋菌

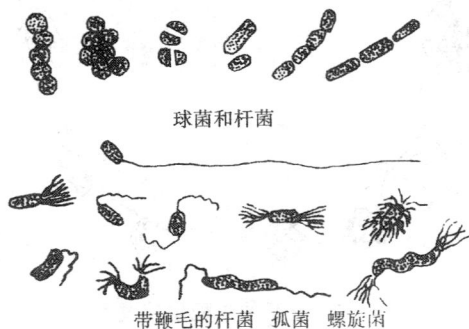

图4-4 细菌的形态

细菌的构造比较简单。细菌没有真正的细胞核,只有核物质,没有核仁和核膜,为原核生物。细胞壁为含氮化合物组成,一般不含纤维素。有些细菌的壁外面有一层胶状荚膜。不少杆菌还有鞭毛伸出壁外,能在水中游动。

细菌通常以简单的分裂方式——无丝分裂进行繁殖。其繁殖能力极为惊人,在适宜条件下

20~30min可分裂一次,每个细菌24h内可繁殖$47×10^{20}$个,重量可达上千吨。有些细菌在不利条件下能产生芽孢,当条件转好时,芽孢萌发,再形成一个细菌。这样形成的细菌灭菌非常困难。

细菌和人类的生产、生活关系密切,在自然界的物质循环中起着极其重要的作用。它可以将动植物遗体腐烂分解,使复杂的有机物还原为硝酸氨、硫酸氨、磷酸盐、二氧化碳和水等简单的化合物,重新被植物利用,促使碳氮循环。在工业上,利用细菌发酵提取丙酮、丁醇、维生素及制革,石油勘探,石油脱蜡,纤维脱胶,造纸,制糖,制醋,加工腌菜等。根瘤菌有固氮作用,使游离氮被植物吸收。在医药卫生上,利用放线菌可提取抗病血清、金霉素、链霉素、氯霉素、土霉素等。在园林绿化中常用的生物制剂如杀螟杆菌,根瘤菌制剂也是由细菌提取的。但细菌也可引起人和动植物发生病害,甚至造成死亡。如人类的结核、伤寒、霍乱、白喉;家畜的炭疽、结核病;植物的腐烂病、黑斑病等。腐生细菌会使食物和饲料腐烂变质,甚至引起食物中毒。

真菌门:真菌通常由多细胞组成,营养体由许多分枝或不分枝的丝状体构成,称为菌丝体。真菌细胞中都有细胞核,大多数具有细胞壁,但不含叶绿素及任何质体,属真核生物。

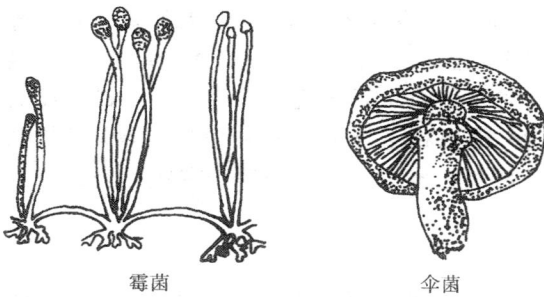

真菌为异养植物,寄生或腐生生活。也有共生生活的,如真菌与高等植物的根共生,形成菌根。

真菌的繁殖方式多种多样,无性生殖极为发达,可产生各种各样的孢子。同时,又可借助于菌丝体的断裂进行营养繁殖。有性生殖可为同配、异配和卵式生殖等方式。

真菌的种类很多,广泛分布于水中、陆地、空气、土壤及动植物体上。常见的真菌有霉菌、酵母菌、伞菌等(图4-5)。

霉菌　　　　　　　　伞菌

图4-5　真菌的类型

真菌与人类有着密切的关系。由于真菌是非绿色异养植物,能使有机物转化为无机物,对促进自然界中的物质循环起着重要作用。在工业上真菌是制酒、制醋的重要菌种,利用根霉可分解脂肪,使羊毛脱脂,皮革软化或分解果胶,使丝、麻、棉纤维脱胶。曲霉可以糖化饲料。茯苓、灵芝、银耳、木耳、冬虫夏草又可用于医药。现代抗生素中的青霉素、灰黄霉素也取自真菌。另外,有些真菌的代谢产物如赤霉素,是重要的植物激素,能促使植物体内新陈代谢作用强度增加,对刺激植物生长有显著效果。白僵菌用于防治松毛虫有很好效果。同时,口蘑、香菇、猴头等又是非常好的"健康食品"。但是,真菌对人类和动植物也有着很大的危害,如人类所生的癣等疾病是由真菌引起的,栽培植物中的病害,大多数也是真菌引起的,像月季白粉病、苹果腐烂病、葡萄霜霉病、梨桧锈病、山茶花煤污病、炭疽病、杜鹃褐斑病、灰霉病、碧桃缩叶病、丁香褐斑病、翠菊枯萎病等均是由真菌引起。因此防治真菌病害是园林上的重要任务之一。

(三)地衣植物

地衣是真菌与藻类植物的共生复合体。植物体大部分由真菌菌丝体构成,藻类植物分布在复合体中间,由单细胞的或丝状的蓝藻或绿藻构成。在生长过程中,藻类植物通过光合作用制造有机物,供给整个植物体,真菌则吸收水分和无机盐,并围绕着藻类植物细胞,使其不致干死,二者有着共生的关系。

地衣分布范围很广,适应能力很强,无论是热带、温带、寒带、高山、平原、岩石上、沙漠中、树皮上、树叶上均能生长。根据地衣的外形可分为壳状地衣、叶状地衣和枝状地衣三类(图 4-6)。

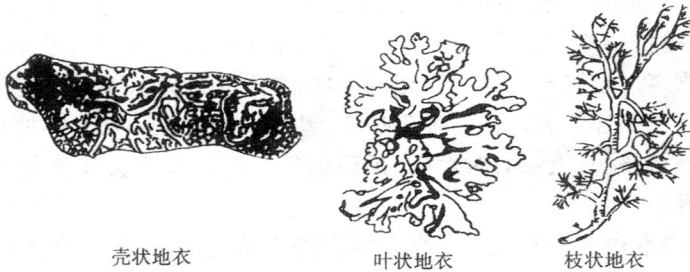

壳状地衣　　　　　　　叶状地衣　　　　枝状地衣

图 4-6　地衣的形态

地衣在土壤的形成过程中起着重要作用。地衣能够生存在其他植物都不能生存的裸露的岩石上,需要养料极少,极耐旱,而且能分泌出酸性物质,使岩石分解,逐渐形成土壤,因此地衣是岩石定居植物的开路先锋。此外,地衣对空气中二氧化硫及氟化氢等有毒物质极其敏感,极少量的空气中的二氧化硫和氟化氢就会使地衣逐渐死亡,因此可作为空气污染的监测植物。还有一些地衣可提取染料、化学指示剂和医药上的杀菌剂等。有些种类还可以食用、药用或作饲料,如石耳、松萝、石蕊、肺衣、大地卷等。

二、高等植物

高等植物是进化程度较高的类群。植物体不再是单细胞或群体的类型,而都是由多细胞构成,其形态、结构复杂,细胞都具有纤维素组成的细胞壁,叶绿体色素成分与比例相同。它们大多为陆生,除苔藓植物外都有了根、茎、叶的分化,生活史中都有明显的世代交替。有性生殖为卵式生殖,卵受精后先形成胚,由胚再长成新的植株。根据其形态、结构及进化程度不同,高等植物又分为苔藓植物、蕨类植物、种子植物(裸子植物、被子植物)等类型。

(一)苔藓植物

苔藓植物是高等植物中最原始的类型。几乎所有的苔藓植物都是陆生的,但需要水分来完成它们的生活史。它们绝大多数仍需要生长在潮湿温暖的环境中,如林下、沟边、沼泽地等。在有性生殖阶段仍需水的帮助方能完成受精。它们是由水生过渡到陆生生活的典型代表。

苔藓植物是一群个体很小的绿色自养植物。它们没有维管组织,但多数都有假根。多数苔藓植物有原始的茎和叶,有些甚至有通气孔。

苔藓植物具有有性生殖和无性生殖。有性生殖是由每个孢子体内产生大量的孢子来完成。孢子体内的孢子并不游动。

无性生殖是由配子体的细胞分裂完成。孢子经风传播并萌发,随后分裂成为幼小的配子体植株,称原丝体。原丝体上又长出芽的结构,而后长成有茎和叶的配子体。在配子体成熟时,在每个多叶植株的顶端附近分化雄性和雌性器官。雄性器官为精子器,雌性器官为颈卵器。由一个原丝体生长出的配子体植株内,不同种中或只有精子器,或只有颈卵器,或二者同时存在。在颈卵器内只有一个卵。在每个精子器内有许多的游动精子。精子的释放通常在雨季,每个精子都有两条鞭毛,能从水中游到颈卵器与卵细胞结合形成合子,开始形成二倍体的孢子体。孢子体一直寄生在配子体上吸收营养,而一部分孢子体分化成的孢蒴中有许多孢子母细胞,经减数分裂后各形成四个孢子,又形成了配子体。孢子散出,萌发后又形成配子体。由此可知,在苔藓植物中,配子体始终占优势,孢子体不能独立生活,必须着生于配子体上。图 4-7 表示苔藓植物的一般生活史。

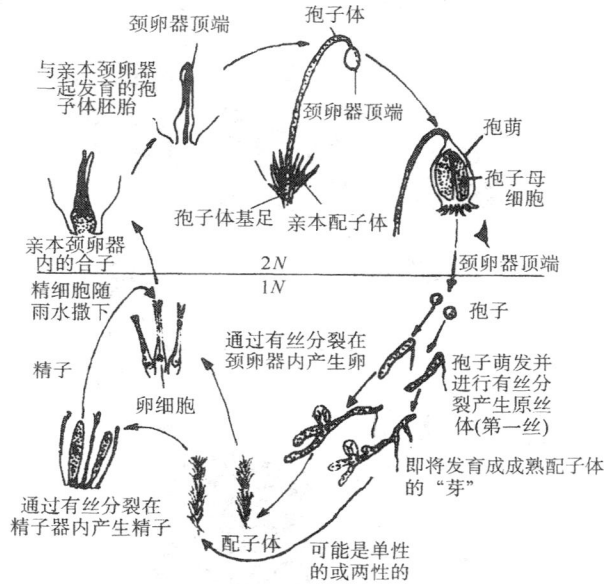

图 4-7 苔藓植物的一般生活史

苔藓植物生活在岩石上,由于它能分泌出一种酸性溶液,缓慢地溶解岩石表面,逐渐形成土壤,因此在土壤形成的过程中起着重要的作用。有的藓类植物具有特殊的吸水构造,对保持水土有一定作用,在园林生产中可利用藓类植物这一特性,作为苗木运输的包装材料,使苗木根部保持水分不致失水干死;同时苔藓植物又是山石盆景、园林假山的很好点缀材料;另外,苔藓植物还可作为森林类型的指示植物,不同的生态条件下生长着不同类型的苔藓植物;有些还可以作为汞污染的指示植物。此外,泥炭藓形成的泥炭可作肥料、燃料和填充材料,大金发藓、碎米藓、树藓等可作药用等。

（二）蕨类植物

蕨类植物一般陆生,植物体有了根、茎、叶的分化和由木质部和韧皮部组成的维管束,形成输导组织。根为须根状,茎为根状茎,在土壤中横走或直立。在蕨类植物中,孢子体较发达,孢子体和配子体都能独立生活。

蕨类植物具有明显的世代交替生活史。在世代交替中无性世代占优势。蕨类植物的孢子体生长一般时间后,在叶背面或在变化了的叶柄上形成孢子囊群。孢子囊群中生长着许多孢子囊,在每个孢子囊中产生若干个孢子母细胞。每个孢子母细胞经过减数分裂过程产生四个单倍体孢子。每个孢子囊能产生许多孢子,这时开始进入配子体世代。这些极小的孢子通过风传播,在适宜的环境中萌发成极小的心脏形的原叶体,这就是配子体。配子体呈绿色,假根从下面长出,延伸至土壤、树皮或岩石缝中,可独立生活。几个星期后,颈卵器和精子器开始在原叶体的下表面分化,多数蕨类植物是雌雄同株,一个颈卵器有一个卵细胞发育,一个精子器中有许多带鞭毛的精子发育。卵细胞与精子成熟后,精子按水的化学梯度游向颈卵器内与卵受精形成合子,于是开始进入孢子体世代。一般情况下,合子发育成胚,胚发育很快,具有根、茎、叶的孢子体很快形成,而配子体逐渐死亡。大部分蕨类植物的孢子体是多年生的,而配子体一般只能生存几个星期或几个月。因此,从蕨类植物的生活史看,其孢子体比配子体发达,但它们均能独立生活。图 4-8 为蕨类植物的一般生活史。

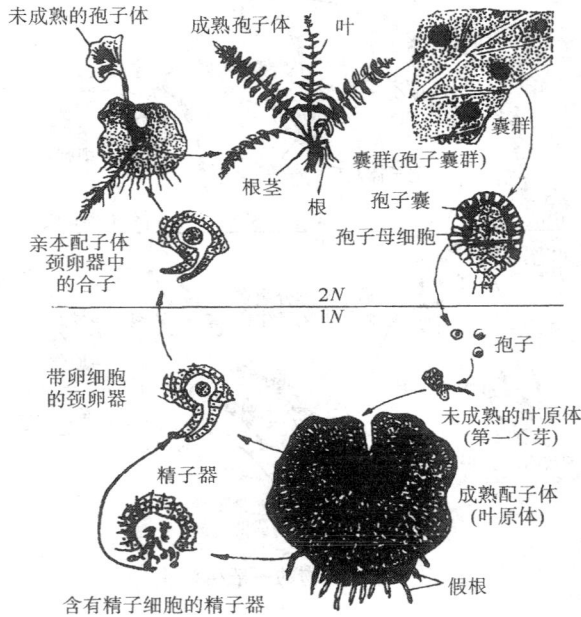

图 4-8 蕨类植物的一般生活史

蕨类植物曾是地球上最丰富的植物,由于气候的恶化和地壳的变迁,大部分被埋在地层深处成为煤炭或化石。现存的蕨类植物中,许多可以食用或药用,如蕨的嫩叶及根状茎含有丰富的淀粉可食;石松、卷柏、木贼、石苇、贯众等可作药用;水生蕨类如萍,可作鱼类、家畜的饲料或作绿肥用;有些蕨类植物对土壤性质比较敏感而成为指示植物,如石蕨、肿足蕨、卷柏、石苇、铁线蕨、柳叶蕨等多生长在石灰岩或钙质土壤上;石松、芝箕骨、地刷子、狗脊等多生长在酸性土壤上;另外,还有些蕨类植物叶片秀丽多姿,如肾蕨(蜈蚣草)、凤尾蕨、铁线蕨、鹿角蕨等可作园林中的室内观叶植物或剪叶作切花陪衬材料。

(三) 裸子植物

裸子植物都是木本植物,多为常绿乔木、少落叶。叶多为针形、鳞片形、线形,罕为扇形。花单性,大都无花被。配子体寄生在孢子体上,孢子体特别发达,大孢子叶球和小孢子叶球同株或异株。胚珠裸露,种子无果皮包被,故名裸子植物,种子有胚乳、胚直生,子叶一至多数。裸子植物都有形成层和次生构造,但维管束的木质部内只有管胞而无导管与纤维,韧皮部中只有筛胞而无筛管与伴胞。它们的茎内都有髓和髓射线。

裸子植物是种子植物中比较原始的类群。在裸子植物中,松柏类植物是种类最多的一类。它们大多分布于北半球,多为常绿或落叶乔木。现以松为例说明裸子植物的生活史(图4-9)。

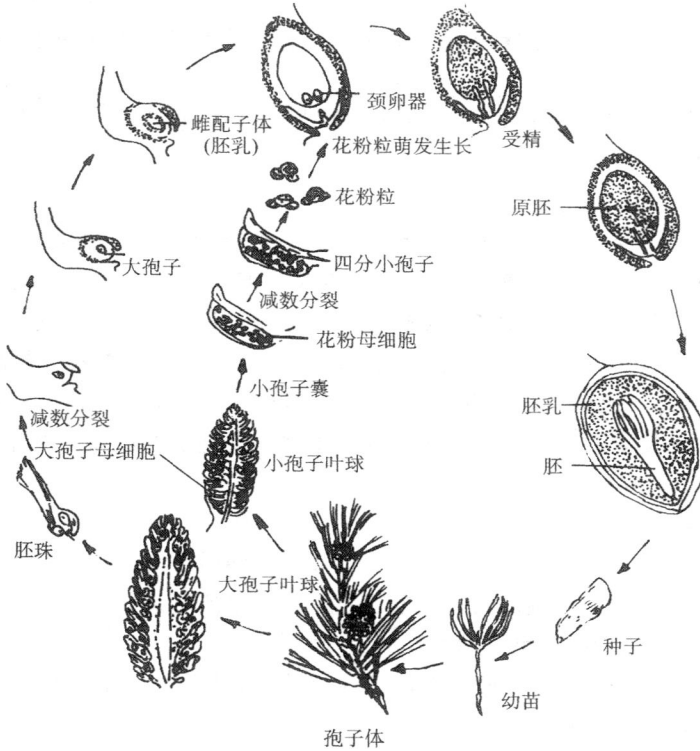

图 4-9　松树生活史

成年松树每年春季在当年抽出的新枝基部产生许多黄色的雄性生殖器官,称为雄球花,又称小孢子叶球。在同一枝条的顶端产生一至数个雌性生殖器官,称为雌球花,又称大孢子叶球。因为植物体能产生大、小孢子叶球,又称该植物体为孢子体,属无性世代。

每个小孢子叶球上产生许多小孢子叶,即雄蕊,小孢子叶的下面有两个并列的长椭圆形的小孢子囊,即花粉囊。囊内有许多圆球形的小孢子母细胞,即花粉母细胞。在大孢子叶球的中央是一个较长的中轴,许多的大孢子叶,即心皮(也叫珠鳞)就排列在上面,每一个珠鳞的腹面基部着生两个并列的大孢子囊,即胚珠。胚珠具有珠被、珠心和珠孔。珠心是一团幼嫩的细胞,在其内部形成一个大孢子母细胞,即胚囊母细胞。

到夏季,小孢子母细胞经一次减数分裂形成四个小细胞,为四分体,即形成四个单核的花粉粒(小孢子)。大孢子母细胞经一次减数分裂也形成四分体,最后只留下一个可育的大孢子,其余三个细胞退化消失。大孢子和小孢子的形成,标志着有性世代开始,即配子体世代的开始。当花粉粒成熟后,花粉囊开裂,花粉散出,与此同时胚珠也发育成熟,珠鳞彼此分开,花粉粒便落到珠孔上。秋季,大孢子形成雌配子体,即成熟胚囊。花粉粒在珠孔内萌发成花粉管,到冬季进入休眠状态。转年春天,花粉管继续向珠心内生长,生殖细胞经两次有丝分裂形成两个精子,即雄配子。到夏天,花粉管到达颈卵器内,先端破裂,放出两个精子,其中一个退化消失,另一个精子与卵细胞相互融合形成合子。合子经过两次有丝分裂后,形成四个自由核,而后逐渐生长,经多次有丝分裂,到秋末胚才发育成熟。在胚发育的同时,雌配子体的绝大部分细胞继续发育形成胚乳。珠被逐渐发育成种皮,整个胚珠形成种子。这时雌球果长大成熟,珠鳞木质化形成的种鳞展开,种子直接着生在种鳞上并裸露,成熟时种子脱落。

在裸子植物的生活史中,可以发现,裸子植物孢子体发达,配子体已很退化,不能独立生活,需要从孢子体取得营养。

裸子植物许多树种组成的森林,约占全世界森林面积的80%,是林业生产上的主要用材树种,在人类经济生活中占极重要的地位。裸子植物最昌盛的时期大约在中生代,由于地壳的变迁,至今很多的种已经绝迹。现在生存的裸子植物约13科,71属,约800种。我国有11科,41属,243种。其中如银杏、水杉、水松、银杉、穗花杉等被国际上誉为"活化石树种"。由于多数裸子植物常绿,寿命长,顶芽发达,株形美观,叶形秀丽,因此在园林绿化中,裸子植物又有很多是有名的观赏树种,如银杏、南洋杉、雪松、水松、柳杉、金钱松、台湾杉等。此外,很多裸子植物又是非常重要的工业和建筑木材,也是上等的造纸原料,有的还可以食用或药用。

（四）被子植物

被子植物是适应陆生生活发展到最高级、最完善的类群。它们在地球上,无论在种的数目上或个体的数量上,都占据绝对优势,具有更极其广泛的适应性,有木本和草本,有一、二年生和多年生宿根,有常绿的,也有落叶的。

被子植物的营养方式也是多种多样的,有自养的;也有寄生、腐生和共生的;甚至有些植物还能捕捉昆虫来补充营养。

被子植物最显著的特征是有了构造完善的花。典型被子植物的花由花萼、花冠、雄蕊群和雌蕊群等组成。花中具有大孢子叶(心皮),卷成封闭囊状的雌蕊,胚珠着生在子房内,受精后形成果实里的种子有果皮包被,被子植物也由此而得名,使下一代植物体的发育和传播得到了更可靠的保证。

被子植物在世代交替中配子体更加简化,孢子体进一步发展,配子体完全依赖孢子体生活。雄配子体简化为二核或三核花粉粒,雌配子体简化为八核胚囊。双受精作用和三倍体胚乳的出现也是为被子植物所有,更利于种族的繁衍。同时,被子植物的孢子体形态构造更加发达完善,器官和组织进一步分化,木质部中有了导管、管胞和木纤维;韧皮部中有了筛管、伴胞和韧皮纤维。因此输导和支持功能大大加强,保持了对陆生条件的更强适应性。

被子植物虽然种类很多,形态、构造各不相同,但生活史是一样的,现以双子叶植物为例来说明被子植物的生活史(图4-10)。

被子植物具有重要的经济价值,它与人类的生产和生活密切相关,它给人类提供了丰富的衣、食、住、行,医药及工业原料等各种资源,同时它还被利用于水土保持、园林绿化和环境保护等方面,是人类改善生活、改良环境及改造自然的必不可少的物质资源。

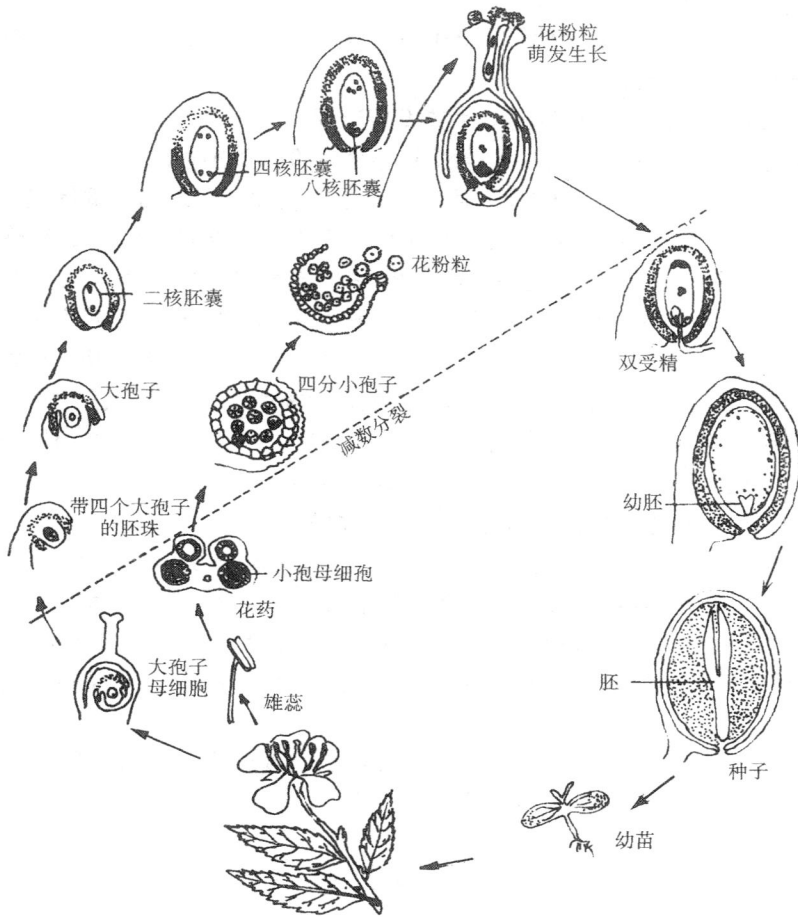

图 4-10　被子植物生活史

第三节　植物界进化概述

　　地球已有 45～60 亿年的历史。在原始地球上,经历了漫长的化学演化时期以后,大约在 30 亿年前出现了原始生物。虽然开始只有少数原始的植物种,但在漫长的历史发展演化过程中,种类单调贫乏的植物通过不断地发生、发展和变异,经过自然选择,有些种灭绝,有些种存活下来日渐昌盛,还有些新的物种在不断形成,适者生存,终于发展成为今天种类繁多、千姿百态的植物界,这就是植物界的进化。植物界进化的一般规律是:

一、在形态构造上遵循由简单到复杂的发展过程

　　植物在长期的演化过程中,从原核细胞到真核细胞,从单细胞植物经群体,再到多细胞植物,并逐渐分化出各种组织和器官。如藻类植物就反映了植物从单细胞到多细胞的进化过程。蓝藻类没有真正的细胞核和载色体,属原核生物。绿藻类就有了细胞核、细胞质和载色体的分化,属真核生物,而褐藻类则为多细胞的真核生物。细菌属原核生物,真菌是多细胞的真核生物并形成了丝状体。苔藓植物出现了原始的茎、叶和假根。蕨类植物更具有了真根和维管束。裸子植物已形成种子但无真正的花。到被子植物才出现了构造完善的花，组织与器官分化得更完善。

二、在生态习性上遵循由水生到陆生的发展过程

低等植物主要是水生的，它们在地球历史上发生的时代远远早于高等植物。而高等植物的组织器官是对陆生生活环境的长期适应过程中逐渐发展起来的。低等植物的植物体没有根、茎、叶的分化，整个植物体都能吸收水分和营养物质。高等植物中的苔藓植物虽然几乎都是陆生，但仍需水分来完成它们的生活史，它们绝大多数仍需生长在潮湿温暖的环境中，它们虽然有了原始的茎、叶和假根，但没有真根和维管组织，有性生殖离不开水。蕨类植物有了根、茎、叶的分化，有了真根和维管束，但有性生殖仍离不开水。裸子植物的维管组织更加完善，陆生的适应性更强，有性生殖不再依赖水，同时产生了种子，但种子无果皮包被。被子植物构造更加完善，根、茎、叶得到进一步发展，产生了构造完善的花，种子有果皮包被，因此被子植物是适应陆生生活发展到最高级、最完善的类群。

三、在繁殖方式上遵循由低级到高级的发展过程

在植物进化过程中，随着植物进化的程度越高级，在繁殖方式上利用的无性繁殖就越少。在低等植物中如藻类植物，其个体不能长期存活就需无性繁殖快速补偿。而高等植物出现了明显的世代交替，裸子植物和被子植物则用种子繁殖，种子内含有胚和胚乳，外有种皮保护，更加适于陆上传播和幼苗的生存。同时，在世代交替中孢子体越来越发达，配子体越来越简化。

总之，植物界进化的规律是：由简单到复杂，由水生到陆生，由低级到高级，并向着孢子体逐渐占绝对优势，而配子体高度简化的方向发展。

复 习 思 考 题

1. 植物自然分类方法的依据是什么？分类的单位有哪些？种和品种的概念各是什么？

2. 植物界有哪些门类？低等植物和高等植物的主要区别是什么？

3. 列表写出藻类植物、菌类植物、地衣植物、苔藓植物、裸子植物和被子植物的生态分布、形态结构、营养类型、繁殖方式等方面的特征。

4. 什么叫世代交替，举例说明世代交替的过程。

5. 说明植物的一般进化规律。

6. 被子植物为什么会成为现今地球上最进化的植物类群？

第五章　种子植物的主要学科

种子植物是当今地球上占有绝对优势的类群。全世界有 313 科、25 万种,我国有 260 科约 3 万种。种子植物与人类的生活和生产密切相关,很多种类又是园林绿化的重要材料。它包括裸子植物和被子植物两类。

第一节　裸子植物的主要分科

裸子植物多为高大的乔木,广泛分布于北半球温带至寒带地区以及亚热带的高山地区。全世界共有 13 科,760 多种,我国有 10 科 200 多种。

在裸子植物中,有很多是组成森林的主要树种,经济价值较高,也有很多是重要的园林绿化树种。

一、银杏科(Ginkgoaceae)

落叶乔木,树干通直,树冠广卵形,主枝斜出,近轮生,枝有长枝、短枝之分。叶扇形,叶脉为二叉脉,顶端常 2 裂,基部楔形,有长柄;互生于长枝而簇生于短枝上。雌雄异株,球花生于短枝顶端的叶腋内,雄球花 4~6 朵,无花被,下垂,呈柔黄花序,雄蕊多数,螺旋状排裂,花药 2;雌球花无花被,有长梗,顶端有 1~2 盘状珠座,每个珠座上有 1 枚直生胚珠。种子核果状,有胚乳,子叶 2 枚。

本科树木为孑遗树种,在古生代及中生代很繁盛,至新生代第三纪时渐衰亡,在新生代第四纪,由于冰川期的原因,中欧及北美等地的本科树种完全灭绝。本科现仅存 1 属 1 种,为我国的特产种(图 5-1)。

银杏树自古以来就是我国常用的绿化树种,多栽于寺庙内,至今在各地寺庙中常可以见到参天的古银杏,如山东莒县定林寺有春秋时代的银杏,四川灌县青城山的天师洞庙内还有汉代的银杏等。银杏树姿雄伟壮丽,叶形秀美,寿命长,病虫害少,是很好的庭荫树、行道树和独赏树树种。此外,银杏材质坚密、细致,富有弹性,易于加工,是很好的优良木材。银杏种子还可食用,含有丰富营养。种仁又可入药,有止咳化痰、补肺、通经、利尿之效。花有蜜,又是良好的蜜源植物。

图 5-1　银杏

1—雌球枝;2—雄球花示珠座和胚珠;3—雄球花枝;4—雄蕊;5—长短枝及种子;6—去外种皮种子;7—去外、中种皮种子的纵剖面

二、松科 (Pinaceae)

常绿或落叶乔木,稀为灌木,有树脂。叶针状,常

2 针、3 针或 5 针一束，或线形，单生或簇生，螺旋状排列。雌雄异株或同株，雄球花长卵形或圆柱形，腋生或单生于枝顶，或多数聚生于短枝顶部，雄蕊多数，每个雄蕊有 2 花药，花粉粒有气囊或无气囊。雌球花呈球果状，有多数呈螺旋状排列的珠鳞，每个珠鳞有 2 个倒生胚珠，每个珠鳞背面有分离的苞鳞。球果有多数脱落或宿存的木质或纸质种鳞，种子 2 个，种子上端常有膜质翅，稀无翅或近无翅，胚具子叶 2～16 枚。

本科有 10 属 230 余种，大多分布于北半球。我国有 10 属 117 种，近 30 个变种，其中引入栽培 24 种及 2 变种。全国各地均有分布。

松科是裸子植物中最大一科，占全部裸子植物种类的 1/3 左右。我国松科植物种类极为丰富，占全部裸子植物种类的 1/2 左右。常见的种类有油杉、冷杉、银杉、云杉、落叶松、金钱松、雪松(图 5-2)、红松、华山松、白皮松、马尾松、油松、樟子松等。

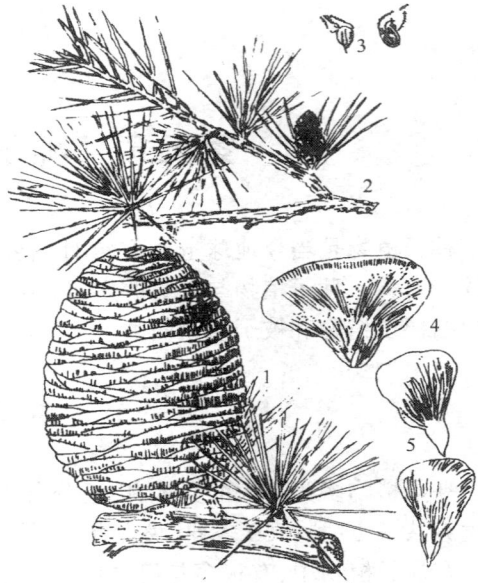

图 5-2　雪松
1—球果枝;2—雄球花枝;3—雄蕊;4—种鳞;5—种子

松科植物多为大乔木，树形高大挺拔，适应性强，是组成森林的主要树种，如东北大、小兴安岭的红松林，长白山和秦岭的落叶松林等。松科植物材质优良，是很重要的建筑和工业原料。本科植物中有许多种类观赏价值很高，在园林绿化中占有重要地位，如金钱松、雪松为世界五大公园树中的二种。尤其雪松，在印度被视为圣树。金钱松、银杉为珍贵的子遗树种。其它种类，如油松、白皮松、云杉、华山松、油杉、冷杉等均是良好的观赏树种。另外，红松、白皮松和华山松的种子可以榨油，炒熟后可食用。

三、杉科(Taxodiaceae)

常绿或落叶乔木，极少为灌木。树干端直，大枝轮生或近轮生;树冠尖塔形或圆锥形。叶鳞形、披针形或线形，多螺旋状互生，少交互对生。雌雄同株，单性;雄球花单生、簇生或成圆锥花序状;雄蕊有花药 2～9;雌球花单生于枝端，珠鳞与苞鳞合生或无苞鳞，每个珠鳞有直生胚珠 2～9。球果当年成熟，种子 2～9,种子有窄翅;子叶 2～9 枚。

本科有 10 属 16 种，分布于东亚、北美及大洋洲塔斯马尼亚。我国有 5 属 7 种，引入栽培 4 属 7 种，主要分布在长江以南地区。

本科植物常见的种类有:金松、杉木、柳杉、落羽杉、池杉、水杉(图 5-3)等。

图 5-3　水杉
1—球果枝;2—球果;3—种子;4—雄球花枝;5—雄球花;6、7—雄蕊

杉科植物材质优良、轻软、耐腐,是我国南方的重要树种之一。同时有些杉科植物如杉木、柳杉、水松等某些部位可入药。另外,杉科植物主干端直,叶形秀美,为园林绿化中名贵的观赏树种,如金松既是世界五大公园树之一,又是著名的防火树,日本常将其列植于防火道旁。水杉、池杉、落羽杉、柳杉等均是观赏价值很高的树种。

四、柏科(Cupressaceae)

常绿乔木或灌木,叶交互对生或三叶轮生,幼苗期叶刺形,长成后叶为鳞片状或刺状,或同株上兼有二种叶形。雌雄同株或异株;雄球花有雄蕊 2~16,每个雄蕊有花药 2~6;雌球花有珠鳞 3~12,珠鳞上有 1 至多个直生胚珠。苞鳞与珠鳞合生。球果圆球形或卵圆形。种鳞成熟时张开,或为肉质浆果状不开裂或微开裂。种子有翅或无翅;子叶 2 枚,稀 5~6 枚。

图 5-4　圆柏
1—雄球花枝;2—球果枝;3—鳞叶枝;
4—刺叶枝

本科植物有 22 属约 150 种,分布于全世界,我国有 8 属 29 种,7 变种,另有引入栽培的 5 属约 15 种,全国各地均有分布。

本科植物常见的种类有:侧柏、扁柏、圆柏(图 5-4)、刺柏、杜松、砂地柏、铺地柏等。变种有:金叶桧、金枝球柏、球柏、龙柏、鹿角桧等。

柏科植物适应性强,是荒山造林的先锋树种。柏科植物树型端正,树姿优美,并且对二氧化硫、氯气、氯化氢等有毒气体有一定的吸附力和杀菌力,因此是园林绿化中的主要树种。本科植物还是著名的长寿树,如太原晋祠有一株古柏,相传为周代所植,年龄已有 3000 多岁。有史料记载的陕西勉县诸葛亮墓前的 20 多株古柏为公元 262 年所植,距今已有 1700 多年了。此外,柏科植物木材含有丰富的树脂和芳香油,有很强的耐腐性,材质坚实平滑,纹理美观,是建筑、桥梁、家具、造船、雕刻的上等用材。柏树入药早在唐代就已开始,尤其是侧柏的药用价值更高,全身均可入药。

第二节　被子植物的主要分科

被子植物是植物界最繁盛、最庞大的类群。它在植物界中占有绝对优势。种类很多,全世界有 25 万种,分别属于 300 多个科,我国有 250 科、2.7 万多种。它为人类的生活提供了丰富的植物资源,也为人类改善生活环境,改造自然界及在园林绿化、环境保护等方面提供了必不可少的植物资源。

被子植物是种子植物门中最进化、最高等的类群,也是植物界形态变化最多、内部构造最复杂、生殖器官最特化、属种最多、分布最广的一类植物。根据被子植物子叶数目的不同又分为双子叶植物纲和单子叶植物纲两类。

一、双子叶植物纲(Dicotyledoneae)

双子叶植物多为直根系,茎中维管束环状排列,有形成层和次生构造,能使茎和根不断增粗生长,叶具网状叶脉;花各部每轮通常 4 或 5 基数;胚具有 2 片子叶。双子叶植物的种类约占被子植物种类的 3/4,其中有一半的种类是木本植物。

(一)木兰科(Magnoliaceae)

乔木或灌木,稀藤本,常绿或落叶。单叶互生,全缘,稀浅裂或有齿;芽鳞由二片托叶愈合而成,托叶早落,留下环状托叶痕。花两性或单性,单生或数朵成花序;萼片 3,稀 4,常为花瓣状;花瓣 6 或更多,稀缺乏,雄蕊多数,螺旋状排列,花药大而花丝短。心皮多数,离生,螺旋状排列,稀轮列,子房上位,1 室,1 至多个胚珠。果为聚合蓇葖果或聚合翅果,罕为浆果,种子有胚乳。

本科植物有 12 属 230 种,主要分布在亚洲和北美的温带至热带。我国有 10 属近 100 种,江南至北京均有分布,但大数分布在江南。

本科植物常见的种类有木兰(图 5-5)、玉兰(图 5-6)、二乔玉兰、广玉兰、白兰花、含笑、鹅掌楸等。

图 5-5　木兰
1—花枝;2—果枝;3—雄蕊

图 5-6　玉兰
1—叶枝;2—花枝;3—去花被片之花

木兰科植物中有很多种类是重要的绿化树种。如鹅掌楸树形端正,花大秀丽,叶形奇特,是江南地区优美的庭荫树和行道树种。木兰、玉兰、二乔玉兰等是珍贵的庭园花木。另外,鹅掌楸叶及树皮可入药,主治风湿症。玉兰的树皮,木兰的花蕾、花、树皮等均可入药。

(二)樟科(Lauraceae)

乔木或灌木,具油细胞,有香气。单叶互生,稀对生或簇生,全缘,稀有裂,无托叶。花两性或单性,成伞形、总状或圆锥花序;花各部基数多为 3,花被常为 6,2 轮;雄蕊常 4 轮,每轮 3 枚,外 2 轮花药内向,第三轮花药外向,并且花丝基部具腺体,第四轮雄蕊常退化,花药瓣裂具 2~4 个花粉囊;单雌蕊,子房上位,1 室,1 胚珠。核果或浆果状核果,种子无胚乳。

本科植物有约 45 属近 2000 多种,主要分布于东南亚和巴西,我国有约 20 属近 400 种,多分布于长江流域及其以南地区。

本科植物常见的种类有樟树(图5-7)、楠木、月桂等。

樟科植物多为优良用材或特种经济树种。如樟树全树各部均能提制樟脑及樟油,广泛用于化工、医药、香料等方面。由樟木制作的家具、雕刻、乐器等有驱虫防蛀作用,楠木是珍贵的建筑及高级家具用材。另外,樟科植物大多叶茂阴浓,园林中广泛应用,如樟树、月桂等。

（三）毛茛科(Ranunculaceae)

多为一年生或多年生草本,稀为木质藤本或灌木。叶为单叶,常3裂或羽状复叶,互生或对生。花两性,少单性;辐射对称或两侧对称,单生或成总状、圆锥状花序;雄蕊多数;心皮多数,离生或一部分合生;子房上位,1室,胚珠1至多数。果实为聚合蓇葖果或聚合瘦果,稀为浆果或蒴果。种子有胚乳。

本科植物约有48属2000多种,主要分布在北温带。我国约有40属近600多种,各地均有分布,以西南和华北地区为最多。

本科植物常见的种类有牡丹、芍药(图5-8)、毛茛、白头翁、飞燕草、铁线莲、唐松草。

图5-7　樟树

1—果枝;2—花枝;3—花;4—第一二轮雄花;5—第
三轮雄蕊;6—退化雄蕊;7—雌蕊;8—果纵剖面

图5-8　芍药

毛茛科植物含有各种生物碱,所以多数是药用植物和有毒植物。牡丹、芍药、铁线莲、白头翁、黄连等均为药用植物。毛茛科植物中有很多种类观赏价值很高,是我国庭园绿化中植物造景的良好材料,如牡丹、芍药是我国的十大名花之一,楼斗菜、飞燕草等均为观赏价值较高的草本花卉。

（四）睡莲科(Nymphaeaceae)

多年生水生草本植物,具有根状茎。叶盾形或马蹄形,全缘或波状,基部具深凹,叶面为蓝绿色或深绿色,有时背面紫红色。花萼宿存或早落。雄蕊多数,分离。雌蕊心皮多数离生。花和叶具长柄,挺出水面或浮水而生。聚合坚果或浆果浮出水面,或沉水而生。种子有胚乳或无。

本科植物有9属80～100种,分布于亚洲、澳洲、南美洲等,我国有5属11种,全国各地均有分布。

本科植物常见的种类有荷花(莲)(图 5-9)、白睡莲、黄睡莲、红睡莲、香睡莲、睡莲(图 5-10)、王莲等。

图 5-9　荷花(莲)

图 5-10　睡莲

睡莲科植物多为著名的园林水生观赏植物。荷花(莲)不仅为我国的传统名花,而且也是世界各国人们所喜爱的花卉,不仅花叶清秀,花香四溢,沁人肺腑,而且更有迎骄阳而不惧,出淤泥而不染的气质,它在人们心目中是真善美的化身,吉祥丰庆的预兆,是佛教中神圣净洁的名物,也是友谊的种子。荷花是良好的美化水面,点缀亭榭或盆栽观赏的材料,也是重要的经济植物。它全身是宝,既可食用又可药用。睡莲既可点缀平静的水池、湖面或盆栽观赏,也可作切花,同时又是古埃及视为太阳的象征和神圣之花。王莲是世界上最著名的观赏植物,叶的直径可达 1m 左右。

（五）石竹科(Caryophyllaceae)

一年生、二年生或多年生草木,稀为亚灌木,茎节膨大。单叶对生,稀互生,基部常联合,无托叶。花两性,少单性,花辐射对称,萼片 4～5,分离或连合成筒;花瓣离生 4～5 片,具长爪。雄蕊与花瓣同数或是花瓣的 2 倍,子房上位,1 室,少 2～5 室;特立中央胎座。果为蒴果,少为浆果。种子有胚乳。

本科植物约有 70 属 2000 种,广泛分布于世界各地,主要分布于北温带和寒带。我国有 20 属 200 多种,分布于全国各地。

本科植物常见的种类有石竹(图 5-11)、西洋石竹、香石竹、剪秋萝、蝇子草、繁缕、瞿麦等。

石竹科植物中有很多种类观赏价值较高,如石竹、香石竹、西洋石竹既可作花坛栽植,也可作切花之用,剪秋萝、瞿麦除作观赏外也可作药用等。

（六）仙人掌科(Cactaceae)

多年生草本或近木质、肉质植物,茎球形、圆柱形或多棱形等,具刺或刺毛;茎常缩短成节块;叶退化;花单生或簇生,大而美丽,花色丰富。花被结合或分离,雄蕊多数,雌蕊子房下位,侧

图 5-11　石竹

图 5-12　令箭荷花

膜胎座;胚珠多数,浆果具刺毛,多汁可食。

本科植物约 150 属 2000 余种,原产于南、北美热带、亚热带大陆及附近一些岛屿,部分生长在森林中。我国原产 1 属 2 种,其它种类多为引入栽培的。

本科植物常见的种类有仙人掌、仙人球、令箭荷花(图 5-12)、山影拳、蟹爪、昙花、量天尺、虎刺等。

仙人掌科植物形态奇特,观赏价值较高,在园林中广泛应用,有些国家常以这类植物为主体开辟专类园,向人们普及科学知识,使人们领略沙漠植物景观的乐趣。有些植物还有药用及经济价值,或果实食用,制成酒类、饮料等。

（七）蔷薇科(Rosaceae)

草本、灌木或乔木,茎上有刺或无刺。单叶或复叶,互生,通常有托叶。花两性,辐射对称,单生或排成伞房、圆锥花序;花托中间突起下陷或平展杯状花托;萼片、花瓣常为 5 片;雄蕊多数着生于花托(或萼管)的边缘;雌蕊心皮 1 至多数,离生或合生,子房上位,有时与花托合生成子房下位。果实为蓇葖果、瘦果、核果、或梨果。稀为蒴果。种子无胚乳。

本科植物有 124 属 3300 余种,广泛分布于世界各地,尤以北温带较多。我国有 51 属,1000 多种,全国各地均有分布。

蔷薇科植物种类繁多,形态特征各异,根据组成雌蕊的心皮数目与离合的不同,胚珠数目,子房的位置不同及果实的类型等不同分为以下四个亚科。

1. 绣线菊亚科(Spiraeoideae)

落叶灌木,叶互生,单叶或复叶。通常无托叶。子房上位,心皮 1～5 个,稀 12 个,离生或基部合生,每心皮 2 至多个胚珠,果实为蓇葖果。

该亚科常见的种类有笑靥花、喷雪花、珍珠梅、白鹃梅、麻叶绣线菊(图 5-13)、三桠绣线菊等。

2. 蔷薇亚科(Rosoideae)

常绿或落叶灌木或草本。有刺或无刺。羽状复叶。子房上位,离生于隆起的花托或壶形花托内;心皮数个或多数,每心皮有 1～2 胚珠。果实为聚合瘦果或聚合小核果,花萼宿存。

该亚科常见的种类有月季、玫瑰(图 5-14)、黄刺玫、野蔷薇、木香、棣棠、金露梅、委陵菜、鸡麻等。

图 5-13　麻叶绣线菊

3. 李亚科(梅亚科)(Prunoideae)

多为落叶乔木或灌木,有刺或无刺,单叶互生。花单生或簇生,花之各部基数为 5,雄蕊多数,雌蕊子房上位花周位,1 心皮,1 室,1～2 枚胚珠,仅有 1 胚珠成熟,核果。

该亚科常见的种类有桃、杏、梅、李、紫叶李(图 5-15)、红叶李、郁李、欧李、梅叶梅、碧桃、樱桃、樱花等。

4. 梨亚科(Pomoideae)

图 5-14　玫瑰

图 5-15　紫叶李

落叶乔木或灌木,少常绿,单叶互生,具锯齿或裂或全缘,有托叶。伞形总状花序,子房下位,心皮 2～5 个合生,并与杯状花托的内壁愈合,成熟时花托肉质。中轴胎座、梨果,萼常宿存。

该亚科常见的种类有苹果、梨、海棠花、海棠果、杜梨、山楂(图 5-16)、贴梗海棠、石楠、枸子、花楸、火棘等。

蔷薇科植物种类繁多,其中不仅有许多观赏价值极高,而且经济用途也很广。在园林中,月季、玫瑰、绣线菊、珍珠花、珍珠梅、海棠、黄刺玫、碧桃、木香、樱花、石楠等为重要的观赏植物。在果树栽培中,梨、苹果、山楂、桃、杏、枇杷、樱桃、海棠等为著名的果树。有些种类还可以药用,如金樱子、地榆、委陵菜、龙牙草、翻白草等,草莓既可以食用、药用,又是非常好的地被植物。玫瑰花还可以提取芳香油,是制香水和香料的原料。

图 5-16　山楂
(a)花枝;(b)花纵剖面;(c)果

(八)虎耳草科(Saxifragaceae)

草本、灌木或小乔木。叶互生或对生。单叶,稀复叶,无托叶。花两性,整齐化或不整齐花;萼片 4～5,花瓣 4～5;雄蕊与花瓣同数或为其倍数;子房上位或下位,心皮 2～5,全部或部分合生,稀离生,中轴胎座或侧膜胎座,1～2 室,稀 5 室;胚珠多数,蒴果或浆果,种子有胚乳。

本科植物有 80 属,约 1500 种,主要分布在北温带和南美洲,我国有 27 属,约 400 种,分布于全国各地。

本科植物常见种类有虎耳草、太平花、山梅花、溲疏(图 5-17)、东陵八仙花、东北茶蔗子、香茶蔗子、绣球等。

虎耳草科植物中有很多种类是园林绿化的良好材料,有些种类栽培历史非常久远,如太平花从宋仁宗时就开始栽植于宫庭,据传,宋仁宗赐名"太平瑞圣花",流传至今。北京故宫御花园中所栽植的太平花,相传为明代所植。在目前的园林绿化中,常将其在古典园林中于假山石旁点缀,尤为得体。另外,溲疏、山梅花、八仙花、茶蔗子等都是非常美丽的花灌木,常作庭园、公园或风景区绿化的观赏材料。有些种类的果实还可食用或制果酱、酿酒等,如茶蔗子。

图 5-17　溲疏

(九) 豆科(Leguminosae)

乔木、灌木、藤本或草本,具根瘤,多为三出或羽状复叶,稀单叶,叶互生,有托叶。花序总状、穗状、头状或聚平状。花两性,萼片。花瓣各 5 片,多为两侧对称的蝶形花冠或假蝶形花冠,少数为辐射对称;雄蕊 10,9 枚合生,1 枚分离成两体雄蕊,稀为离生或成单体;雌蕊单心皮,子房上位,胚珠 1 至多数,荚果。种子多无胚乳,子叶发达。

本科植物有 600 属,13000 余种,分布于世界各地,我国有 120 属,1200 余种,通常分为三个亚科。

1. 含羞草亚科(Mimosoideae)

乔木、灌木或草本,二回羽状复叶。花小,辐射对称,呈头状或穗状花序。花丝长,雄蕊多数,雌蕊子房上位,1 个心皮,1 室,胚珠多数,荚果。

该亚科常见的种类有合欢(图 5-18)。山合欢、相思树、含羞草等。

图 5-18　合欢

1—花枝;2—果枝;3—小叶;4—花萼;5—花冠;6—雄蕊
和雌蕊;7—花药;8—种子

2. 云实亚科(Caesalpinioideae)

乔木或灌木,稀为草本。1～2 回羽状复叶,或为单叶,通常无托叶。花大,花冠两侧对称,花瓣 5,假蝶形花冠,多为总状或圆锥花序,雄蕊 10 枚全部离生,雌蕊 1 心皮,1 室,子房上位,荚果。

该亚科常见的种类有皂荚(图 5-19)、山皂荚、决明、紫荆(图 5-20)、望江南、羊蹄甲等。

3. 蝶形花亚科(Papilionoideae)

草本、木本或藤木。奇数羽状复叶、三小叶或单叶,有托叶。花冠蝶形,左右对称,多为二体雄蕊,花序总状,圆锥状,荚果,多数具有根瘤。

93

图 5-19　皂荚

图 5-20　紫荆
1—植株；2—花枝；3—花冠

该亚科常见的种类有金雀花、花木兰、紫穗槐(图 5-21)、紫藤、刺槐、毛刺槐、锦鸡儿、金雀儿、胡枝子、国槐、草木樨、苜蓿、小米口袋、黄芪、歪头菜等。

豆科植物种类很多，主要有油料作物和杂粮作物，其营养价值较高，如大豆、花生、蚕豆、豌豆、绿豆等；有些种类为蔬菜作物，如豇豆、扁豆、菜豆等；还有些种类可以入药，如甘草、小米口袋、黄芪等。此外，有很多种类是园林绿化中重要的树种和花卉，如紫荆、合欢、刺槐、毛刺槐、国槐、紫藤、香豌豆、含羞草、刺桐等。

(十)　山毛榉科(Fagaceae)

乔木、稀灌木；落叶或常绿。单叶互生，侧脉羽状；托叶早落。单性花，雌雄同株。单被花，雄花通常为荑荑花序，稀为头状花序；雄蕊4~20，雌花1~3朵，生于总苞中，子房下位，3~6室，每室有1~2个胚珠，但只有一个发育，果实为坚果，1个或2~3个在一处，外面被果

图 5-21　紫穗槐
1—花枝；2—花；3—雄蕊；4—花瓣；5—花萼；
6—雌蕊；7—果

熟时木质化，并形成盘状、杯状或球状之"壳斗"的总苞所包围。总苞外有刺或鳞片。种子无胚乳，子叶肥大不出土。

本科植物有8属约900种，主要分布在北半球温带、亚热带和热带。我国有6属约300余种；其中落叶树类主要分布在东北、华北及高山地；常绿树类主要分布在秦岭和淮河以南，在华南、西南地区最多，是亚热带常绿阔叶林的主要树种。

本科植物常见的种类有：板栗(图 5-22)茅栗、栓皮栎(图 5-23)、麻栎、槲树、蒙古栎等。

94

图 5-22 板栗
1—花枝;2—雄花;3—雌花;4—果枝;5—壳斗及果;
6—果

图 5-23 栓皮栎
1—果枝;2—雄花枝;3～5—雄花;6—叶之背面;
7—果及壳斗

本科植物的材质优良,适于制造家具、农具、船舶、地板、枕木、电线杆等。板栗果实营养丰富,味美可口,富含淀粉和糖,是优良的食品。尤其是我国北方的板栗甜、香、糯,是传统的出口商品。栓皮栎的树皮含很厚的木栓层,可制软木塞及各种工艺品。本科植物多作山区绿化造林和水土保持树种。有的种类如板栗、苦槠、栓皮栎等还可作公园草坪及坡地孤植或群植观赏树种。

图 5-24 胡桃

（十一）胡桃科(Juglandaceae)

落叶乔木。羽状复叶,互生;无托叶。花单性,雌雄同株,单被花或无花被;雄花为荑黄花序;雌花单生或直立成穗状花序;雄花花萼 3～6 浅裂,雄蕊 3 至多数;雌花无梗,雌蕊 2 心皮合生,1 室,子房下位,基生 1 胚株,核果,坚果或翅果,种子无胚乳。

本科植物有 8 属,约 50 种,主要分布在北温带,少数分布至亚热带。我国有 7 属,25 种,引入 2 种,全国各地均有分布。

本科植物常见的种类有:胡桃(核桃)（图 5-24）、胡桃楸、枫杨、山核桃等。

胡桃科植物是重要的油料树种,胡桃果实含油量达 52%～78%,其木材耐热,高温下伸缩很小,是国防上重要的用材树种。树皮、叶及果皮均含单宁,可提制鞣酸。在园林绿化中,胡桃树是良好的庭荫树,其花、果、叶的挥发气味具有杀菌、杀虫作用,是风景疗养区绿化的优良树种。枫杨枝繁叶茂,生长快,适应性强,是良好的庭荫树和行道树。

(十二)山茶科(Theaceae)

乔木或灌木,多为常绿,单叶互生,一般无托叶。花两性,多单生叶腋,稀形成花序;萼片5～7,常宿存;花瓣 5 个,分离或基部合生,雄蕊多数,雌蕊3～5 个,心皮合生,3～5 室,子房上位,胚珠一至多数,中轴胎座。蒴果,室背开裂,浆果或核果状不开裂。种子含少量胚乳。

本科植物约 30 属 500 种,主要分布于热带至亚热带地区,我国有 15 属近 400 种,主要分布于长江流域以南地区。

本科植物常见的种类有山茶(图 5-25)、油茶、茶等。

山茶科植物是重要的经济植物,如茶,为我国特产之一,是著名的饮料。油茶为重要的木本油料植物,种子含油率高,可食用和药用。花也很美丽。山茶为世界著名观赏植物,为我国特产,花可药用。

(十三)十字花科(Cruciferae)

多为一年生或多年生草本。单叶互生,基生叶常呈莲座状,无托叶。叶全缘或羽状分裂。花两性,辐射对称,常排成总状花序或复总状花序;萼片、花瓣各为 4 枚,花冠十字形;雄蕊 6 枚,四强雄蕊;雌蕊由 2 心皮组成,子房上位,被假隔膜分为 2 室,侧膜胎座,果实为角果,无胚乳。

本科植物有 375 属 3000 多种,主要分布于北温带和地中海地区,我国有 92 个属 400 多种,分布于全国各地,以西北地区最多。

图 5-25 山茶

本科植物常见的种类紫罗兰(图 5-26)、二月兰、桂竹香、甘蓝、荠菜、白菜、萝卜等。

十字花科植物主要是油料作物和蔬菜作物,如油菜为南方主要的油料作物。白菜、萝卜、甘蓝、芥菜等是主要蔬菜作物。本科植物作为园林观赏植物较少,如紫罗兰、桂竹香等。二月兰是野生植物,早春开花,花色淡紫,是很好的园林地被材料。

(十四)杨柳科(Salicaceae)

落叶乔木或灌木。单叶互生,稀对生,有托叶,托叶早落。花单性,雌雄异株,葇荑花序,下垂或直立。花无被,单生于苞腋,有腺体或花盘,雄蕊 2 至多数,子房上位,1 室,2心皮合生,侧膜胎座,胚珠多数。蒴果 2～4 裂;种子细小而数量极多,种子基部有白色丝状长毛,种子无胚乳。

本科植物有 3 属约 540 余种,主要分布于温带、亚热带及亚寒带地区。我国有 3 属 230 种,分布于全国各地。本科

图 5-26 紫罗兰

植物容易在种间杂交,所以分类比较困难。

本科植物常见的种类有:毛白杨(图5-27)、银白杨、加拿大杨、钻天杨、小叶杨、箭杆杨、青杨、旱柳、垂柳(图5-28)、银芽柳等。

图 5-27　毛白杨

图 5-28　垂柳

杨柳科植物为速生树种,生长速度快,适应力强,是重要的园林绿林、护坡护岸、水土保持及用材林、防护林树种。在园林中常用作庭荫树、行道树,或于草坪孤植、丛植,或栽于湖岸边。但由于杨花柳絮繁多,飘扬时间又长,所以在精密仪器厂、幼儿园及城市街道等地绿化中以种植雄株为宜。

（十五）葡萄科(Vitaceae)

藤本,稀灌木、乔木或草木。茎卷须与叶对生,单叶或复叶,互生,有托叶。单叶掌状裂,或为羽状复叶和掌状复叶。花小,两性或单性,成聚伞、伞房或圆锥花序,常与叶对生,花萼4～5浅裂;花瓣4～5个,镊合状排列,分离或基部合生,有时顶端连接成帽状,并早落,雄蕊与花瓣同数,并对生,雌蕊由2～6个心皮合成,子房上位,2～6室,每室2胚珠,浆果。

本科植物有12属700种,多分布于热带至温带,我国有7属约110种,全国各地均有分布。

本科植物常见的种类有葡萄、蛇葡萄、白蔹、爬山虎(图5-29)、五叶地锦等。

葡萄科植物多为栽培果树,其果实品种丰富,不仅营养价值很高,还可酿酒。其野生的果实既可以加工,又可为育种的原始材料。另外,本科植物中有很多种类是垂直绿化材料,如五叶地锦、爬山虎等均是良好的棚架绿化材料。

（十六）芸香科(Rutaceae)

乔木或灌木,稀为草本,枝常具刺,羽状复叶或单身复叶,稀单叶,叶上常具透明腺点,无托叶。花两性,稀单性,为

图 5-29　爬山虎

97

整齐花,多为辐射对称花冠,单生或成聚伞花序,圆锥花序,萼片4～5裂,花瓣4～5。雄蕊常与花瓣同数或为其倍数,着生于花盘基部,花丝分离或基部合生。雌蕊通常由4～5个心皮组成,有时较多或较少,子房上位,4～5室。果实为柑果、蒴果、蓇葖果、核果或翅果。其茎的皮部、叶片、花被及果皮内均具有分泌囊,能分泌挥发芳香油。

本科植物有150属,1500种,主要分布在热带和亚热带,少数分布在温带,我国有28属,约150种,主要分布在我国南部和西南部。

本科植物常见的种类有花椒、枸桔(图5-30)、柚、枸橼、柠檬、黄檗、柑桔、橙子、金桔、佛手、金枣等。

芸香科植物大部分是重要的果树。如柑、桔、橙、柚、柠檬等,它们富含维生素,营养价值极高。柑桔除了食用外,其树皮、果皮、花瓣及叶子均能提炼香精,也可作药用,黄檗树皮、花椒等也可药用,同时花菽的果实还是上等的调料。佛手、金桔、金枣等都是非常好的观果植物,在北方地区常作盆栽观赏;花椒和枸桔还可作刺篱。

(十七) 锦葵科(Malvaceae)

草本、灌木或乔木,单叶互生,掌状脉及掌状裂,有托叶,常早落。花两性,单生或成蝎尾状聚伞花序;萼5裂,常具副萼,花瓣5个,雄蕊多数,花药分离,花丝合生,成筒状,成单体雄蕊。雌蕊由2至多个心皮组成,合生,子房上位,中轴胎座。蒴果,成熟时室背开裂,或分裂为数果瓣,种子多具油质胚乳。

本科植物约50属1000种,分布于温带至热带地区,我国约有16属,50余种。分布于全国各地,以南方各省分布最多。

本科植物常见的种类有木槿(图5-31)、扶桑、木芙蓉、蜀葵、锦葵、吊灯花、棉花类、洋麻等。

图5-30 枸桔
1—花枝;2—果枝;3—去花被之花;4—雌蕊

图5-31 木槿

98

锦葵科植物中有很多种为经济植物,如棉花和麻的纤维是我国纺织工业的主要原料,棉花种子可以榨油,有些植物种类观赏价值极高,如木槿、扶桑、木芙蓉、蜀葵、锦葵等均是重要的园林绿化植物。

（十八）木樨科(Oleaceae)

乔木、灌木或藤本,常绿或落叶。叶对生,稀互生或轮生,单叶、三小叶或羽状复叶,无托叶。花两性,稀单性,花冠辐射对称,排成圆锥花序、总状花序、聚伞花序或簇生,稀为单生花。花萼4裂,花冠合生,呈管状、漏斗状或高脚碟状。先端4裂,有时6～12裂,有时无花瓣,雄蕊2枚,稀为3～5个,着生于花冠筒上。雌蕊2个,心皮合生,中轴胎座,2室,子房上位,果实为蒴果、浆果、核果、或翅果。种子有胚乳或无。

本科植物有29属600余种,广泛分布于温带、亚热带及热带地区。我国有12属200种左右,全国各地均有分布。

本科植物常见的种类有:白蜡、水曲柳、绒毛白蜡、连翘(图5-32)、金钟花、暴马丁香、紫丁香(图5-33)、流苏树、女贞、小叶女贞、桂花、茉莉、迎春、素方花、探春等。

图 5-33 紫丁香

图 5-32 连翘

木犀科植物中,有很多种为园林观赏树种,如连翘、丁香、茉莉、桂花、迎春、素方花等。有些种类具有特用经济价值,如桂花可制桂花糖,茉莉是熏茶的最佳原料,连翘可以入药。也有些种类是优质用材树,如白蜡树、水曲柳。

（十九）忍冬科(Caprifoliaceae)

灌木,稀为小乔木或草本。叶对生,多无托叶。花两性,辐射对称或两侧对称,排成聚伞花序,也有簇生或单生花,花萼合生,顶端4～5裂;花冠管状或轮状,4～5裂,有时二唇形;雄蕊与花冠裂片同数且与裂片互生,雌蕊2～5个,心皮合生,子房下位,1～5室,每室有胚珠1至多数。果实为浆果、核果、蒴果。种子内含肉质胚乳。

本科植物约有18属500余种,分布于北温带,尤以亚洲东部和美洲东部为多。我国有12属300余种,分布于全国各地。

本科植物常见的种类有锦带花、海仙花、猬实、糯米条、六道木、金银花、金银木(图5-34)、接骨木、荚蒾,天目琼花等。

忍冬科植物中,有许多种为园林绿化的重要材料,如锦带花枝叶繁茂,花色艳丽,花期长达两月之久,是华北地区春季主要花灌木之一。金银木树势旺盛,枝叶丰满,初夏开花,花为黄色与白色相间,并有芳香气味,秋季红色果实缀满枝头,是非常好的观花、观果植物。同时金银花既是良好的垂直绿化材料,又能药用。荚蒾果实可食,茎叶也可入药,是我国重要的经济树种。

(二十)唇形科(Labiatae)

草本或灌木,常含芳香油。茎直立,四棱形。叶为单叶对生或轮生。花生于叶腋,成轮伞花序或聚伞花序,然后再排成总状、圆锥状、头状或穗状花序。花两性,少单性,左右对称,稀近辐射对称;萼5裂,少4裂,宿存;花冠唇形,5裂,少4裂。雄蕊4个,2长2短,为二强雄蕊,有时雄蕊2个。雌蕊由2个心皮构成,裂为4室,每室有1胚珠,花柱1生于子房的基部,花盘明显。子房上位,果实为4个小坚果。种子无胚乳或少数种子有胚乳。

本科植物有220属3500余种,主要分布在地中海地区和中亚地区。我国有99属800余种,分布于全国各地。

本科植物常见的种类有一串红(图5-35)、丹参、留兰香、薄荷、益母草、鼠尾草、芝麻花、半枝莲等。

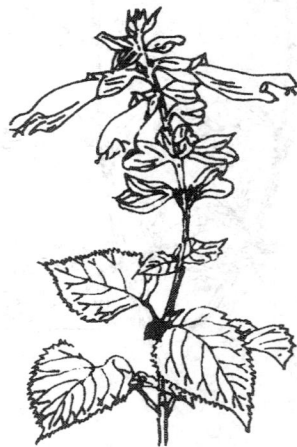

图5-34 金银木　　　　　　　　　　　　　图5-35 一串红

唇形科植物中,有许多种可以药用,如薄荷、百里香、益母草、丹参、黄芩等。另外在本科植物中,有些种类观赏价值较高,如彩叶草、红花鼠尾草、一串红等,尤其是一串红是重要的观赏花卉,常栽植于花坛。

(二十一)菊科(Compositae)

草本稀木本,有的具乳汁。单叶互生,稀对生,无托叶。头状花序,下边有一至多层总苞片;每个头状花序有的全为舌状花,有的全为管状花,有的外围的花为舌状花,中央为管状

图 5-36　菊花

花。花两性或单性,少为中性,萼片常变成冠毛状或鳞片状;花瓣 5 片,合生;雄蕊 5 枚,花药聚合为聚花雄蕊,雌蕊由两个心皮合生,柱头二裂,子房下位,一室,瘦果,种子无胚乳。

菊科植物是被子植物中最大的一科,约有 1000 属 25000 ~30000 种,主要分布于北温带。我国有 230 属 2300 多种,全国各地均有分布。

本科植物中常见的种类有:紫菀、野菊、菊花(图 5-36)、向日葵、刺儿菜、薄公英、蓟、蒿类、莴苣、苦荬菜、翠菊、金盏菊、波斯菊、蛇目菊、矢车菊、雏菊、非洲菊、万寿菊、大丽花等。

菊科植物是被子植物中最大一个科,种类多,分布广。本科植物中,有很多种为观赏植物,菊花为我国的"十大名花"之一;百日草既可作花坛、花境观赏,又可作切花水养。金盏菊、万寿菊、雏菊等均是很好的花坛、花境观赏植物。有些种类还可以药用,如红花、艾蒿、青蒿、杭菊、野菊、大蓟、小蓟、蒲公英、黄花蒿、茵陈蒿等。莴苣可供作蔬菜;向日葵为油料作物;除虫菊可制杀虫农药等。

二、单子叶植物纲(Monocotyledoneae)

单子叶植物多为须根系;茎内多无形成层和次生构造,有多个维管束散生在基本组织中;叶具平行脉或弧行脉;花各部为了基数;胚具有 1 片子叶。单子叶植物的种类约占被子植物的 1/4,其中草本植物占绝大多数,木本植物约占 10%。

(一)百合科(Liliaceae)

多年生草本,少为木本,常具根状茎、鳞茎。单叶互生、对生、基生,少为轮生,叶有时退化为膜质鳞片,花序常为总状或聚伞状。花两性,辐射对称,少单性。花被花瓣状,排列为两轮共 6 枚,离生或合生;雄蕊与花被同数,通常 6 枚,排成两轮;雌蕊由 3 个,心皮合生,子房上位,3 室。蒴果或浆果。种子有胚乳。

本科植物约有 200 多属 2800 多种,广泛分布于世界各地,以温带和亚热带最多。我国有 61 属 600 多种,全国均有分布,以西南地区为最多。

本科植物常见的种类有麝香百合(图 5-37)、百合、玉竹、文竹、天门冬、黄花菜、黄精、知母、川贝、一叶兰、山丹、卷丹等。

百合科植物种类很多,多为观赏植物,如百合、一叶兰、文竹、玉簪、萱草等。有些种类可以食用,如百合、黄花菜等,还有些种类是可作药用的,如贝母、川贝母、玉竹、天门冬、黄精、芦荟等。

(二)石蒜科(Amaryllidaceae)

草本,具鳞茎,叶基生,细长,全缘。花两性,辐射对称或两侧对称,单生或数朵排成顶生,伞形花序,具佛焰状总苞。花被瓣状,6 枚,分离或基部连合成筒,具副花冠或无。雄蕊 6 枚两轮,花丝基部常连合成筒,或花丝间有鳞片,子房上位或下位,3 室,蒴果或肉质不开裂,种子有胚乳。

本科植物有 90 属 1200 多种,分布于温带地区,我国

图 5-37　麝香百合

101

约有 6 属 90 多种,分布于南北各省。

本科植物常见的种类有:水仙(图 5-38)、石蒜、晚香玉、葱兰、韭莲、雪钟花、雪滴花、夏水仙等。

石蒜科植物种类很多,可广泛应用于园林中,石蒜属的植物性强健,耐荫,栽培管理方便,最宜作林下地被植物,也可于花境丛植或用于溪间石旁自然式布置。水仙属的植物是著名的春节用花花卉,是良好的切花材料。南方园林中还可布置花坛。花境,也可作地被植物。本科植物多数种类的鳞茎有毒或剧毒,但可入药。

(三)鸢尾科(Iridaceae)

多年生草本,有根状茎、球茎或鳞茎。叶常聚生在茎基部,剑形或线形,常沿中脉对折成二列。花两性,辐射对称或两侧对称,花被 6 片,花瓣状,两轮,茎部常合生,成管状。雄蕊 3 枚,雌蕊子房下位,中轴胎座,胚珠多数,柱头 3 裂,常成花瓣状,或分裂,为聚伞花序,果实为蒴果。

本科植物约有 60 属 1500 种,分布于世界各地,我国原有 2 属,引入栽培 7 属 50 余种,全国各地均有分布。

本科植物常见的种类有唐菖蒲、马蔺、鸢尾(图 5-39)射干、花菖蒲等。

图 5-38　水仙

图 5-39　鸢尾

鸢尾科植物中,绝大多数为观赏植物。如唐菖蒲、鸢尾等在园林中广泛用于切花,也有的用于花坛、花境和花丛栽植。另外,有些种类还可药用,如鸢尾的根、茎,射干的根、茎,马蔺的花、种子等均可入药。

(四)美人蕉科(Cannaceae)

多年生宿根草本,根状茎,叶互生,叶柄鞘状,单歧聚伞花序排成总状或穗状,具宽大叶状总苞。花两性,不整齐花冠,萼片 3 枚,呈苞状绿色;花瓣 3 枚,萼片状;雄蕊 6 枚,其中 5 枚瓣化为色彩艳丽的花瓣,另 1 枚能育成狭瓣状,花药 1 室,雌蕊瓣化形似扁棒状,柱头生其外缘,子房下位,3 心皮,3 室合生,胚珠多数,蒴果球形,具刺。

本科植物仅有 1 属 55 种,主要分布于美洲热带,亚洲热带和非洲。我国有 1 属 9 种。

本科植物常见的种类有美人蕉(图 5-40)、粉美人蕉、黄花美人蕉、大花美人蕉等。

美人蕉科植物茎叶茂盛,花大色艳,花期长,在园林绿化中广泛运用于花坛、花境以及基础

102

栽植等;这类植物还是净化空气的良好材料,对有害气体的抗性较强;有些种类还有一定的价值,如蕉藕的根茎含有丰富的淀粉,可供食用。美人蕉的根、茎、花均可入药。

（五）兰科(Orchidaceae)

多年生草本,陆生、附生或腐生,稀为亚灌木或藤本。陆生或腐生的种类具须根,根茎或块茎;附生的具气生根。茎直立、悬垂或攀援,通常在基部或全部膨大为1节至多节的假鳞茎,叶通常互生,极少对生或轮生。花顶生或腋生,单花或各种花序。花两性,少单性,两侧对称,花被6枚,离生或部分合生。单被花,中央1片萼有时凹陷与花瓣紧贴在一起,形成盔状。两片侧萼略歪斜;有的合生为一贴,生于蕊柱基部上,形成萼囊。内轮有3枚花被片,中央一片特化为唇瓣。雄蕊1～2枚,稀2～3枚,与雌蕊合生成蕊柱,花粉粒块状具柄。雌蕊3心皮1室,合生,子房下位,侧膜胎座,倒生胚珠多数。蒴果,种子细小,无胚乳。

图5-40 美人蕉

兰科植物是单子叶植物中最大的科,全世界约有1000属20000种,广泛分布于世界各地,主要产于热带地区。我国有166属1019种,全国各地均有分布,以云南、台湾和海南岛最多。

本科植物常见的种类有春兰、蕙兰、建兰、墨兰、白芨(图5-41)、石斛、兜兰等。

兰科植物中有2000种以上可供栽培观赏,是优良的观赏植物。兰花是我国的传统名花,十大名花之一,园林中常设置兰圃进行专类栽培。有些兰花杂交种为国际上名贵的切花,一支兰花可水养观赏1个多月。另外,兰花的花、叶均可入药,花可食用,并可熏制兰花茶。白芨的假鳞茎和石斛的茎均是名贵的药材等。

图5-41 白芨

（六）禾本科(Gramineae)

一年生、二年生或多年生草本,少数为木本。地上茎通称秆,秆有显著的节和节间,节间常中空,也有实心的,有居间生长的特性。单叶互生,排成二列,平行脉。叶鞘包着秆,常具叶耳、叶舌。花序顶生或腋生,由多数小穗排成复穗状、总状、头状或圆锥花序。小穗有小花1至多朵,排列于小穗轴上,花通常两性,具两个稃片,外侧的称为外稃,内侧的称为内稃。子房基部与外稃之间常具两个浆片,浆片吸水膨胀可使外稃张开。雄蕊1～6枚,通常3枚或6枚。雌蕊由2心皮构成,柱头通常二裂成羽毛状,子房上位,一室。颖果,种子含大量胚乳。

本科植物有650多属约100000余种,分布于世界各地。我国有200多属约1200余种,全国各地均有分布。

禾本科植物分为禾亚科和竹亚科两个亚科。

1. 禾亚科(Agrostidoideae)

草本,秆通常为草质。叶片不具短柄,与叶鞘连在一起,不易脱落。叶片的中脉明显。

该亚科常见的种类有野牛草、结缕草、鹅冠草、狗牙根、画眉草、早熟禾、狗尾草、禾谷类小麦水稻高粱谷子等。

2.竹亚科(Bambusoideae)

木本,秆木质,坚硬,多年生。叶片具短柄,与叶鞘连接处有明显关节,易使叶从关节处脱落。叶片的中脉和小横脉明显。

该亚科常见的种类有:毛竹(图5-42)、早圆竹、刚竹、桂竹、罗汉竹、黄槽竹、方竹、孝顺竹、佛肚竹、箬竹、斑竹、紫竹等。

禾本科植物的经济价值很高,包括有主要的粮食作物,经济竹类,它们大都富含纤维,可作造纸或编织原料,有些还可作牧草、药材、绿化或护坡护堤的地被植物。如野牛草、狗牙根、结缕草

图5-42 毛竹

等均为较好的地被植物。竹亚科植物种类繁多,观赏价值极高,南方的竹林小径是我国园林的重要特色之一。该亚竹有很多著名的竹种,如佛肚竹、箬竹、紫竹、湘妃竹等。

图5-43 马蹄莲

(七)天南星科(Araceae)

多年生草本。一般具乳状汁液。具块茎或根状茎,有时茎皮厚实似木质,直立或攀援,少数水生。叶多为基生,花细小无柄,为肉穗花序,外有佛焰花苞,呈佛焰花序。花两性或单性,雌雄同株,雌花着生在花序下端,雄花位于上部。两性花有花被4~8片,单性花无花被,雄蕊1至多数,雌蕊1至多心皮,1至多室,子房上位。浆果,种子有胚乳。

本科植物约有115属2000余种,我国有31属200余种。

本科植物常见的种类有龟背竹、广东万年青、绿萝、马蹄莲(图5-43)等。

天南星科植物有些种类的球茎含丰富的淀粉,可以食用,如芋;有些可作药用,如半夏、石菖蒲、天南星等;也有些种类是园林中的观赏花卉,如龟背竹、绿萝、马蹄莲、广东万年青、菖蒲等。

复习思考题

1.说明裸子植物的主要特征。

2.说明银杏科、松科、杉科、柏科的主要特征和代表植物。

3.说明被子植物的主要特征,比较双子叶植物纲和单子叶植物纲的主要区别。

4.举列说明木兰科、樟科、毛茛科、睡莲科、石竹科、仙人掌科、蔷薇科、虎耳草科、豆科、山毛榉科、胡桃科、山茶科、十字花科、杨柳科、葡萄科、芸香科、锦葵科、木犀科、忍冬科、唇形科、菊科等植物各科的主要特征。

第六章 植物的水分代谢

生命起源于水,没有水就没有生命,当然没有水也就没有植物。水不仅是构成植物的主要物质,而且只有在水的参与下,植物才能进行一系列的生命活动。

植物水分代谢包括水分的吸收、运输和散失等过程。

第一节 水在植物生活中的意义

一、植物的含水量

水分是植物体的主要组成物质,其含量因植物的不同种类有很大差别。例如:水生植物的含水量能达到90%以上(金鱼藻、满江红),草本植物含水量在70%~85%,木本植物含水量则低于草本植物,而生长在沙漠地区的某些植物(地衣、藓类),含水量在6%时,仍能承受干旱而生存。同一种植物的不同器官,不同发育期,其含水量也存在很大差别。例如,嫩茎、幼根等器官的含水量可达80%~90%,休眠芽在40%左右,而种子含水量可低于10%。一般来说,幼嫩的、代谢旺盛的器官含水量较高,随着器官的衰老,代谢的减弱,含水量相应降低。

二、水的生理作用

(一) 水是原生质的重要成分

原生质的含水量一般在70%~90%,这样才能保持原生质的溶胶状态,才能进行正常的代谢活动。如果水分减少,原生质从溶胶状态变为凝胶状态,植物的代谢活动就会随之减弱。若原生质失水过多,就会引起原生质胶体的破坏,导致植物死亡。

(二) 水是植物代谢过程的反应物

水作为一种反应物直接参加植物体内的许多重要生物化学反应。例如,水是光合作用的原料,水参加水解反应。

(三) 水是植物代谢过程的介质

不同植物不同器官的含水量　　表 6-1

植物及部位	含 水 量(占鲜重%)
藻类	96~98
草本植物叶片	83~86
木本植物叶片	79~82
松树根尖	90.2
松树韧皮部	66
松树木质部	50~60
松树枝条	55~57
树干	40~55
藓类组织地衣	5~7

植物体内一系列的生化反应都是在水中进行的。各种物质只有溶解在水中才能在植物体内于运输,被植物所吸收。正是水的这种作用,才把植物联系成为一个统一的整体。

(四) 水使植物保持固有姿态

植物细胞处于水分饱和状态时,植物才能保持固有姿态,枝叶才能挺立,才能充分地接受光照,进行气体交换,花朵才能开放传粉。如果含水量不足,造成萎蔫,无法进行正常的生理活动。

（五）水的理化性质起到的作用

由于水有较高的气化热和比热，通过水分的调节作用可相对稳定地保持植物温度，保证代谢活动的正常进行。

三、植物体内的水分状态

水分在植物组织中通常以束缚水和自由水两种状态存在。束缚水是被细胞中的胶粒或渗透物质较牢固吸附，不易流动的水。自由水是指没有被吸附，可以自由移动的水分。利用核磁共振光谱技术，发现细胞中绝大部分是自由水。束缚水不易蒸发，不易结冰，对原生质有保护作用。因此植物体内束缚水的含量高低与植物抗逆性有很大关系。测试植物束缚水的含量可作为抗逆性选种的依据。

第二节　植物细胞的吸水

植物吸收水分多是通过细胞来完成的。植物细胞吸收水分有两种方式，一种是吸胀作用吸水，另一种是渗透作用吸水。细胞在未形成液泡之前，吸水方式是靠吸胀作用吸水，而细胞形成液泡之后，是靠渗透作用吸水。

一、水势的概念

人们可以根据温度的高低判断热量的传递方向，也可以根据电位的高低判断电流的方向。然而，用什么生理指标判断植物体内水分移动的方向呢？60 年代，人们用水势的概念做出了回答。

水势是水的化学势，是一克分子水可用于做功的自由能。细胞中或细胞间的水分运动方向取决于水势的高低，水总是从水势高的区域向水势低的区域运动。

水势用希腊字母 ψ（读 psai）表示，其单位采用压力单位—巴（bar）或帕斯卡（Pa）（1bar ＝ 10^5Pa）。水势的绝对值是无法测定的，作为比较标准，规定纯水在一个大气压下的水势为零。其他任何体系的水势都是与纯水的水势相比较而得来的，因此都是相对值。

一个体系的水势主要包括溶质势、压力势和衬质势三部分。

$$\psi = \psi_S + \psi_P + \psi_m$$

（一）溶质势（ψ_S）

在水溶液中，由于溶质分子与水分子的相对运动，消耗了一部分能量，使溶液的自由能降低。因此，和纯水相比，溶液的水势总是低于纯水的水势成为负值。这种由于溶质的存在而引起水势降低的值称为溶质势或渗透势。溶液的浓度越大，溶质势越低。

（二）压力势（ψ_P）

若对体系施加压力，就会提高水的自由能而提高水势。这种由于压力的作用使水势改变的值称压力势，压力势一般为正值。

（三）衬质势（ψ_m）

由于体系中衬质（如亲水胶体）的存在而使水势发生改变的值称为衬质势，一般为负值。

二、细胞的渗透作用吸水

（一）渗透作用

渗透作用是溶剂分子通过半透膜的的扩散作用。半透膜是只能让水通过，而不能让任

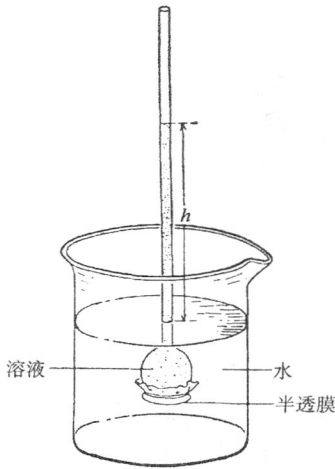

图 6-1　一个简单的渗透计

何溶质通过,即不能让任何分子或任何离子透过的膜。如图 6-1 所示,用长颈漏斗作一个简单的渗透系统,长颈漏斗上紧扎一块具有半透性的膜(羊皮纸等),注入蔗糖溶液,然后把长颈漏斗放入装有纯水的烧杯中。由于纯水的水势高,蔗糖溶液水势低,烧杯中的纯水会很快通过半透膜流向长颈漏斗,使玻璃管的液面不断上升。这就是由于渗透作用形成的渗透现象。

在上述渗透系统中,长颈漏斗内的水势将随着玻璃管的液面上升而升高,这是由于溶质势(ψ_S)和压力势(ψ_P)的变化所决定的($\psi_W = \psi_S + \psi_P$)。一方面由于纯水的不断渗入,蔗糖溶液浓度逐渐降低,ψ_S 逐渐升高(绝对值变小);另一方面由于玻璃管的液面升高,产生静压形成的 ψ_P 不断升高。当渗透膜内、外水势相等,即长颈漏斗内的水势等于纯水水势时,玻璃管的液面才完全停止上升。此时,长颈漏斗内 ψ_S 与 ψ_P 大小相等,正负相反,水势为零。

$$\psi_{膜外} = \psi_{膜内} = 0 \qquad \psi_{膜内} = \psi_S + \psi_P = 0$$

（二）植物细胞是一个渗透系统

植物细胞的细胞壁,主要成分是纤维素和果胶质、水和溶质都易通过,是完全透性膜。原生质膜与液泡膜则不同,两者都相当于半透膜。实际上整个原生质层(包括原生质膜、中质和液泡膜)都具有半透性。液泡中充满着细胞液,其中有溶于水的无机盐、有机酸及各种有机化合物。这样细胞液、原生质层和外界溶液就形成了一个渗透系统。

植物细胞的水势也包括溶质势、压力势和衬质势三部分。在具有液泡的细胞中,含水量一般较高。作为衬质的纤维素、果胶质及原生质等亲水胶体都已被水饱和,这些衬质对水分子的引力极小。因此,由这种细胞衬质所形成的衬质势绝对值很小,对细胞水势影响甚微,可以忽略不计。由此分析,具有液泡细胞的水势主要由溶质势和压力势组成。

$$\psi_W = \psi_S + \psi_P$$

在上式中,压力势正值,溶质势是负值,一般情况压力势的绝对值总是小于衬质势的绝对值,所以成长细胞的水势呈负值。例如,生长迅速叶片的水势为 -2bar～-8bar。

当细胞处于外界溶液时,其水分关系有以下三种情况:

（1）外界溶液水势＞细胞水势时,表现为内渗透,细胞正常吸水。

（2）外界溶液水势＜细胞水势时,表现为外渗透,细胞向外排水。

（3）外界溶液水势＝细胞水势时,表现为等渗透,细胞不吸水也不排水。

如果我们把具有液泡的植物细胞放在浓度较高的溶液中,由于细胞内水势高,外界水势低,细胞的水分就会外渗,随之液泡体积变小,原生质与细胞壁收缩。由于原生质的伸缩性大于细胞壁的伸缩性,原生质随着细胞的逐渐脱水,而逐渐脱离细胞壁。通常把植物细胞因失水而造成的原生质与细胞壁分离的现象称为质壁分离,如图 6-2 所示。

如果把已发生质壁分离的细胞置于水势较高的溶液中或纯水中,外面的水分进入细胞,使细胞恢复到原来的状态,这种现象称为质壁分离复原。利用质壁分离现象可以判断细胞死活,因为只有活细胞才具有选择透性,才能发生质壁分离现象。利用质壁分离现象还可以

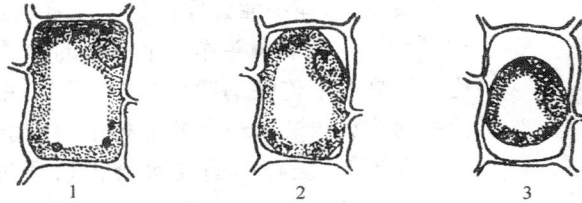

图 6-2　植物细胞的质壁分离现象

1—正常细胞；2、3—进行质壁分离中

测定细胞液的溶质势。

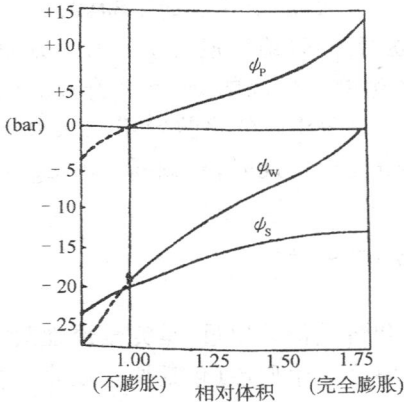

图 6-3　细胞水势、渗透势、压力势
和细胞体积间相互关系图

植物细胞的水分变化，必然引起细胞体积以及溶质势、压力势的变化。如图 6-3 所示，如果细胞处于外界水势较高的环境中（纯水），细胞开始吸水，随水分的渗入，细胞体积增大，压力势（ψ_P）不断升高。由于细胞液浓度的降低，溶质势（ψ_S）随之升高（负值变小）。细胞内总的水势（$\psi_W = \psi_P + \psi_S$）必然升高。当细胞继续吸水，细胞体积膨胀到最大限度时（如图 6-3，相对体积为 1.75），压力势和溶质势的绝对值相等，正、负相反，细胞总的水势达到最大值为零，与外界纯水的水势差等于零，此时细胞停止吸水。如果细胞处于外界水势较小的环境中，细胞失水，随着细胞体积的变小和细胞浓度逐渐增加，细胞的压力势和溶质势必然逐渐降低。当细胞体积缩到一定程度时，如图 6-3，体积为 1 时，则压力势等于 0，细胞总的水势等于溶质势（$\psi_W = \psi_S$）。

（三）细胞间的水分移动

植物体内相临细胞之间水分的移动方向，同样决定于水势高低。水从水势高的细胞流向水势低的细胞。如图 6-4 所示，细胞 A 的水势为 $-6 \times 10^5 Pa$，而细胞 B 的水势为 $-8 \times 10^5 Pa$，水从细胞 A 流向细胞 B。

植物体内不同组织、器官的水势不同。一

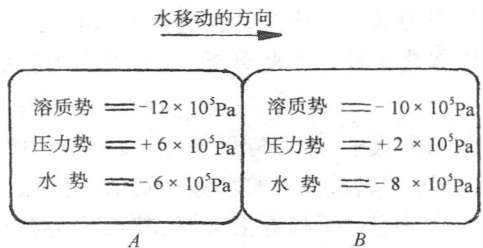

图 6-4　两个相邻细胞间水分移动的图解

般来说，叶片因蒸腾作用散失水分，常保持较低的水势，而根部常具有较高的水势。所以植物体内水分总是沿水势梯度，由根向叶输送。

三、细胞的吸涨作用吸水

吸涨作用是因吸涨力而吸收水分的作用。植物细胞的纤维素及其它细胞壁的组分都是亲水的，组成原生质的胶体也是亲水的。当这些亲水物质处于凝胶状态时，分子之间存在着很大缝隙，水分子很容易进入。一旦这些凝胶分子与水分子接触，就会以很大的分子间引力形成氢键而结合，并使胶体吸水膨胀，所以，细胞能以吸涨作用吸水。

在未形成液泡的细胞中，溶质势为零，压力势也为零，因此细胞的水势等于衬质势：

$$\psi_W = \psi_m$$

吸涨作用吸水也是因为细胞的衬质势低于外界水势所致。衬质势的大小与凝胶物质的亲水性有关。一般来说,蛋白质的亲水性大于淀粉,淀粉大于纤维素。豆类种子含蛋白质多,衬质势常常很低,因此豆类种子吸涨作用比淀粉种子大。某些硬实种子吸水后能涨破种皮,就是依靠吸涨作用产生的能量。

第三节 根系对水分的吸收及水分运输

植物进行正常的水分代谢,必须从环境中源源不断地得到水分的补充,而根系是陆生植物主要的吸收器官。在植物庞大的根系中,只有根尖的根毛区吸水能力最强,也与体内的输道组织形成有机的吸水系统。

根部吸水的动力有根压和蒸腾拉力,根压与根系的生理活动有关,蒸腾拉力与叶片的蒸腾作用有关,所以凡影响根系生理活动和蒸腾作用的内外因素都对根系吸水造成影响。

一、根系吸水的动力

(一) 根压

因植物根系的生理活动而产生根系吸水并沿导管上升的压力称为根压。由根压而产生的吸水称为主动吸水。伤流和吐水这两种现象证明了根压的存在。

把植物的茎在近地面处切去,不久伤口处会流出许多汁液,这种现象称为伤流,流出来的汁液称为伤流液。如果在切口处套上橡皮管并与压力计相连,可以测出根压的数值(图6-5)。

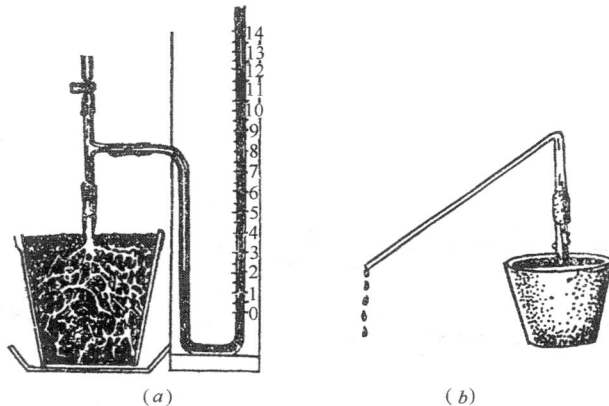

图 6-5 (a)根压现象;(b)和伤流液的收集

伤流现象在草本植物中较为普遍,在一些木本植物如槭树、核桃、桑树也存在。

伤流液主要含有无机盐和各种有机物,特别是含氮化合物。植物的生理状态,生长势的强弱,根系的吸收状态都对伤流液的流量与成分产生影响。因此,可把测定伤流液的数据作为根系代谢活动的重要资料。

吐水现象是根压存在的另一种表现。在土壤水分充分,天气潮湿的环境中,植物叶片尖端或边缘有水珠溢出,这种现象称为吐水。当根系吸水大于蒸腾失水时,多余的水分便通过吐水排出。

吐水现象在禾本科植物中最常见,但在木本植物,如榆树、杨树、柳树中也可见。吐水不仅存在叶片上,有些树木的芽、叶痕、皮孔等处也能出现吐水。

根压是如何产生的呢?解释这一道理,要了解根的结构。根可分为共质体和质外体两大部分。共质体是各细胞的原生质体及胞间联系所联成的一个整体,是指细胞中活的部分,可以认为它是一个联通的体系。质外体包括细胞壁、细胞间隙及中柱的木质部导管等,它与细胞质无关。组成质外体的主要物质是纤维素、果胶质等。这些物质分子之间空隙较大,水与溶质分子可以在其中自由扩散,因此常把这部分空间称为自由空间。由于内皮层上凯氏带的存在,质外体被分隔成两个区域,一个是内皮层以外的部分,另一个是中柱内的组织,包括死的导管等。凯氏带是高度栓质化的细胞壁,不能透水,所以水分只能通过内皮层细胞即通过它的原生质膜而被运入或运出。因此可以把根看作是一个渗透计,内皮层就是一个有选择透性的膜。但只有通过内皮层这个膜,才能进入中柱。

目前认为,水分进入根系中柱的过程是土壤溶液经表皮、皮层沿着质外体向内扩散,其中的离子则通过主动转运而被吸收,经由共质体,通过内皮层进入中柱,到达中柱后再进入内部质外体,其结果形成了内、外两部分质外体不同的离子浓度;外部质外体(皮层部分)离子浓度低,内部质外体(中柱部分)离子浓度高,这样就形成了一个水势梯度,皮层中的水势高,中柱的水势低,于是水经过内皮层的渗透作用进入中柱。这样所造成的水向中柱的渗透性扩散作用,就产生了一种静水压力,这就是根压。

至于离子为什么能进入皮层共质体,而后又为什么能从共质体进入中柱的质外体,这与皮层中氧的浓度较高,呼吸作用较强,能够产生离子主动吸收需要的能量有关。试验证明,如果用低温、缺氧或呼吸抑制剂处理根系,就会造成伤流、吐水的降低或停止。

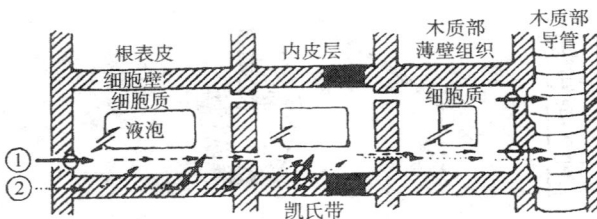

图 6-6 水分与离子从外界溶液长距离
运输到根中柱的运输图解
离子跨越根部横向运输进入木质部的
共质体①和质外体②途径的模式。
——→ 主动运输。

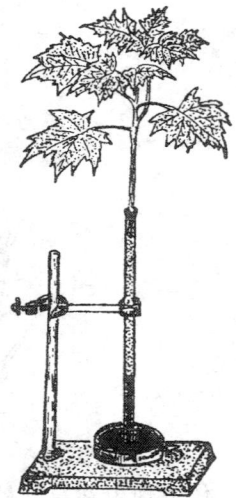

图 6-7 蒸腾拉力实验
(由蒸腾作用使玻璃
管中的水银柱上升)

(二)蒸腾拉力

蒸腾拉力是由于叶片的蒸腾作用而产生的。根系由蒸腾拉力产生的吸水方式称为被动吸水。如图 6-7 所示,把剪下来的枝条插在水中,虽然没有根,仍可以吸水,这就证明了蒸腾拉力的存在。

当叶子进行蒸腾作用时,靠近气室的叶肉细胞首先失水,水势降低,于是,便向邻近的细胞吸水。如此传递,靠近叶脉的细胞便向叶脉的导管吸水,由于叶片、叶脉、枝条、干茎和根的导管互相连通,水势的降低逐步传递到根,最后根部就从环境中吸收水分。这种吸水完全是由蒸腾失水产生的拉力所引起的。试验证明这种吸水的速度受到蒸腾速度所控制,当水分充足时,吸水速度与蒸腾速度是完全一致的。

就一般情况而言,蒸腾拉力是根系吸水和水分上升的主要动力,只有在春季幼芽未展开,蒸腾较弱时,根压才成为主要吸水动力。

二、土壤条件对根系吸水的影响

植物根系分布在土壤之中,根要从土壤中吸收水分。因此,土壤条件对根系吸水有着重要影响。

（一）土壤温度

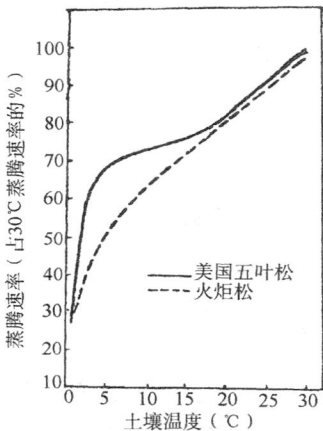

图6-8　土温对美国五叶松（北方树种）和火炬松（南方树种）吸水速度的影响

土壤温度对植物根系吸水的影响是十分明显的,如果在盆栽植物中放上冰块,很快就会出现萎蔫,去掉冰块,植物又逐渐恢复原状。这是因为冰块改变了土壤温度,影响到水分吸收。

在适宜的范围内,根系吸水的能力随着土壤温度的升高而增加,土壤温度降低,根系吸水能力也相应降低（参看图6-8）。

土壤温度影响根系吸水的原因是多方面。一是温度不仅会影响水的粘度和水的扩散能力,也会影响到原生质的粘度,影响到水通过原生质的速度。二是温度将影响到根系的呼吸作用,从而影响到主动吸水和能量提供。此外,温度将影响到根系的生长发育,特别是对新根和根毛的形成有重要影响。

如果土壤温度过高,根系吸水也会减少。这是因为高温会使原生质流动减慢,会使酶的活性钝化,同时,高温会使根系衰老,使吸收面积减少。例如,柠檬、桔子、葡萄等植物,当土壤温度超过30℃至35℃时,吸水能力降低。

（二）土壤通气状况

根系吸水与根细胞的呼吸作用有密切关系。因此,当土壤通气状况良好,氧的含量较高,根系发育和呼吸作用正常时,根系吸水才能保持正常。如果土壤中氧气缺乏,CO_2浓度过高,根系呼吸作用减弱就会影响主动吸水,甚至出现无氧呼吸,产生和积累乙醇,根系受到伤害,吸水会受到影响。苗木受涝,反而表现出缺水症状,其原因也在于土壤通气不良,影响吸水。所以在苗木栽培管理中要及时中耕松土,合理排灌,改善土壤结构,通过以上各种措施,保持土壤良好的通气状况。

（三）土壤水分

根系主要是从土壤中获得水分,但不是土壤中所有的水分都可以被吸收利用的。土壤水分可分重力水、毛细管水和吸湿水三种。植物主要吸收毛细管水,重力水只有和根接触时,才能被吸收利用。而吸湿水与土壤胶体结合,不能利用。可以被植物利用的水称为有效水。如果土壤中的有效水含量降低,又不能及时补充,就会影响根系吸水。如果土壤中完全失去有效水,植物不能从土壤中得到水分就会出现永久萎蔫而死亡。

（四）土壤溶液

土壤溶液是具有一定浓度的盐溶液,一般情况下土壤溶液的水势都高于根部细胞的水势,此时根系吸水正常。如果,土壤溶液浓度过高,使土壤溶液的水势低于根细胞的水势,就会造成根系吸水的困难。因此在施用化肥时,一次施用量不能过大,防止因土壤溶液浓度过高而出现"烧苗"现象。

三、植物体内的水分运输

（一）水分运输的途径

土壤中的水分被根系吸收后,经过茎、叶,最后散失到大气中去。水分在植物体内的运输途径如图6-9所示:土壤→根毛→根的皮层→根的中柱鞘→根的导管→茎的导管→叶柄导管→叶脉导管→叶肉细胞→叶细胞间隙→气室→气孔→大气。

水分在上述运输途径中,有两种方式。

一种是与活细胞有关的运输,共两段。一段是水分从根毛到根部导管,要经过内皮层细胞;另一段是从叶脉导管到叶肉细胞。这两段距离虽短,但要靠渗透运输,阻力很大,速度很慢。

另一种是经过维管束中的死细胞,即经过导管和管胞的运输。这是水分通过输导组织以液流方式的运输,阻力小,运输距离可以从几厘米到百米。这也可以解释,为什么苔藓和地衣这些没有真正输导系统的植物不能长得很高。

水分除纵向运输外,还有侧向运输,如沿着维管射线顺辐射方向的运输。

图 6-9 120m 高的大树体内水分流动的通路示意

图中数字均为负值,为不同高度的水势(一巴),空气相对湿度为80%

（二）水分运输的动力

水分在植物体内的运输途径自地下而地上,自根而茎而叶。在这种运输中,水流可上升百米而连续不断,其动力何在呢?

目前认为水分沿导管或管胞上升的动力有两种,一种是来自下部根压,一种是来自上部的蒸腾拉力。而蒸腾拉力是水分上升的主要动力。根压一般不超过2bar。最多可使水分上升20m。而蒸腾拉力可达到10bar,可使水分上升一百多米。叶面蒸腾越强,失水越多,蒸腾拉力越大。

导管或管胞的水分不仅需要上升的动力,而且必须保持水流的连续不断。如果连续的水柱出现中断,蒸腾拉力和根压都无法再使水分上升,水分的运输就要中断。是什么力量保持水柱的连续不断呢? 相同物质分子之间有一种相互吸引力叫内聚力,水分子间的内聚力是相当大的,足以使导管或管胞的水分成为连续不断的水柱而上升。

（三）水分运输速度

水分在植物体内运输速度因植物种类、运输部位和运输方式而有很大差异。

水分通过活细胞时速度很慢,据测定一小时内水经过原生质的速度只有 10^{-3} cm。

水分在导管中的运输速度则较快,每小时近 $3\sim45$ m。裸子植物只有管胞,水流速度每

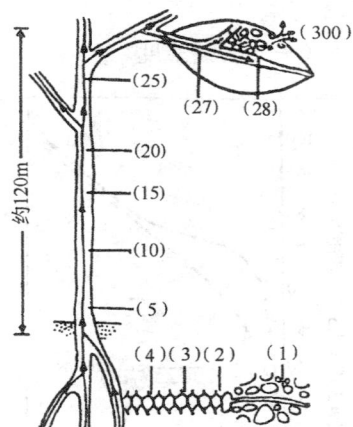

小时小于 0.6m。对于同一植株晚上水流速度低于白天,对于同一枝条来说,被太阳直接照射时快于不直接照射时。这些现象都可以用对蒸腾作用的影响进行解释。

第四节 蒸 腾 作 用

一、蒸腾作用的概念与意义

（一）蒸腾作用的概念

植物体以水蒸汽状态向外界大气散失水分的过程,叫做蒸腾作用。蒸腾作用与水分蒸发完全不同。蒸发是单纯的物理过程;而蒸腾作用是受到植物本身控制和调节的生理过程。

植物可以通过茎枝上的皮孔进行蒸腾,称为皮孔蒸腾。但这种蒸腾只占全部蒸腾量的0.1%。植物的蒸腾作用绝大部分是通过叶片进行的。

叶片的蒸腾方式有两种:一种是通过角质层的蒸腾,叫做角质层蒸腾。另一种是通过气孔的蒸腾叫做气孔蒸腾。生长在潮湿的地区的植物,其角质层蒸腾往往大于气孔蒸腾,水生植物角质层蒸腾也很强烈,幼嫩叶子的角质层蒸腾可达总蒸腾量的 $1/3 \sim 1/2$。但是对于一般植物的叶片,角质层蒸腾仅占总蒸腾量的 3%～5%。因此,气孔蒸腾是植物蒸腾作用的重要形式。

（二）蒸腾作用的意义

蒸腾作用是植物水分代谢的重要环节,对植物有重要的生理意义。

（1）蒸腾作用是植物吸收和运输水分的重要动力。尤其是高大乔木,如果没有蒸腾作用植物主动吸水的过程便不能产生,植物较高部位也无法获得水分。

（2）蒸腾作用能降低植物体及叶面温度。1g 水在 20℃ 时,汽化热是 384cal,通过蒸腾可以有效地散发热量,保证植物体生理活动的正常温度。

（3）蒸腾作用引起上升的液流,携带矿物质元素到达植物体的各个部位,促进各种矿物质营养的运输与分配。

（4）蒸腾作用有利于气体交换,有利于光合作用及呼吸作用的进行。

但是在干旱情况下,蒸腾作用也能导致植物的水分亏缺。因此,有时人们采取措施抑制蒸腾作用,以保持植物必要的含水量。

（三）蒸腾作用指标

1. 蒸腾强度

植物在单位时间内,单位叶面积进行蒸腾作用散失的水量称为蒸腾强度。

$$蒸腾强度 = \frac{植物蒸腾作用散失的水量(g)}{植物蒸腾叶面积(m^2)蒸腾时间(h)}$$

蒸腾强度的单位常用 $g/m^2 \cdot h(g \cdot m^{-2} \cdot h^{-1})$ 或 $mg/dm^2 \cdot h(mg \cdot dm^{-2} \cdot h^{-1})$ 表示。如果测定叶面积有困难,也可以用叶的重量表示。大多数植物白天的蒸腾强度是 $15 \sim 250 g/m^2 \cdot h$,夜间 $1 \sim 20 g/m^2 \cdot h$。

2. 蒸腾效率

植物每消耗 1kg 水所积累干物质的克数称为蒸腾效率。

$$蒸腾效率 = \frac{植物形成干物质的量(g)}{植物蒸腾的水量(kg)}$$

蒸腾效率因植物种类、不同生育时期而有很大差别。一般在 $1\sim 8g$。

3．蒸腾系数

植物积累 1g 干物质所消耗水分的克数称为蒸腾系数。（或称为需水量）一般植物蒸腾系数在 $125\sim 1000$ 之间。

$$蒸腾系数 = \frac{植物所消耗水分的量(g)}{植物形成干物质的量(g)}$$

二、蒸腾作用的调节

（一）蒸腾作用的气孔调节

气孔是植物叶片与外界发生气体交换的通道。虽然气孔的总面积只占叶面积的 $1\%\sim 2\%$，但蒸腾量却比同面积的自由水面高几十倍到上百倍。它的开闭适应着不断变化的外界环境，调节着蒸腾作用的强弱，维持着植物体内的水分平衡，对下列条件变化会作出灵敏的反应：

（1）水分：当植物缺水时，气孔立即变小。缺水严重时，即使其它条件适于气孔张开，气孔也会完全关闭。

（2）叶温：当叶子温度在 $30℃\sim 35℃$ 时，气孔常常部分关闭或完全关闭。在夏季中午叶子的温度可达到 $45℃$ 或更高，所以气孔常常在中午关闭 $1\sim 2$ 个小时。

（3）光和 CO_2：光和 CO_2 对气孔的开闭有显著影响。早晨随着光照的增强，气孔的开度逐渐增大。午后随着光照减弱，气孔逐渐关闭。CO_2 浓度降低时影响气孔张开。显然，这是植物保证光合作用正常进行的一种反馈调节。

（二）蒸腾作用的非气孔调节

气孔调节是植物调节蒸腾作用的主要方式，却不是唯一的方式，还有非气孔调节的方式。

气孔蒸腾分为两个步骤：第一步是水分在叶肉细胞壁表面进行蒸发，气室、细胞间隙被水汽所饱和。第二步是水汽通过气孔扩散到大气中去。此时气孔的开闭是决定蒸腾强弱的关键。如果蒸腾失水过多或水分供应不足，叶肉细胞水分亏损，气室不再为水汽饱和，即使气孔张开，水汽的扩散极低，蒸腾作用几乎完全停止，这种调节蒸腾作用的方式属于非气孔调节。

植物的萎蔫是调节蒸腾作用的另一种方式。植物在水分亏损严重时，细胞失去膨胀状态，叶子和茎的幼嫩部分下垂的现象称为萎蔫。水分补充后，可使暂时萎蔫的植物得到恢复。

三、影响蒸腾作用的外部条件

植物的蒸腾作用一方面要受到植物自身条件，如形态、结构、生理状态的影响；另一方面还要受到温度、光照、湿度和风等外部条件的影响。

（一）温度

温度升高。水分子的内能增加，汽化与扩散加强。因此在一定范围内，温度升高，蒸腾作用加强。

（二）光照

光照一方面影响着气孔的开闭，另一方面光照增强，温度和叶温也增加。因此光照增强蒸腾作用加强。但在强光条件下，气孔关闭，蒸腾降低。

（三）大气湿度

蒸腾的过程就是叶肉细胞间隙与气室的水蒸气向大气扩散的过程。两者之间的压差越大越有利于扩散。因此,当大气相对湿度较小,两者之间水蒸汽压差就大,蒸腾作用就强。反之,蒸腾作用就小。

（四）风速

适当增加风速,有助于叶面水蒸汽的扩散,增加蒸腾强度。但风速过大,气孔关闭,蒸腾反会变小。

第五节　合理灌溉的生理基础

植物正常的生命活动,有赖于体内良好的水分状况。植物蒸腾失去的水分,必须从土壤中及时得到补充。这样,植物体内的水分才能达到供求平衡的状态。而灌溉则是补充土壤水分,防止植物水分亏缺的有效措施。在园林植物生产及栽培养护过程中,灌溉是十分重要的技术环节。灌溉量不足或灌溉不及时,轻者引起植物茎叶萎蔫,重者造成植株严重伤害。灌溉过量,会造成徒长,降低植物抗逆性,植物含水量过高,也不利于营养生长向生殖生长的转化,影响开花结果,降低了观赏价值,并造成水资源的浪费。因此,运用植物水分代谢的知识,研究植物需水规律,制定合理灌溉的指标,及时、适量地满足植物生长发育中各个时期的水分要求,是生产实践中的一项重要环节。

一、植物的需水规律

（一）需水量

前面已经介绍植物需水量即蒸腾系数,表示形成一克干物质所需蒸腾水分的克数。不同植物类型或同一植物不同发育阶段,需水量都有很大差别。试验证明,在同样用水量的条件下,C_4 植物积累的干物质比 C_3 植物高 1～2 倍。也就是说,在同样条件下,C_3 植物的需水量是 C_4 植物的 1～2 倍。

根据植物的需水量,可以粗略地计算:某植物品种一生中所需要的水量,或一块地里一个生长季节内,植物需要的总水量。植物需水量是合理灌溉的依据之一,但需水量不等于灌溉量,一般灌溉是需水量的 2～3 倍。此外,许多外界因素如光照、湿度、土壤水分、风速、温度等等,凡影响根系吸水、蒸腾作用和植物生长的因素,都影响着植物需水量。因此,必须根据当地情况,通过反复试验才能确定植物需水量的数值。

（二）需水临界期

植物各个发育时期都需要水分,但各时期植物的代谢状况不同,对水分亏缺的反应也有很大差别。在植物对水分亏缺反应最敏感的时期,叫做水分临界期。就植物一般规律,需水临界期常发生在营养生长旺盛和生殖器官形成的时期。研究证明,在植物需水临界期内,细胞原生质粘度和弹性都显著降低,处于代谢旺盛的阶段,蒸腾系数较低。此时是植物抗旱性最弱的时期,如果水分亏缺,就会给植物的生长发育带来严重影响。准确地掌握植物需水临界期的规律,是适时灌溉的重要科学依据。

此外,运用植物需水临界期的规律,可通过控制水分供给的办法,调节植物生长发育和器官的形成,达到更好地为人类服务的目的。

二、合理灌溉的指标

植物是否需要灌溉可有不同的依据。植物需水量、需水临界期论述了植物的需水规律。但是在生产实践中,决定灌溉时期与灌溉量的最直接的依据是植物自身的生长发育状况及水分亏缺的指标,即形态指标和生理指标。

(一)形态指标

植物水分亏缺,必然在形态上有所反映。人们常常把植物缺水时表现形态特征,作为合理灌溉的依据:

(1)幼嫩茎叶凋零;

(2)茎叶颜色深绿;

(3)茎叶颜色变红;

(4)植株生长缓慢。

(二)生理指标

植物水分代谢的生理指标能更及时,准确地反映出植物的水分状况。因此,有关的生理指标是合理灌溉的充分依据。

1. 叶片水势

植物缺水时,叶片水势迅速降低,是最先作出反应的部位。因此,可以把叶片水势作为合理灌溉的生理指标。但植株上不同部位的叶片,不同时间取样,水势常常有很大差别。因此,必须规定同一部位的叶片,同一时间取样。一般上午九时为宜。

2. 细胞汁液浓度

细胞汁液浓度能准确反映植物细胞的含水量。而且方法简单快捷,容易操作。

3. 气孔开度

气孔开闭情况与植物水分状况正相关。水分充足时,气孔完全张开,随水分减少,气孔开张度逐渐变小;缺水严重时,气孔完全关闭。因此,气孔开度可作为合理灌溉的依据。

三、灌溉中必须注意的问题

(一)灌溉必须满足植物的栽培要求

由于植物种类和生长规律不同,由于植物生育期和栽培目的不同,植物对水分的需求必然存在很大差异。灌溉必须满足不同植物、不同发育时期的对水分的要求。

花卉栽培要按各类花卉的需水习性及生长发育状况进行水分管理。种子发芽期要有足够水分,蹲苗期要适当控制水分,以利于根系生长。处于营养生长旺盛时期,需水量最大,进入花芽分化阶段则要适当控制水分,以抑制枝叶生长,促进花芽分化。土壤干旱会使花卉缺水,而生长不良;水分过多常有落蕾、落花或花而不实现象,降低了观赏价值。大多数花卉,生长期内田间持水量在 50%~80% 为宜。

园林苗圃的灌溉要根据不同树种,不同栽培方式进行。实生苗一般要求灌水次数要多,每次灌溉量要少。扦插苗、埋条苗,在上面展叶、下面尚未生根阶段,灌水量要适当增大,但水流要缓。分株苗、移植苗,灌水量要大,应连续灌水 3~4 次。在苗木速生期,由于气温高,苗木需水量多,根系分布深,宜深灌、多灌。

(二)改进灌溉方法,发展喷灌、滴灌技术

我国是水资源缺乏的国家,传统灌溉方法不利于田间管理,并且造成水资源的浪费。

喷灌能改变苗圃小气候,增加空气湿度,迅速解除干旱,保持土壤团粒结构,防止土壤碱化,使水分利用系数达 80% 以上,应广泛推广使用。

滴灌用埋入地表或地下管道,定量地往植物根系缓慢地供水和营养物质。这是一种先进的灌溉方法,能减少水分渗漏、蒸发和径流的损失,比喷灌能大幅度节约用水。滴灌使水分分布均匀,能保持植物良好的水分状况。有利于生长发育。滴灌无需多次整地,由于土壤大部分干燥,不利于杂草生长,减少了田间管理环节。

复 习 思 考 题

1. 水在植物生活中有哪些重要作用?
2. 什么叫水势、溶质势、压力势、衬质势?说明植物细胞的水势组成,并用公式表示。
3. 什么叫自由水和束缚水?各自什么特点?
4. 什么叫渗透作用? 分析图 6-1 液面变化。
5. 什么叫质壁分离和质壁分离复原?
6. 什么叫共质体和质外体?
7. 用图表示水分吸收与运输途径。
8. 根系吸水和水分上升的动力是什么?
9. 什么叫吐水、根压?
10. 影响根系吸水的外界条件有哪些?
11. 什么叫蒸腾作用? 其生理意义是什么?
12. 影响蒸腾作用的因子有哪些?
13. 什么叫蒸腾强度、蒸腾效率、蒸腾系数?
14. 什么叫需水量和需水临界期,合理灌溉的生理指标有哪些?

第七章　植物的矿质营养

植物在生长发育过程中,不仅需要从环境中获取能量,还需要吸收构成自身形态的各种化学成分;不仅需要吸收水分和 CO_2,还需要吸收各种矿质元素。这些矿质元素在植物体内,或起结构作用或具有调节代谢功能,是维持生命活动的重要物质基础。

植物主要通过根系的吸收从土壤中获得矿质元素。而土壤中含有的矿质元素常常不能满足植物的全部需要,还必须通过施肥的措施,补充养分的欠缺,保证植物正常代谢活动的全部营养。古代,人类就有在农田里施肥增产的经验。《齐民要术》已有这方面记载。但是关于植物矿质营养的理论,近代以来才开始建立,并得以不断发展。搞清这些规律,对于指导实践具有重要意义。

本章讨论的矿质营养问题主要涉及三个方面,即植物必需元素及生理作用是什么;这些元素是如何被植物所吸收的;影响植物对矿质养分吸收的因素有哪些。

第一节　植物必需矿质元素及生理作用

一、植物体内的元素

植物体是由水、无机物和有机物三类物质组成。如果把植物放在 105℃ 下进行烘干,失去水分,剩下的便是干物质。干物质所占鲜重百分率依植物种类、器官、组织的不同而存在差异。例如,多汁的组织干物质只占 5% 左右,而休眠的种子能达到 90%。在干物质中,有机物约占 90%,无机物只占 10% 左右。如果把这些干物质充分燃烧,有机物中的碳、氢、氧、氮、硫等元素就会部分地或全部地散失到空气中去,剩下的便是灰分。矿质元素以金属氧化物、磷酸盐、硫酸盐、氧化物的形式存在于灰分中,氮在燃烧过程中散失而不存在于灰分中,所以氮不是矿质元素。由于氮与磷、钾等元素一样,主要都是在土壤中被植物所吸收的,所以习惯上把氮素归于矿质元素一起讨论。植物体的成分如图 7-1 所示。

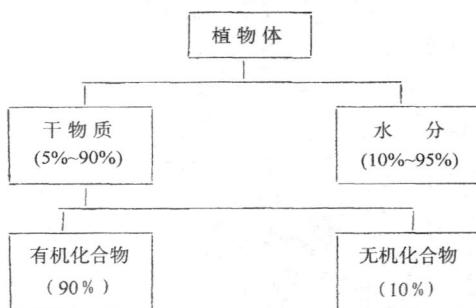

图 7-1　植物体的成分

植物的含灰量,因植物的不同种类、不同器官、不同年龄和不同环境而有很大差别。一般水生植物的含灰量只有干重的 1% 左右,中生植物大多数在 5%～15%,盐生植物最高达到 45% 以上。草本植物的茎和根约在 4%～5%,而草本植物的叶在 10%～15% 之间。就年龄而言,老年植物含灰量大于幼嫩植物,老龄细胞含灰量大于幼嫩细胞。表 7-1 所示为几种树木含灰量。

部位 植物种类	枝	叶	树皮	木材
松	—	2.11~3.59	0.75	0.22~0.39
云杉	0.32	2.11~3.59	1.4~1.6	0.12
冷杉	—	2.11~3.59	2.0	0.24
山毛榉	—	5.14	3~4	0.46
桦	0.64	4.9	0.75	0.33
榆树	—	11.27~13.83	8~9	—
橡树	—	4.51~5.58	3~4	0.48
草本植物茎	4	15		

二、植物的必需元素

组成植物灰分的元素种类很多,已经被发现的有 60 多种元素。但并非 60 多种元素都是植物所必需的。为了判断植物的必需元素,国际植物营养学会确定了以下三个标准:

(1)完全缺乏某种元素,植物不能正常生长与生殖。

(2)完全缺乏某种元素,植物出现的缺素症是专一的,只有加入这种元素才能使植物恢复正常,而不能为其它元素所代替。

(3)此元素的作用必须是直接的,绝不是因土壤或培养基物理、化学、微生物条件的改变而产生的间接效果。

根据上述标准,确定植物必需元素,仅用化学分析方法是不够的,还要在人工控制的条件下进行试验。人们采用了人工培养方法,包括水培法和砂培法,有计划地提供某些元素或减去某些元素,观察对植物生长发育的影响。70 年代以来,这些方法不仅用于判断植物的必需元素,而且正在成为一种切实可行的无土栽培手段,用于蔬菜和花卉生产。

目前公认的植物必需元素有 16 种。根据它们在植物体内的含量多少,分为大量元素和微量元素两大类(参看表 7-2)。大量元素有:碳、氢、氧、氮、磷、钾、钙、镁、硫。微量元素有铁、锌、铜、锰、钼、氯、硼。

16 种必需元素及其在植物体内的浓度   表 7-2

元素	化学符号	植物利用的形式	在干组织中的浓度		与钼相比较的相对原子数
			ppm	%	
钼	Mo	MoO_4	0.1	0.00001	1
铜	Cu	Cu^+,Cu^{2+}	6	0.0006	100
锌	Zn	Zn^{2+}	20	0.0020	300
锰	Mn	Mn^{2+}	50	0.0050	1,000
铁	Fe	Fe^{3+},Fe^{2+}	100	0.010	2,000
硼	B	BO_3^{3-},$B_4O_7^{2-}$	20	0.0020	2,000
氯	Cl	Cl^-	100	0.010	3,000
硫	S	SO_4^{2-}	1,000	0.1	30,000

元　素	化学符号	植物利用的形式	在干组织中的浓度		与钼相比较的相对原子数
			ppm	%	
磷	P	$H_2PO_4^-$, HPO_4^{2-}	2,000	0.2	60,000
镁	Mg	Mg^{2+}	2,000	0.2	60,000
钙	Ca	Ca^{2+}	5,000	0.5	125,000
钾	K	K^+	10,000	1.0	250,000
氮	N	NO_3^-, NH_4^+	15,000	1.5	1,000,000
氧	O	O_2, H_2O	450,000	45	30,000,000
碳	C	CO_2	450,000	45	35,000,000
氢	H	H_2O	60,000	6	60,000,000

三、植物必需的矿质元素的生理作用

（一）大量元素的生理作用

1. 氮（N）

氮是构成蛋白质的重要元素，一般含量约在 16％～18％。氮是细胞质、细胞核和酶的重要成分。在核酸、磷酸、叶绿素、辅酶等多种重要化合物中都含有氮。某些植物激素，如吲哚乙酸、激动素等，某些维生素（B_1、B_2、B_6 等）也含有氮。氮在植物生命活动中占有首要地位，被称为生命元素。

植物的氮素来源主要是从土壤中吸收的硝态氮（NO_3^-）和铵态氮（NH_4^+），也可以利用少量的尿素等有机态氮。

当氮素供应充分时，植物枝叶生长繁茂，光合作用增强，营养生长旺盛。但氮肥也不能施用过多，否则营养体徒长，碳代谢受到抑制，维生素、木质素合成减少，细胞壁薄，机械组织不发达，易倒伏，成熟期、休眠期推迟，不利于养分积累，降低了植物的抗逆性。

植物缺氮时，新器官形成缓慢，叶绿素含量降低，叶小而色淡甚至叶色发红；分枝少，花果减少，易脱落。

2. 磷（P）

磷是组成磷脂、核酸的元素。而磷脂、核酸是构成生物膜、细胞质与细胞核的重要组成成分。磷是核苷酸的组成成分，许多核苷酸的衍生物在植物代谢的能量转换及物质转换中，发挥着极其重要的作用。例如，在能量传递的 ATP、ADP 和辅酶 A 中；在传递 H^+ 的辅酶Ⅰ（NAD）和辅酶Ⅱ（NADP）中都含有磷。在碳水化合物代谢、脂肪代谢和蛋白质代谢中都有磷的参与。例如，糖类的转化与运输过程中是以糖的磷酸脂形式进行的；在磷酸吡哆素（维生素 B_6 的衍生物）的参与下，蛋白质代谢中的氨基化与氨基转换顺利进行。此外，细胞液中的磷酸盐还具有维持一定的渗透作用并起缓冲作用。

磷主要以 HPO_4^{2-} 和 $H_2PO_4^-$ 的形式被植物的根吸收。磷进入根后，很快转化为有机物质，如糖、磷脂、核苷酸、核酸、磷脂和某些辅酶等。

合理施加磷能促进植物代谢的正常进行，植物生殖、生长良好，提早成熟；提高抗逆性。

缺磷时，植物生长发育缓慢，植株矮小，叶小而暗绿，有时出现紫红色，成熟延迟，花果形

成少,抗性弱。

3. 钾(K)

与氮和磷不同,钾在植物体内不形成任何稳定的结构物质;钾作为某些酶的辅酶或活化剂而发挥作用。与钾有关的酶达 60 种以上,其中有果糖激酶、醛缩酶、丙酮酸激酶、淀粉合成酶、ATP 酶等。钾有助于光合产物的转化和运输,促进光合作用。钾和蛋白质的合成有密切关系,有促进蛋白质合成的作用。钾对碳水化合物合成与运输,对气孔开闭的调节作用以及提高原生质胶体的水合程度和液泡浓度,对细胞的吸水和保水作用,对于保证植物的正常生命活动都是十分重要的。

钾在土壤溶液中以离子状态进入根部,主要集中在植物生长点、幼叶、形成层等代谢旺盛的部位。

钾肥供应充足时,植物体内木质素和纤维素含量提高,机械组织发达,可促进块茎、块根的淀粉积累。缺钾时,蛋白质合成受阻,叶内积累氨,引起部分组织中毒而坏死,使叶尖叶缘干枯。缺钾时,植物体内机械组织不发达,易倒伏。

4. 硫(S)

含硫氨基酸是构成蛋白质的必要成分,并通过形成二硫键($-S-S-$)起到稳定蛋白质空间结构的作用。因此,可以说硫是原生质的组成部分。此外,硫还参加到辅酶 A(COA)、硫胺素(维生素 B_1)、谷胱甘肽、铁氧还蛋白的组成。辅酶 A 的硫氢基可形成高能硫键,参与丙酮酸的氧化,并与糖、蛋白质和脂肪转化有密切关系。

硫以硫酸根(SO_4^{2-})的形式进入植物体;植物也能利用大气中的 SO_2 作为获得硫的一部分。

缺硫时,植物新生的叶片会首先出现失绿症,然后向其他叶子扩展,使光合作用明显下降。缺硫的植株生长缓慢,节间变短,植株矮小。如果大气中 SO_2 的含量过高,也会对植物造成毒害,常使叶片坏死。这是因为植物通过气孔吸收 SO_2,在叶肉细胞表面可形成硫酸,形成 H^+、HSO_4^-,SO_4^{2-} 等离子,使光合磷酸化解偶联。而硫的负离子可以破坏叶绿体膜,使叶绿体失去活性。

5. 钙(Ca)

钙是构成细胞壁的一种元素,钙与果胶酸形成果胶酸钙,构成细胞壁的中胶层。钙能与体内过多的有机酸结合,形成不溶性的钙盐结晶,有解毒作用。在染色体和膜系统中,钙还有稳定结构的作用。此外,钙离子也是一些酶的活化剂。例如,ATP 水解酶、磷酸水解酶都有钙离子。钙对植物抗病性有一定作用。

钙是以离子状态被植物吸收的。钙主要存在于叶子或老的器官和组织中,是不易移动的元素。缺钙时,首先在幼嫩器官上表现出症状。

植物缺钙时,细胞壁形成受阻,生长受到抑制,严重时幼嫩器官溃烂坏死。

6. 镁(Mg)

镁是叶绿素分子中的唯一的金属元素,直接参与光合作用。镁能活化磷酸化酶、磷酸激酶,所以能促进呼吸作用,也能促进植物对磷的吸收。此外脱氧核糖核酸与核糖核酸的合成及蛋白质合成的氨基酸活化过程都需要镁的参加。

镁主要存在于植物的幼嫩器官和组织中,由于镁在植物体内容易转移,缺素症先表现在老叶。缺镁时,植物的生殖生长会受到影响,成熟期推迟,叶子出现缺绿症等。

(二)微量元素的生理作用

1. 铁(Fe)

铁是细胞色素氧化酶、过氧化氢酶等许多酶的辅基,在呼吸、光合过程中的电子传递起重要作用。铁还参与叶绿素的合成,可能铁是合成叶绿素某种酶的辅基或活化剂。

铁由土壤进入植物体后,不易转移。缺铁植株,其幼叶表现出明显的叶脉间缺绿。

2. 硼(B)

硼能促进花粉的萌发和花粉管生长。由此可见,硼与植物的生殖过程有密切的关系,在植物的柱头和花柱中含有较多的硼。有人认为硼能促进糖的运输,但缺乏充分的证据。

3. 铜(Cu)

铜是组成某些氧化酶的元素。如多酚氧化酶,抗坏血酸氧化酶中都有铜,其作用是在氧化还原中进行电子传递。此外,铜还在光合作用及生物固氮中起到重要作用。

4. 锌(Zn)

锌是组成酒精脱氢酶、乳酸脱氢酶、谷氨酸脱氢酶及某些多肽酶的元素。锌参与色氨酸的合成,对吲哚乙酸的合成有重要关系。苹果与梨缺锌时,顶梢生长受阻,叶小而脆,有曲皱,丛生在一起。

5. 锰(Mn)

锰是多种酶的活化剂,参与植物呼吸、氮代谢和碳水化合物的转化活动,对脂肪酸、DNA、RNA 的合成有影响。锰直接参与光合作用,在水的光解、氧的形成中起作用,并在叶绿素合成中起催化作用。

6. 钼(Mo)

钼是硝酸还原酶的重要成分,可催化硝酸盐中氮素还原,在氮素代谢方面起重要作用。

7. 氯(Cl)

氯最主要的作用是参与光合作用水的光解和氧的释放,它可能是这一系列反应中所涉及的酶的活化剂。

氯是以 Cl^- 的状态被吸收,在植物体内也以 Cl^- 状态存在,而不变成任何有机分子的结构成分。缺氯时,植株叶子萎蔫,缺绿坏死,根的生长受阻。

四、植物缺乏必需元素的症状

植物缺少任何一种必需元素,都会给正常生长发育造成障碍,都会在形态和生理上产生变化,引起特有的病症。我们把植物因缺乏某种元素而表现的症状称为缺素症。根据这些病症,经过分析与诊断,得出正确结论,采取相应的施肥措施(参看表 7-3、7-4)。

微量元素的主要生理作用   表 7-3

元 素	存　　在	生　理　作　用
Fe	1) 多种氧化酶(如细胞色素氧化酶等)的成分 2) 叶绿素合成酶的主要成分	影响光合作用和呼吸作用的电子传递 影响叶绿素的合成
Mn	1) 多种酶的活化剂 2) 是叶绿体的结构成分	影响脂肪、RNA 的合成,光合作用、呼吸作用等 稳定叶绿体膜系统,调控膜的透性、电势,参与光合放氧过程
Cu	1) 某些氧化酶(多酚氧化酶等)的成分 2) 存在于质蓝素	参与植物体内某些氧化还原反应 参与光合电子传递

元素	存在	生理作用
Zn	1)色氨酸合成酶的成分 2)是多种脱氢酶和激酶的成分	影响生长素的合成
Mo	固氮酶、硝酸还原酶的成分	在固氮反应中发挥重要作用
B	1)与糖络合 2)存在于花柱、柱头	促进碳水化合物运输、代谢 促进花粉管萌发、生长和受精作用
Cl	1)存在于叶绿体内 2)存在于液泡中	参与光合放氧过程 影响细胞渗透吸水

作物营养元素缺乏症检索简表　　　　　　　　　　表7-4

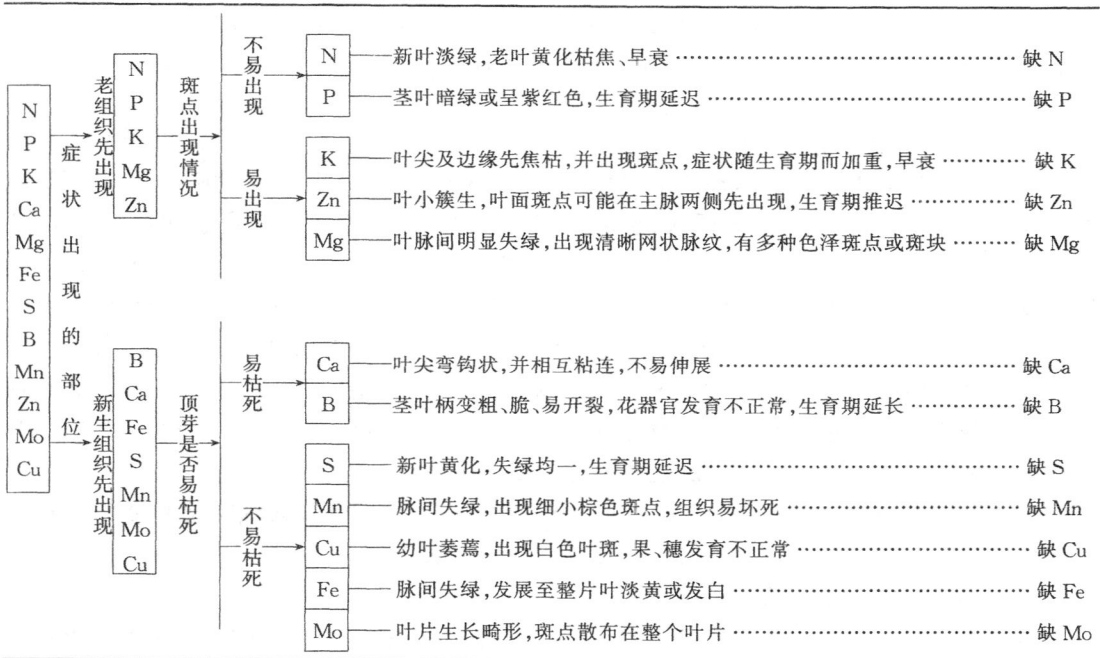

元素：N P K Ca Mg Fe S B Mn Zn Mo Cu — 症状出现的部位

老组织先出现（N P K Mg Zn）——斑点出现情况：
- 不易出现：
  - N —— 新叶淡绿,老叶黄化枯焦、早衰 …… 缺N
  - P —— 茎叶暗绿或呈紫红色,生育期延迟 …… 缺P
- 易出现：
  - K —— 叶尖及边缘先焦枯,并出现斑点,症状随生育期而加重,早衰 …… 缺K
  - Zn —— 叶小簇生,叶面斑点可能在主脉两侧先出现,生育期推迟 …… 缺Zn
  - Mg —— 叶脉间明显失绿,出现清晰网状脉纹,有多种色泽斑点或斑块 …… 缺Mg

新生组织先出现（B Ca Fe S Mn Mo Cu）——顶芽是否易枯死：
- 易枯死：
  - Ca —— 叶尖弯钩状,并相互粘连,不易伸展 …… 缺Ca
  - B —— 茎叶柄变粗、脆、易开裂,花器官发育不正常,生育期延长 …… 缺B
- 不易枯死：
  - S —— 新叶黄化,失绿均一,生育期延迟 …… 缺S
  - Mn —— 脉间失绿,出现细小棕色斑点,组织易坏死 …… 缺Mn
  - Cu —— 幼叶萎蔫,出现白色叶斑,果、穗发育不正常 …… 缺Cu
  - Fe —— 脉间失绿,发展至整片叶淡黄或发白 …… 缺Fe
  - Mo —— 叶片生长畸形,斑点散布在整个叶片 …… 缺Mo

第二节　植物对矿质元素的吸收

一、根吸收矿质元素的特点

(一)根吸收矿质元素与吸水关系

矿质元素和水分都是主要存在于土壤之中而被根系吸收进入植物体内的。矿质元素必须溶于水中,才能被根系吸收,吸水与吸肥有着十分密切的联系。过去曾一度认为:根系对矿质元素的吸收是随吸水一起进行的,是由于叶的蒸腾作用造成的"蒸腾流"把溶解在水里的矿质盐从土壤进入根部,然后再由根到茎、叶的。事实证明这种想法是不正确的。

有人用大麦进行过蒸腾强度与矿质盐吸收的试验,试验结果见表7-5。在光下与暗中进行比较,水分消耗由435ml增加到1090ml,而矿质盐的吸收量(各离子的浓度变化)与水分的吸水量并无比例关系。表中各离子下的数据按在溶液中原始浓度的%表示,大于100

的表明浓度增加,说明该离子的吸收比水分吸收慢;而小于 100 的,则说明该离子的吸收速度比水快。从试验结果可以看出:磷和钾的吸收光下比暗中快得多,而其它矿质盐,如 Ca、Mg 和 S 则恰恰相反,在光下反而吸收少。

大麦在二昼夜内的蒸腾强度和对无机盐的吸收

（表中各离子下的数据按在溶液中原始浓度的%表示） 表 7-5

实验条件	水分消耗(毫升数)	Ca	K	Mg	NO_3	PO_4	SO_4
在 光 下	1090	135	27	179	104	3	187
在 暗 中	435	105	35	113	77	54	115

由此可见,矿质元素的吸收与吸水不成正比,两者既相互联系、相互影响,又是相对独立的两个过程。植物对矿质元素的吸收,并不单纯是受蒸腾作用支配的被动过程。

用 ^{32}P 进行的根的吸收区试验证明:小麦初生根对矿质元素吸收最活跃的部分在根毛发生区;而水分吸收最活跃的区域是根毛区。

(二)对离子吸收的选择性

植物对矿质元素的吸收不是简单的被动吸收,还表现在对不同离子的吸收具有选择性。甚至对同一种盐的正、负离子的吸收,也可能有不同的比例。由植物对离子的选择吸收,造成土壤 pH 值发生变化,可以把盐类分为生理酸性盐和生理盐性盐。由于植物根系的选择吸收使土壤溶液变成酸性的盐称为生理酸性盐。例如,在土壤中施入的 $(NH_4)_2SO_4$,根系吸收的 NH_4^+ 多于 SO_4^{2-},若长期使用,就会使土壤呈酸性。由于根系的选择吸收,使土壤溶液变成碱性的盐称为生理碱性盐。例如,$Ca(NO_3)_2$ 由于根系吸收 NO_3^- 多于 Ca^{2+},若长期施用就会使土壤溶液呈碱性。当土壤中施用 NH_4NO_3 时,根系对 NH_4^+ 和 NO_3^- 的吸收几乎是等量的,不影响土壤的酸碱性,这种盐称为生理中性盐。

由于植物根系对矿质盐具有选择吸收的性质,可以造成土壤的酸碱性发生变化,所以生产实践中,切忌长期单独使用一种化肥,防止土壤酸化或盐化。

(三)单盐毒害与离子拮抗作用

植物被培养在某种单一的盐溶液中,不久即呈现不正常状态,最后死亡,这种现象称为单盐毒害。例如,把植物培养在只有 KCl 一种盐的溶液中,即使较低的浓度,K 和 Cl 均为必需元素,植物也会受到毒害而死亡。根部在 Ca、Mg、Na、Ba 等任何一种金属单盐溶液中,植物都会受到单盐毒害。这种毒害表现为,根停止生长,生长区细胞壁粘液化,细胞被破坏,最后变成一团没结构的东西。

在发生单盐毒害的溶液中,如果再加入少量其它盐类,就能减弱或者消除单盐毒害,这种离子间能够相互消除毒害的现象称为离子的拮抗作用。例如,在发生单盐毒害的 KCl 溶液中,加入少量的 Ca^{2+} 单盐毒害就会消除。

对于单盐毒害和离子的拮抗作用的本质,现在还没有满意的解释。只知道这种现象与原生质和原生质膜中的亲水胶体有关。离子的价数越高,所能消除单盐毒害作用的浓度越低。

根据植物必需的矿质元素,按一定浓度和比例制成混合溶液,使植物生长良好。这种对植物生长有良好作用而无毒害的溶液,称为平衡溶液。植物在自然生长环境中,土壤溶液一般来说是平衡溶液。但长期使用一种化肥就可能破坏溶液的平衡性,给植物造成伤害。

二、根吸收矿质元素的机理

根系对矿质元素的吸收是一个复杂的生理过程,可分为被动吸收和主动吸收两种形式。

(一)被动吸收

植物依靠扩散或其他不消耗代谢能量,而吸收矿质元素的过程称为被动吸收。例如,当外界溶液中某种离子的浓度大于根细胞浓度时,离子以扩散的方式进入根细胞。这一过程不依赖于植物呼吸作用产生的能量。

(二)主动吸收

植物利用呼吸作用提供的能量,逆浓度梯度吸收矿质元素的过程称为主动吸收。主动吸收是根系吸收矿质元素的主要形式,是植物对所需离子一种有选择的吸收过程。大量研究表明,缺氧或有氧呼吸停顿,根系对矿质元素的主动吸收就会停止。

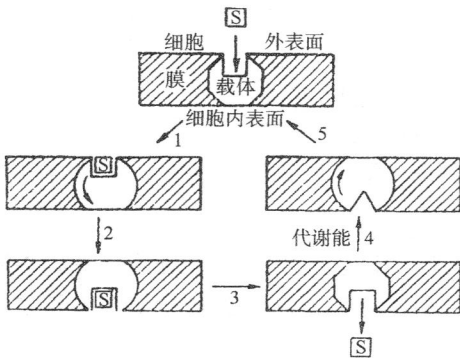

图 7-2 离子或分子(S)主动
吸收机理的一种假说

1—载体分子抓住S后,形状发生变化;2—由于变构作用产生旋转;3—S被释放入细胞,载体分子回到不能运动的形状;4—载体获得能量,成为可转动的形状;5—载体分子恢复原状

对于离子主动吸收与运转机理,已提出许多假说。目前,常用载体学说进行解释。这个理论认为:细胞质膜上存在着一些能携带离子通过膜的活性物质,称为载体。载体对需要通过膜的离子有很强的选择性和识别能力,并可以通过专一的结合部位,形成载体—离子复合体。经过变构作用,旋转180°,把离子由膜外运入膜内,然后离子被释放出来。载体获得能量成为可转动的形状,恢复原状,可继续与膜外离子结合。在这一过程中载体需要能量,这种能量由呼吸作用提供,其具体形式可能是ATP(图7-2)。

近年来从酵母和其它微生物的原生质膜中,分离得到了某些专门转运某种离子或分子的透过酶,这些透过酶就是载体。但是在高等植物细胞膜中,尚未分离出任何一种载体蛋白,也没有确定与任何一种离子的结合部位是什么。所以对于高等植物来说,膜上存在"载体"还只是一种概念。但支持载体学说有两方面证据。一个证据是根系对矿质元素的吸收具有"饱和效应"。在研究外界溶液中的离子浓度与主动吸收的速度关系时发现:在一定范围内,根系对离子吸收的速度随外界离子浓度的增高而加快。但达到一定浓度后,根系吸收离子速度达到稳定。用载体学说解释:在离子浓度低时,只动用了部分载体,空闲的载体没有工作。随着离子的增多,处于工作状态的载体增多。所以根系吸收离子的速度随外界离子的浓度增高而加快,到溶液的浓度增加到一定程度,所有的载体都处于工作状态,已经达到饱和,离子再增多,吸收速度也不会加快。支持载体学说的第二个证据是:离子的主动吸收有竞争的抑制作用。例如,在钾、铯、铷三种离子中任何一种离子的存在都抑制另外两种离子的吸收。而钠和钡离子间都存在着相互抑制。这就说明相互抑制的离子吸收是同一载体并在同一结合部位存在着竞争性。而钠、锂离子则与以上三种离子不是一个载体,所以相互之间没有影响。

三、影响根系吸收矿质元素的环境条件

(一)土壤温度

在一定范围内,根系吸收矿质元素的速度随土壤温度的升高而增加。其原因是温度升高呼吸作用增强,能量提供充足,主动吸收加快。但温度过高(超过40℃),吸收矿质元素的速度反而下降。这是因为高温使酶的活性钝化,膜的半透性受到破坏。根据这个道理,施肥必须掌握土壤温度适宜的时节,否则有害无利(图7-3)。

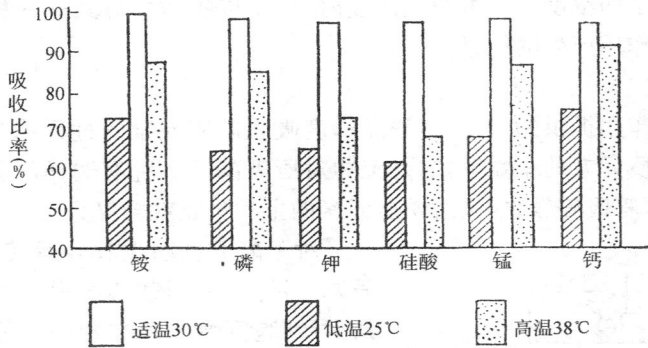

图7-3 不同温度对水稻吸收某些元素的影响

（二）土壤通气状况

土壤透气状况直接影响根系的矿质吸收,通气良好,氧气充足,有利于呼吸作用提供离子主动吸收的能量。通气良好还可以减少因 CO_2 含量过高和 H_2S 积累对植物根系造成的毒害。

土壤板结或积水常常造成土壤通气不良,致使呼吸作用减弱,影响对矿质和水分的吸收。因此需要采取松土、排水等措施,增加土壤透性,做到"以气养根"。

（三）土壤 pH 值

土壤 pH 值对根吸收矿质有多方面的影响。首先 pH 值增高有利于阳离子自吸收,而阴离子的吸收随 pH 值的增高反而减少。当 pH 值超过允许的范围时,还会破坏原生质胶体的稳定性,使根系丧失正常吸收能力。

土壤溶液 pH 值的变化还会影响到矿质盐的溶解或沉淀,从而间接地影响矿质元素的吸收。例如,当土壤溶液的碱性增高时, Fe^{3+} 、 Ca^{2+} 、 Mg^{2+} 、 Cu^{2+} 、 Zn^{2+} 的溶解度降低,影响吸收。在酸性环境中, PO_4^{3-} 、 K^+ 、 Ca^{2+} 、 Mg^{2+} 的溶解度大为增加,易被雨水淋失,所以酸性土壤中常常缺乏这四种元素。而 Fe^{3+} 、 Al^{3+} 和 Mg^{2+} 也会因 pH 的降低而增加溶解度。但土壤中这几种离子浓度过高又会对植物造成毒害。

此外,土壤 pH 值还会影响到微生物的活动,从而间接影响到根系对矿质元素的吸收。例如,酸性土壤会使根瘤菌死亡,会使自生固氮失去固氮能力,而碱性土壤则有利于一些有害细菌造成危害。

（四）土壤溶液浓度

在一定范围内,土壤溶液的浓度增高,根系的矿质吸收量也相应增高,两者是正比关系。但土壤溶液浓度达到一定限度时,离子吸收速度则与浓度无关,而且施用化肥浓度过高,还会造成"烧苗"。

126

四、叶对矿质元素的吸收

植物除了根系从土壤溶液中吸收矿质元素外,地上部分,特别是叶片也能吸收矿质营养。人们把植物需要的养分喷洒在叶面上,让植物吸收利用,这种方法叫叶面施肥或根外施肥。

叶面施肥对于幼苗期根系不发达和生长发育后期,根系吸收能力衰退,具有补充矿质营养的作用。喷于叶面的肥料不需要长距离运输,就可使植物利用,因此见效快。例如,KCl喷于叶面,30min K$^+$ 即可进入细胞,喷施尿素 24h 便可被吸收 50%～75%,用 ^{32}P 直接涂于植物叶面,几分钟后即被叶片吸收并运至各器官。如果用土壤施肥,则需要十几天的时间才能达到同样的效果。

叶片矿质元素的吸收是通过气孔和角质层进入叶肉细胞的,然后到达叶脉韧皮部,也可横向运到木质部再运往各处。一般来说双子叶植物,叶面积大,叶面施肥效果好。幼嫩叶片角质膜薄,离子渗透性强,代谢旺盛,离子进入细胞后很快地吸收转化,叶面施肥效果显著。适宜的温度促进植物代谢活动,可提高叶片对矿质元素的吸收。溶液湿润叶面的时间越长,效果越好。因此叶面施肥,可增加湿润剂,并选择无风的傍晚或阴天进行。叶面施肥浓度一般掌握在 0.5%～5% 之间,微量元素在 0.01%～0.1% 之间。

第三节　矿质元素的运输与分配

根系吸收矿质元素后,小部分留在根系,大部分运输到植物各部分。叶片吸收矿质元素同样如此。

一、矿质元素运输的形态

矿质元素有两类运输形态。一类是无机离子,另一类是有机分子。金属元素是以离子形态被运输的。非金属元素有的以离子形态运输,也有以有机物形态运输。根部吸收的无机氮,大部分在根内被转变为有机氮,如天冬氨酸、天冬酰胺、谷酰胺等。然后才向上运输。苹果根部运至地上部分的含氮化合物中,90% 以上为谷氨酸、天冬氨酸和它们的酰胺,其余10% 也主要是其他氨基酸,而不是无机含氮化合物。而磷从根部的运输主要是无机的磷酸根形式,但也有一部分是以有机磷的形式运输。例如,磷脂酰胆碱、甘油磷脂酰胆碱等。硫的主要运输形式是硫酸根。但也有少部分在根中转化为蛋氨酸或谷胱甘肽后再向地上部分运输。

二、矿质元素的运输途径

根吸收的各种矿质元素和含氮化合物向上运输的途径是木质部。它们随蒸腾液流向上运往植物的各个部分。但当木质部水分向上运输速度减慢时,矿质元素的运输途径也可能是韧皮部。从老叶转移出来的离子也是往韧皮部运输的。

矿质元素在上下运输的同时,也发生着横向运输,以满足正在生长的器官的需要。

三、矿质元素的分配与再分配

矿质元素及氮素被根系吸收后,大部分运输到植物体生长最旺盛的部位合成植物体所需要的各种化合物。例如,含有氮素的氨基酸、酰氨要合成蛋白质,磷合成核酸、磷脂等,而钾则以游离状态存在,作为酶的活化剂,起到调节代谢的作用等等。矿质元素被吸收利用后,有的在细胞中形成稳定的化合物,不能再运输到新的器官或组织中重复利用,如钙、铁、锰、硼、锌等。而氮、磷、硫等元素进入细胞后形成不稳定化合物,可以被分解释放出来,又转移到其它需要的器官中去,多数被重复利用。植株叶子脱落前,氮、磷、钾常常已转移到其它部位,根据这个道理可以对植物缺素症作出这样的判断:能够转移再利用的元素缺乏症,表现在老叶;被固定不能再利用的元素缺乏症,发生在新叶。

第四节 合理施肥的生理基础

植物生长要从土壤中吸收大量的矿质元素,因此,通过施肥补充土壤肥力不足,是植物正常生长所必须的。合理施肥还有这样几个作用:一是通过合理施肥,能促进叶面积增加,扩大光合面积;增加叶绿素含量,增加光合强度。增加叶片寿命,增加光合作用时间,从而改善植物的光合性能。增高光合作用产物。二是通过合理施肥,调节控制植物代谢和生长发育过程,根据不同植物、不同栽培目的,适时适量用肥,达到预期的栽培效果,更好地满足人类需要。三是通过合理施肥,改良土壤结构,改善土壤的水、气、温状况,促进土壤微生物活动,有利于有机物的分解和转化,为植物创造良好的土壤环境。

一、植物的需肥规律

(一) 不同植物需肥不同

各种植物对矿质元素的需要存在着很大差别,不同类型植物,施肥不尽相同,例如,植物栽培目的不同,施肥就有很大差别。以收获种子、果实为目的的要多施磷肥,以获取茎叶为目的的要多施氮肥,以获取地下根茎为栽培目的要多施钾肥等等。在园林植物中,不同苗木需肥量也存在着某些差别(表7-6、7-7)。

各 种 苗 木 的 需 肥 量   表7-6

树　种	年　龄	需　肥　量　(斤/亩)		
		N	P$_2$O$_5$	K$_2$O
枫　杨	一年生	18.4	4.0	5.0
杂交杨(214)	一年生	20.4	5.8	15.1
麻　栎	一年生	9.2	2.1	2.3
马层松	一年生	7.9	4.7	3.8
火炬松	一年生	11.3	2.2	7.3
美国黄松	二年生	6.8	1.0	3.8
美国赤松	二年生	18.5	2.2	6.4
银白云杉	二年生	5.2	0.7	1.9

林木吸收氮的情况(对氮的总要求量的%)   表7-7

树　种	3~5月	5~7月	7~9月	11月
冷　杉	60	15	25	—
云　杉	21	49	30	—
落叶松	5	27	51	17

树　　种	3～5月	5～7月	7～9月	11月
松　　树	15	19	46	20
山 毛 榉	—	20	60	—
柞　　树	20	60	20	—
桦　　树	28	10	62	—

（二）不同生长期需肥不同

植物不同发育阶段生长中心不同,对矿质元素的吸收有很大差别。在种子萌发和幼苗阶段,对矿质元素吸收量较少。随着植物生长发育,吸收量逐渐增多。到开花结果期、代谢旺盛,对矿质元素的吸收达到高峰。此后随生长势减弱,吸收能力逐渐下降。至成熟期,吸收停止;衰老期,甚至还有少部分无机盐"倒流"到土壤中。

应该指出,植物吸收肥料数量少的时期,不一定对矿质的缺乏不敏感,恰恰相反,在植物生长初期,虽然对矿质元素的需要量不大,但对元素的缺乏却很敏感。如果此时缺乏某些必需元素,就会显著影响植物生长,即使以后施用大量肥料也难以补救。植物对缺乏矿质元素最敏感的时期称为营养临界期。因此必须根据植物不同生长期对矿质元素的需要科学施肥。

二、合理施肥的指标

（一）形态指标

植物的矿质营养水平与其生长发育状况密切相关。因此,可以把植株的长势、长相、叶色指标作为判断是否需肥的根据。例如,叶色能比较灵活地反映植株的氮素水平,掌握了叶色变化与氮素含量的规律,就可以根据叶色深浅的指标施用氮肥。各种元素缺乏引起的缺素症,都可以作为合理施肥的形态指标。

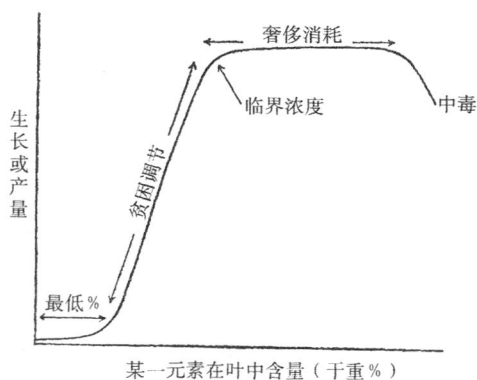

图 7-4　叶片中矿质元素含量
与生长或产量间的关系

（二）生理指标

1. 叶片色素含量

叶片中矿质元素的含量能比较准确地反映植株的营养状况。经过叶片的营养分析,确定不同生长期、不同组织、对不同元素的需要,可以科学指导施肥工作。图 7-4 表示了叶片中矿质元素含量与植物生长的关系。当叶片中某元素含量增加,植物生长也增加时,说明该元素不足,施肥有显著效果,这阶段称为贫困调节。如果这种元素继续增加,而植株生长不增加,施肥效果不明显,这阶段称为奢侈消耗。在贫困调节转入奢侈消耗的部分称为该元素的临界值。在临界值以下施肥有效,是合理施肥的重要依据。

2. 叶绿素含量

植物体内叶绿素含量与氮的含量正相关,植物体内叶绿素含量是合理施用氮肥的生理指标。以小麦为例,有研究表明,在返青阶段,功能叶的叶绿素含量以占干重 1.7%～2% 为宜,若低于 1.6% 为缺氮肥;拔节阶段叶绿素含量 1.2%～1.5% 为正常,低于 1.1% 需追氮肥,高于 1.7% 氮肥过量。

此外,酰胺和淀粉含量以及某些酶的活性指标也可以用来判断各种元素,特别是氮肥和微量元素的需求根据。

三、发挥和提高肥效的措施

发挥和提高肥效除合理施肥外,还要采取以下几项措施:

(一)水肥配合

水分不但是植物吸收矿质营养的溶剂,也是矿质在植物体内运输的主要媒介。水能强烈影响植物生长,从而间接影响对矿质的吸收和利用。所以,土壤干旱时,施肥效果差,水肥配合,肥效才能大大提高。

(二)适当深耕

适当深耕可促进团粒结构的形成,增加土壤保水保肥的能力,同时可促进根系生长,增大吸肥面积,从而提高肥效。

(三)改善光照

施肥的增产效果主要在于改善光合性能,所以为了发挥和提高肥效,必须改善光照条件,增强光合作用。如改善株间光照条件,缩短节间长度,促使机械组织发达,防止倒伏等。

(四)控制微生物的有害转化

土壤中的铵态氮经过硝化作用而形成硝酸盐后,很容易随水流失。如果使用氮肥增效剂就能抑制硝化微生物的活动,防止铵态氮转化为硝态氮,从而减少氮素的损失,提高氮肥利用率。

复习思考题

1. 植物必需的矿质元素有哪些?哪些是大量元素?哪些是微量元素?
2. 矿质元素的一般生理功能是什么?
3. 氮、磷、钾、钙、镁、硫等元素的生理功能是什么?
4. 氮、磷、钾缺乏时会出现什么症状?引起植物缺绿的原因有哪些?
5. 植物根系吸收水分和无机盐有什么联系?有什么区别?
6. 根对离子吸收的选择性有哪些表现?
7. 说明根吸收无机盐的原理。
8. 影响根吸收矿质元素的主要土壤条件是什么?
9. 矿质元素在植物体内是怎样运输、分配的?
10. 说明施肥增产的原因及作物施肥规律。
11. 根外施肥有什么意义?如何提高根外施肥的效果?
12. 解释名词:单盐毒害、离子拮抗。

第八章　光合作用与同化产物的运输分配

任何生物体的组成都是以有机物质为主的,植物体的干物质中 90%～95% 是有机化合物,而构成这些有机化合物的骨架主要都是碳元素。植物体吸收自然界的碳元素营造自身的过程被称作为"碳素营养"。碳元素约占植物体中有机化合物重量的 45%。所以说,有机物是生命活动的基础,而碳元素又是构成有机化合物的主要骨架。

植物的碳元素营养分为两种类型:凡可直接利用自然界中二氧化碳作为碳素营养的植物被称作为"自养植物"。而只能利用现成有机碳化物作为碳素营养的植物被称为"异养植物"。

自养植物吸收二氧化碳转变成有机物的过程,叫作"碳素同化作用"。植物的碳素同化作用又可分为三类:细菌光合作用、绿色植物的光合作用和化能合成作用。其中以绿色植物的光合作用最广泛,合成的有机物质最多,而且与人类的关系也最密切。因此,本章只重点讨论绿色植物的光合作用,以下简称为"光合作用"。

第一节　光合作用的概念及其重要意义

一、光合作用的概念

光合作用是绿色植物的基本功能。绿色植物利用绿色细胞中所特有的叶绿素,吸收光能,将二氧化碳和水合成有机物质,并放出氧气的过程,就叫作光合作用。一般常用下列反应式来表示:

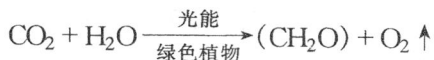

$$CO_2 + H_2O \xrightarrow[\text{绿色植物}]{\text{光能}} (CH_2O) + O_2 \uparrow$$

从公式中分析得出:

(1) 光合作用的实质是将无机物 CO_2 和 H_2O 合成有机物 (CH_2O) 的过程。

(2) 在该过程中,H_2O 被氧化成分子态的 O_2,并放回自然界中;CO_2 被还原为 (CH_2O)。所以可以将光合作用的总过程广义地理解成是一个氧化还原反应。

(3) 光合作用同时也是一个吸收光能(主要是太阳的光能),并将其转化为化学能贮存在所生成的有机化合物中。每固定还原一个分子 CO_2,可固定转化成 114 千卡的化学能。

二、光合作用的重要意义

绿色植物的光合作用解决了地球上物质转化的核心问题,即如何把无机碳转化成有机碳,它是一切"异养型"生物的生命物质之源。其光合作用的意义可以概括为以下三个方面。

(一) 能量的转运站

光合作用的过程,是一个不断地转化太阳能的过程,是我们一切粮食和燃料的最初来源。煤、石油和天然气等,都是很早以前植物通过光合作用而积累的日光能。据统计植物每年贮存的能量约相当于 $7.2 \times 10^{17} kcal$。这个数据远远超过了人类所利用的其他能源(如水力发电、原子能)总和的若干倍。可见光合作用转化太阳能的能力是多么巨大。

（二）有机物的加工厂

绿色植物通过光合作用将无机物转变成碳水化合物和其它各种有机物,按全球统计,每年可同化 2×10^{11}t 的碳素,其数量之大、种类之多,是任何过程都无法比拟的。说到底,人类所需要的粮食、蔬菜、水果、纤维、油料、木材及药材等等都是来自于植物的光合作用。

（三）空气的净化器

生物在呼吸过程中吸入氧气,放出二氧化碳;燃烧过程中也要大量消耗氧气,排出二氧化碳。据估计全世界生物呼吸和燃烧消耗的氧气平均 10000t/s。以该速度计算在 3000 年左右,大气中的氧气就会被全部用完。然而地球上广泛分布的绿色植物,不断地进行光合作用,吸收二氧化碳和放出氧气,这样就使得大气中的氧气和二氧化碳气体的含量相对地保持着比较稳定的状态。据统计,地球上的绿色植物在进行光合作用时,每年要放出 5.35×10^{11} t 氧气,以补充被消耗掉的氧气。

同时大气中的一部分氧气可以转化成臭氧,在大气上层形成臭氧层,它可以吸收太阳光线中对生物有强烈破坏作用的紫外线,以保护生物在陆地上能够正常活动和繁衍。

综上所述,光合作用是地球上一切生物存在、繁衍和发展的根本源泉。对光合作用的研究,无论在理论上和生产实践中都具有十分重大意义。

第二节　叶绿体及其色素

叶片是进行光合作用的主要器官,而绿色植物的叶片中绿色细胞都含有叶绿体,它是光合作用的重要细胞器。叶绿体具有特殊的结构,并含有多种色素,这是与它的光合作用机能相适应的。

一、叶绿体的形态结构和化学成分

（一）叶绿体的形态结构

叶绿体多为扁椭圆形小颗粒,由外膜和内膜双层膜包围着。每个绿色细胞约含有数十到近百个叶绿体(图 8-1、8-2)。

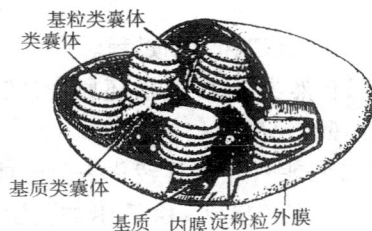

图 8-1　叶绿体超微结构　　　　图 8-2　电镜下的菠菜叶绿体切片

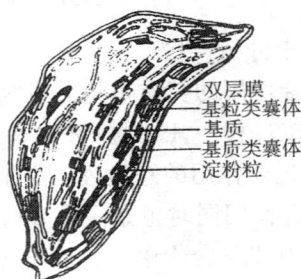

内膜以内含有基质,基质内充满水溶性的液体,其中含有无机离子、核糖体、酶类、淀粉粒等,是光合作用过程中进行暗反应的场所。

基质中含有类囊体,可分为基质类囊体(基质片层)和基粒类囊体(基粒片层)两种。基粒类囊体又简称为基粒,每个叶绿体中平均含有 50 个左右,它是光合作用反应中光反应的场所。

基质类囊体较大,彼此不重叠,贯穿在基质中。而基粒内囊体较小,彼此重叠。

（二）叶绿体的化学成分

叶绿体的化学成分十分复杂，除含有大量水分以外，还含有蛋白质、脂类和其它成分。

（1）蛋白质：占干物质的 30%～50%，约有 150 多种，主要作用是作为光合代谢过程中的催化剂，与捕获光能和生成碳水化合物有关。

（2）脂类：占干物质的 12%～22%，是组成膜的主要成分之一，主要有糖脂和硫脂，其作用仍需探讨。

（3）色素：主要分布在基质中，占干物质的 8%，在光合作用中起决定性的作用。

（4）灰分：占干重的 12%～18%，含有 Fe、Cu、Zn、K、Ca、Mg 等，是酶的重要组成成分。

（5）各种核苷酸：例如 NAD、NADP，在光合过程中起着传递 H^+ 或 e^- 的作用。

（6）其它物质：占干重 10%～20%，如淀粉粒等。

二、叶绿体中的色素

（一）色素的种类

叶绿体中的色素有三类：1）叶绿素，主要包含叶绿素 a 和叶绿素 b。2）类胡萝卜素，其中有胡萝卜素和叶黄素。3）藻胆素（表 8-1）。

叶绿体中的色素　　　　　　　　表 8-1

色 素 名 称		存 在 场 所	吸 收 高 峰
叶绿素	叶绿素 a 叶绿素 b 叶绿素 c 叶绿素 d	所有进行光合作用的植物（细菌除外） 高等植物和绿藻 褐藻和硅藻 红藻	红光和蓝紫光
类 胡 萝卜素	胡萝卜素 叶黄素	大部分植物，细菌	蓝光和蓝绿光
藻胆素	藻蓝蛋白 藻红蛋白	蓝绿藻、红藻 红藻、蓝绿藻	橙红光 绿光

（二）色素的分子结构和化学性质

1. 叶绿素

（1）分子结构及其特点：

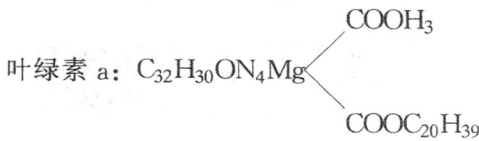

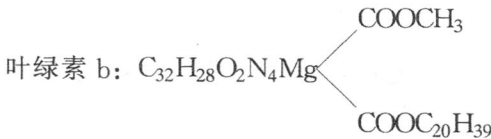

叶绿素 a：$C_{32}H_{30}ON_4Mg$ ⟨ $COOH_3$
$COOC_{20}H_{39}$

叶绿素 b：$C_{32}H_{28}O_2N_4Mg$ ⟨ $COOCH_3$
$COOC_{20}H_{39}$

叶绿素 a 和叶绿素 b 从结构上看都具有亲水性的头部和亲脂性的尾部，在结构上主要是第二个吡咯环所连接的基不同，叶绿素 a 连接的是甲基（–CH_3），而叶绿素 b 连接的是醛基（–CHO）（图8-3）。

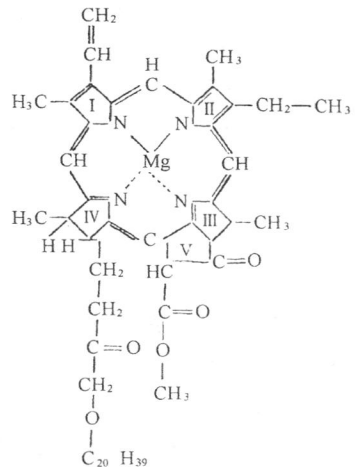

图 8-3　叶绿素 a 的结构式

（2）叶绿素的化学性质

叶绿素属于双羧酸的脂类，可以与碱发生皂化反应。

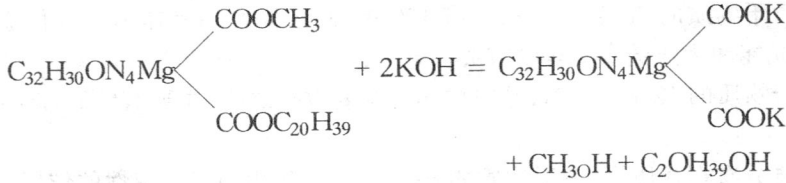

$$C_{32}H_{30}ON_4Mg \begin{matrix} COOCH_3 \\ \\ COOC_{20}H_{39} \end{matrix} + 2KOH = C_{32}H_{30}ON_4Mg \begin{matrix} COOK \\ \\ COOK \end{matrix}$$

$$+ CH_3OH + C_2OH_{39}OH$$

此外，叶绿素卟啉环中的 Mg^{++} 可被 H^+ 或 Cu^{++} 取代。

2．类胡萝卜素

（1）分子式

胡萝卜素：可分为三种同分异构体 α－型、β－型、γ－型，在植物体中以 β－类为主。

分子式为：$C_{40}H_{56}$

叶黄素：实际上是由胡萝卜素衍生出的醇类。

分子式为：$C_{40}H_{56}O_2$

（2）生理作用

在光合作用中可起到辅助色素的作用，吸收光能后可传递给叶绿素 a，可避免叶绿素的光氧化作用。

（三）色素的光学性质

1．色素的吸收光谱

我们从分光镜中可以明显地观察到阳光中的可见光部分，它是由七种不同颜色的光组成。

叶绿体中的色素不能把可见光中的七种不同颜色的光全部吸收掉，而只能吸收其中的一部分，我们把这种吸收特性叫作光吸收的选择性。吸收后的光谱将形成一些暗带，这就是叶绿体的吸收光谱（图 8-4、8-5）。

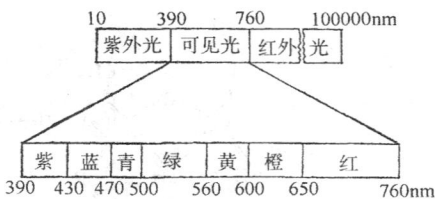

图 8-4　太阳光的光谱

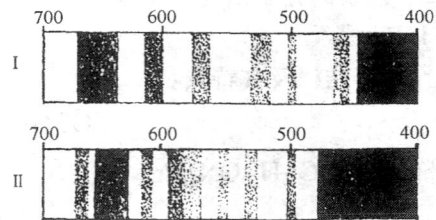

图 8-5　叶绿素的吸收光谱：
Ⅰ—叶绿素 a；Ⅱ—叶绿素 b

叶绿素对绿光吸收最少，而最大的吸收带在红光和兰光部分，即一个在波长为 640～660nm 的红光区和一个在波长为 430～450nm 的兰光区（图 8-6）。

胡萝卜素和叶黄素的吸收光谱与叶绿素有所不同，它们的最大吸收带在兰紫光部分，而且范围也比叶绿素要宽一些（图 8-7）。

太阳光的直射光中含红光较多，而散射光中含兰紫光较多，因此植物不但在直射光下可保持较强的光合作用，而且在阴天或背阴处也可进行一定强度的光合作用。近来有人通过

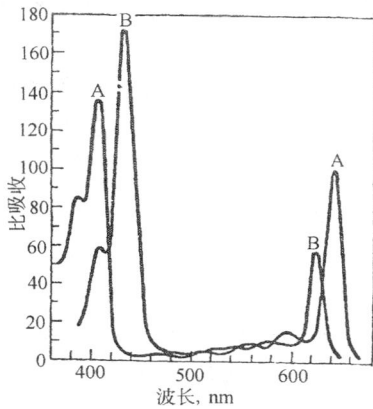

图 8-6　叶绿素 A 和 B 在乙醚
溶液中的吸收光谱

试验证明在月光或星光下也可进行一定程度的光合作用。这是植物在长期的进化过程中,形成的一种对环境的适应性。

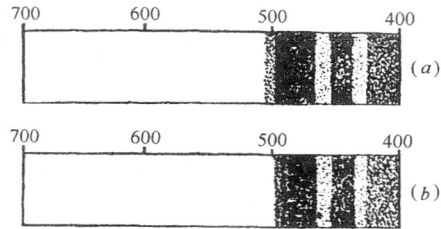

图 8-7　类胡萝卜素的吸收光谱:
(a)为胡萝卜素;(b)为叶黄素

2. 叶绿素的荧光现象

叶绿素溶液在透射光下呈绿色,而在反射光则呈现出血红色,这种现象叫作荧光现象。

在透射光下呈绿色,证明了叶绿色对光的吸收是有选择性的,绿色光范围大部分不被吸收。

而在反射光下呈血红色,这是因为叶绿素分子吸收光能后,处于激发状态,而这种状态的叶绿素分子极不稳定,它能将吸收到光能,以比入射光较长的光波发射出去,也就是以红光的形式发射出来,因此表现出血红色的荧光现象。

荧光现象的产生说明了叶绿素能被光所激发,因而有可能引起光化学反应。

三、叶绿素的形成及其条件

叶绿素和植物体内的其他有机物质一样,也要经常不断地进行新陈代谢。据测定菠菜的叶绿素,72h 后可更新 95.8%;而烟草的叶绿素,更新较慢,19d 后更新 50%。由此可见不同植物的叶绿素更新速度是不一样的。

叶绿素的形成和解体,与下列四种因素密切相关。

（一）光照

光照是形成叶绿体的必要条件,在黑暗中生长的植物只能形成原叶绿素(无色),绝大多数呈黄色。而原叶绿素只有在光下才能被还原成为叶绿素。

（二）温度

叶绿素的形成要求一定的温度条件,早春时树木的幼芽总是首先呈现出黄绿色,就是受低温影响,叶绿素难以形成的原因。

一般来说叶绿素形成的最低温度为 2～4℃,最高为 40～48℃,最适为 26～30℃。

（三）水分

缺乏水分,不仅会抑制叶绿素的形成,还会促进其分解,所以严重的干旱和涝害时,植物的叶片普遍呈现出黄褐退绿的现象。

（四）矿质元素

植物的矿质营养状况,特别是叶片中含氮量与叶绿素的含量呈正相关。因为氮是叶绿素的组成元素,缺氮时叶色浅绿;氮多时叶色深绿,在生产上常以叶色的深浅来判断植物的

135

氮素营养状况,尤其是观叶植物,格外需要注意氮素的补充。另外,如果缺镁,叶片也要表现缺绿,这也是因为镁是叶绿素组成的重要成分。

铁、铜、锰、锌等元素,是形成叶绿素过程中需要的某些酶的活化剂,如果缺乏这些元素也会影响到叶绿素的形成,同样也会表现出缺绿的症状。

第三节　光合作用的机理

一、光合作用的过程

光合作用的过程极其复杂,整个过程可以分为光反应和暗反应两大步骤。

光反应只能在有光的条件下发生,主要解决的是能量的积累,一般包括下列内容:

（1）光能的吸收、传递和转换;

（2）电子的传递和光合磷酸化。

暗反应在光下和暗都能发生,它主要解决有机物的生成,也叫作碳同化。碳同化实际上就是二氧化碳的固定和还原,也叫作光能碳循环,它有多种途径来完成,一般包括下列内容:

（1）C_3 途径(卡尔文循环);

（2）C_4 途径(或称 C_4 循环);

（3）CAM 途径(或称 CAM 循环)。

光反应主要在叶绿体的基粒上进行,而暗反应主要在叶绿体的基质中进行。这两个步骤是连续进行的。

（一）光能的吸收、传递和转换

叶绿体中的色素按其功能来说可以分为两种:一种是作用中心色素,这是一种特殊状态的叶绿素 a 分子(P680,P700),它具有光化学活性,既能捕捉光能,又能把光能转变为电能;另一种是聚光色素,它没有光化学活性,只能收集光能并把光能聚集起来,传给作用中心色素。绝大多数的色素都是聚光色素。

当光照射到绿色植物时,聚光色素吸收光能并把能量传递给作用中心色素 P680 和 P700,进而引起光化学反应。作用中心色素接受能量后,处于激发态,释放出高能电子,并传递给电子受体(A),而电子供体(D)又会提供电子作为补充,这是一个氧化—还原反应。但最终电子供体是水;最终电子受体是辅酶Ⅱ(NADP$^+$)。这样光能就转变为电子的能量,贮存在电子的受体中(图8-8)。

（二）电子传递系统

根据上面所述,作用中心色素分子被激发后,把电子传给电子受体(A),本身又从电子供体(D)得到

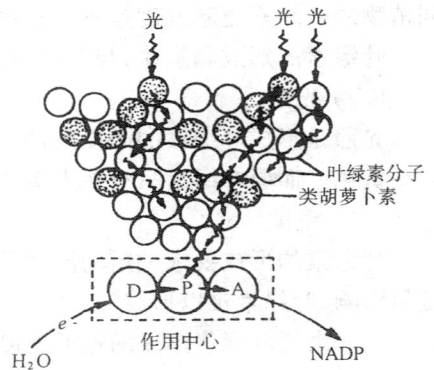

图 8-8　光能的吸收与传递

电子来补充。那么电子受体(A)得到电子后又怎样把电子进行再传递呢? 电子供体(D)给出电子后又怎样再获得新电子呢?

光合作用中有两个光化学反应,引起这两个光化学反应的色素系统分别叫作光系统Ⅰ(PSⅠ)和光系统Ⅱ(PSⅡ)。在光系统Ⅰ中,作用中心色素分子吸收的光波为 700nm,因此

又称之为 P700。而光系统Ⅱ中，作用中心色素分子吸收的光波为 680nm，因此被称为P680。当叶绿体中两个光系统发生光化学反应时，是通过一系列的电子串联排列象一个横写的英文字母"Z"字，因此常称为"Z"链(图 8-9)。

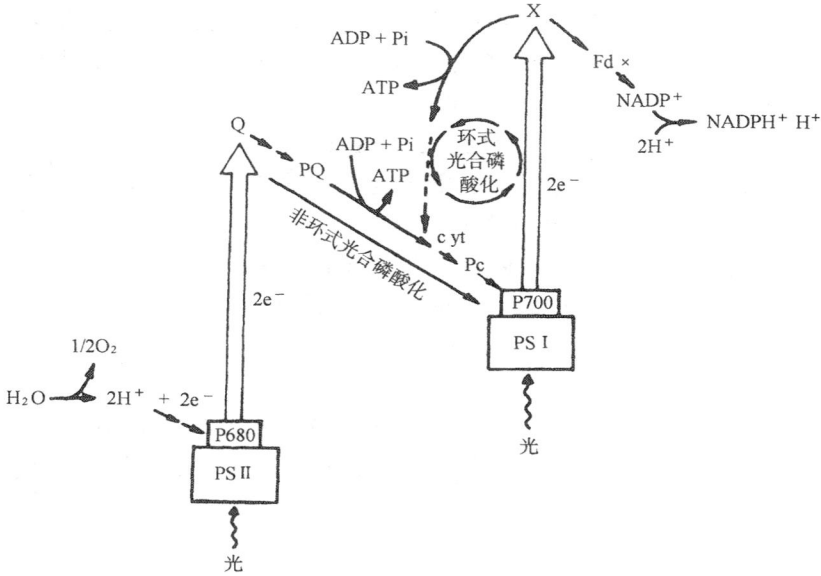

图 8-9　光合作用中的两个光化学反应和电子传递
Q—光系统Ⅱ的电子受体；PQ—质体醌；CyT—细胞色素；PC—质体蓝系；
X—光系统Ⅰ的电子受体；Fd—铁氧还蛋白

当光系统Ⅱ的 P680 获得光能后，立即释放出一个高能电子，并将电子传递给受体 Q，然后依次传给质体醌(PQ)，细胞色素(CyT)和质体蓝素(PC)，直到光系统Ⅰ。

P680 失去的电子是从水的光氧化得到补充的水，水在这个过程中不断地氧化分解，放出电子，并生成氧和质子(H^+)，这个过程称作水的光氧化。

$$H_2O \rightarrow 2H^+ + 2e + 1/2O_2$$

光系统Ⅰ的 P700 获得光能后也要释放电子，只不过电子的供体是质体蓝素(PC)，而电子受体经过铁氧还蛋白(Fd)；最后把电子传递给辅酶Ⅱ得到还原态的辅酶Ⅱ。

$$NADP^+ + 2e^- + 2H^+ \rightarrow NADP + H^+$$

在上述过程中，电子的能量逐渐降低，放出的能量一部分贮存在 NADPH + H^+ 中，另一部分用于光合磷酸化过程。

(三) 光合磷酸化

光合磷酸化就是无机磷酸(Pi)与腺二磷(ADP)合成腺三磷(ATP)的过程。是与光能的吸收、传递相偶联的。

光合磷酸化作用有两种类型：一种发生在 PSⅡ中，即水的光氧化所释放出的电子，经过一系列传递体的传递，在细胞色素链上形成 ATP，同时把电子传递到光系统Ⅰ中去，进一步提高了能量，而使 NADP 还原为 NADPH。在这个过程中，电子传递是一个开放的通路，所以称之为非环式光合磷酸化。这种方式是高等植物体内使光能转变为化学能的主要形式，

这一过程可用下式表示:

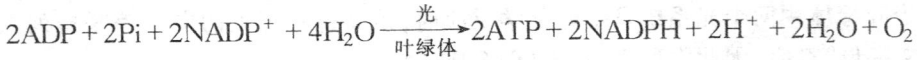

$$2ADP + 2Pi + 2NADP^+ + 4H_2O \xrightarrow[\text{叶绿体}]{\text{光}} 2ATP + 2NADPH + 2H^+ + 2H_2O + O_2$$

另一种发生在PSⅠ中,电子传递到铁氧还蛋白和细胞色素后形成ATP。在这个过程中,电子经过一系列的传递后,降低了能量,最后经过质体蓝素又重新回到原来的起点,是一个闭合的回路,所以称之为环式光合磷酸化。同时它不伴随着水的光氧化和氧的释放,因此不能产生$NADP + H^+$。这一过程可用下式表示:

$$ADP + Pi \to ATP$$

综上所述,叶绿体色素吸收光能后,光能转变成化学能,并贮存在ATP和NADPH中。ATP和NADPH是光合作用中重要的中间产物,一方面它们既可把能量暂时贮存起来,供进一步转换,另一方面NADPH能还原CO_2,形成光合作用中的中间产物。这样,就把光反应与暗反应联系起来。由于ATP和NADPH是CO_2还原成为糖时能量和氢的来源,所以把它们合称为同化力。

(四) 碳同化

碳同化是指利用光化学反应中产生的同化力,是在一系列的酶和辅助因素的参与下,固定二氧化碳还原成有机物质的过程。高等植物的碳同化目前知道三条途径:C_3途径、C_4途径和CAM途径。

1. C_3途径(光合碳循环或卡尔文循环)

C_3途径是卡尔文等人在50年代初提出来的,由于这条途径的最初产物是三碳化合物(磷酸甘油酸),所以称为C_3途径。

在该途径中,CO_2进入植物体后,不是直接被还原,而是在酶的作用下首先与一个五碳糖(二磷酸核酮糖)作用,生成两个磷酸甘油酸;继而在ATP和NADPH的作用下,还原成两个磷酸甘油醛;再经过一系列的反应转变成磷酸果糖。磷酸果糖可经过进一步转化,最后形成蔗糖和淀粉;而另一部分可重新形成二磷酸核酮糖,又可以作为CO_2的受体,使整个途径构成循环(图8-11)。

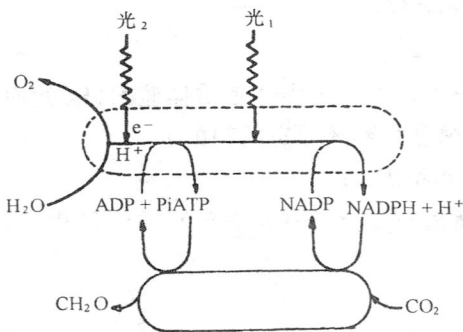

图8-10 光合作用机理
虚线代表类囊体

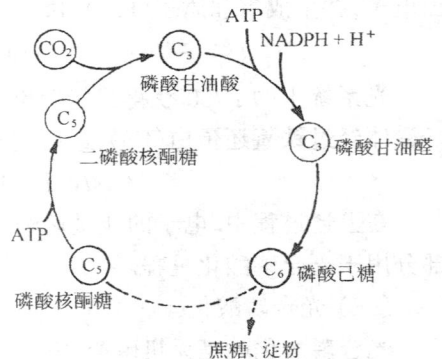

图8-11 C_3途径(卡尔文循环)简图

具有C_3循环的植物,称为C_3植物,例如小麦、棉花和大多数树木等。

2. C_4途径(C_4=羧酸途径)

60 年代又有人发现,甘蔗等一些起源于热带的植物,它们固定 CO_2 的最初产物不是三碳的磷酸甘油酸,而是含有四个碳的草酰乙酸,因此,把这一途径称为 C_4 途径,而把通过 C_4 途径固定 CO_2 的植物,如玉米、高粱、甘蔗等叫作 C_4 植物。

在该途径中,空气中的 CO_2 在酶的催化下与受体磷酸烯醇式丙酮酸(PEP)作用生成草酰乙酸,草酰乙酸在脱氢酶的催化下还原成苹果酸(也可在天门冬氨酸转氨酶催化下形成天门冬氨酸),苹果酸经脱羧释放出 CO_2 进入 C_3 循环;脱羧后形成的丙酮酸转回到叶肉细胞,再转化为 CO_2 的受体 PEP(图 8-12)。

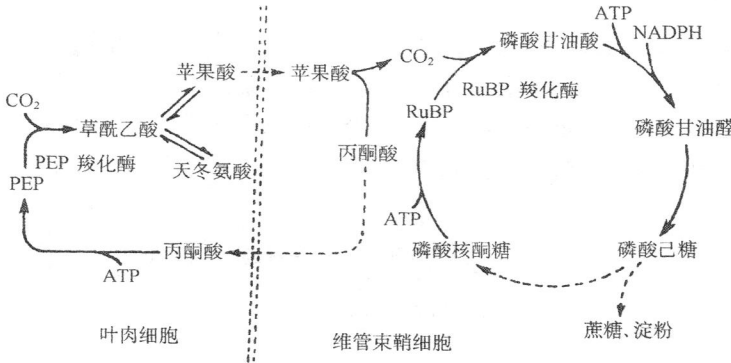

图 8-12　C_4 植物碳同化途径

从 C_4 途径中可以看到,C_4 植物同化二氧化碳是在 C_3 途径的基础上,多了一个固定二氧化碳的途径,从而使 C_4 植物同化二氧化碳的能力比 C_3 植物强,光合效率也比较高。

3. CAM 途径(景天酸代谢途径)

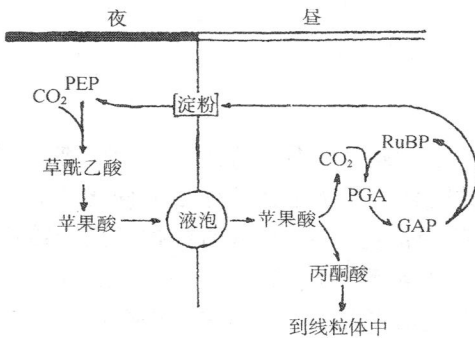

图 8-13　CAM 途径

许多肉质植物如景天属、仙人掌属,其中有许多是沙漠植物,这类植物的 CO_2 同化方式很独特。它们在晚间固定 CO_2,白天在日光照射下,又能将这些已固定的 CO_2 再还原为糖。从图 8-13 可以看出,夜间气孔开放时,磷酸烯醇式丙酮酸(PEP)把不断扩散进来的 CO_2 固定在草酰乙酸中;然后还原成苹果酸贮存在液泡内。从而表现出夜间淀粉减少,有机酸增多,白天气孔关闭,苹果酸从液泡转移到细胞质中脱氢脱羧,放出的 CO_2 进入 C_3 途径,合成淀粉。另一方面,产生的丙酮酸则转移到线粒体,进一步氧化放出 CO_2,进入 C_3 途径,从而表现出白天苹果酸减少,淀粉增多。CAM 途径是肉质植物对旱生环境的特殊适应方式,在水分充足时,CAM 植物的气孔白天也能开放,这时 CO_2 直接进入 C_3 途径。

迄今已发现 19 个科 230 种植物具有 CAM 途径,这些植物有菠萝、剑麻、兰花、仙人掌、百合等。

二、光呼吸

(一)光呼吸的概念

植物的绿色细胞在光照条件下吸收氧气和释放二氧化碳的过程,叫作光呼吸。光呼吸是相对于暗呼吸而言的。一般的细胞都有暗呼吸,也就是通常所说的呼吸作用,它不受光的影响。而光呼吸只有在光下才进行,只有在光合作用进行时才能发生光呼吸。光呼吸现象在植物中普遍存在,只有强弱之别,一般来说 C_3 植物光呼吸较强;而 C_4 植物则较弱。据测定:光呼吸强的植物,净光合强度的最高值为 $10\sim40mgCO_2/dm^2\cdot h$,而光呼吸弱的植物,光合强度的最高值为 $40\sim80mgCO_2/dm^2\cdot h$。由此可见:光呼吸,尤其是强光呼吸影响着植物的光合效率。

（二）光呼吸的过程

光呼吸是从乙醇酸的氧化开始的,而乙醇酸是在叶绿体中由二磷酸核酮糖（RuBP）转化而来。原来 RuBP 羧化酶具有双重活性,既可使 RuBP 加二氧化碳,产生两个分子的磷酸甘油酸,从而进入光合作用;又能使 RuBP 加氧,产生一分子磷酸甘油酸和一分子磷酸乙醇酸。磷酸乙醇酸加水脱去磷酸,便生成乙醇酸,从而进入光呼吸过程（图 8-14）。

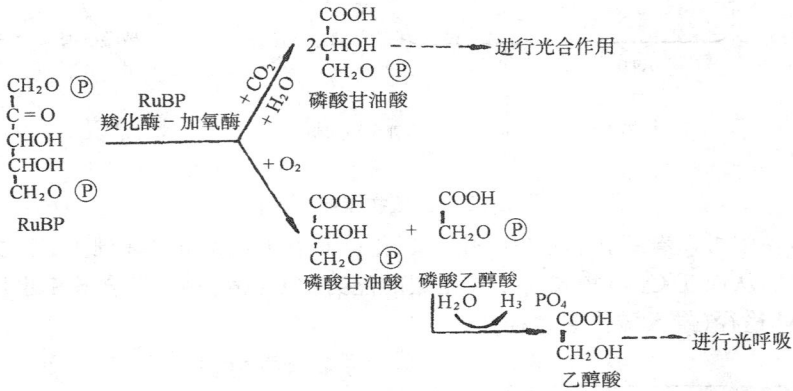

图 8-14　RuDP-羧化酶-加氧酶的双重活性

（三）光呼吸的生理意义

关于光呼吸的生理意义至今仍没有最后结论。有人认为它不仅消耗了光合产物,还消耗 ATP。但也有人认为在强光下光合作用中形成的同化力有时超过了对 CO_2 同化的需要,过多的同化力可能引起类囊体膜活性的破坏,而光呼吸消耗同化力,从而保护了光合结构。光呼吸还可消耗乙醇酸,以避免在细胞中积累过多而对细胞造成毒害。乙醇酸在光呼吸的循环中可产生甘氨酸和丝氨酸,它们都是合成蛋白质所必需的,所以光呼吸与氮代谢有密切的联系。

但目前大部分学者认为光呼吸是一个消费过程,所以就设法抑制植物的光呼吸。

（四）光呼吸的抑制

通常采用下列三种办法:

1. 提高环境中二氧化碳的含量

环境中的 CO_2 含量较高,当其浓度达到 2000ppm 时,光呼吸明显受到抑制。在温室栽培中,可以通过调节 O_2 和 CO_2 浓度及其比例的办法,来达到降低光呼吸,提高光合效率的效果。

2. 选育低光呼吸植物

根据同室效应的原理,把要筛选的植物与低光呼吸植物(如玉米或高粱)共同栽于密闭而透光的生长室内。由于光合作用,使室内 CO_2 越来越少。当其浓度降到高光呼吸植物的补偿点以下时,高光呼吸植物就会逐渐死亡;而低光呼吸植物由 CO_2 补偿点较低,仍能正常生长。经一段时间后,如果发现生长室内被筛选的植物个别植株仍能正常生存,说明这些植株的 CO_2 补偿点和光呼吸强度均接近于低光呼吸植物。那么这些个别正常生存的植株就是筛选出来的低光呼吸植株。

3. 应用化学抑制剂

现已发现几种性能好,专一性较强,副作用小的光呼吸抑制剂,例如 2,3 - 环氧丙酸(缩水甘油酸)可抑制乙醇酸的合成,因而降低了光呼吸。亚硫酸氢钠($NaHSO_3$)也能抑制光呼吸,提高光合作用强度。

三、低光呼吸植物(C_4 植物)的光合特征

根据光合作用中的碳同化途径的不同,可把植物分为三碳植物、四碳植物和 CAM 植物。根据光呼吸的强弱,又可把植物分为高光呼吸植物和低光呼吸植物。经过对大量植物测定,发现 C_4 植物的光呼吸仅为 C_3 植物的 2%～5%,具有光合效率高,光呼吸低的特征,其净光合强度比 C_3 植物高得多。

若从结构上看,C_4 植物叶片的维管束鞘细胞内含较大的叶绿体,外面有一圈排列紧密的叶肉细胞,它们之间由很多的胞间联丝相连,而 C_3 植物维管束细胞不含叶绿体,周围叶肉细胞排列较松散。C_4 植物叶片的这种结构特征,很容易说明为什么光呼吸很低而净光合强度很高。第一,C_4 途径起到 CO_2 泵的作用,使 C_3 途径可在 CO_2 浓度高于大气的微环境中进行。第二,由于维管束鞘细胞内 CO_2 浓度提高抑制了光呼吸的基质—乙醇酸的形成,因此降低了光呼吸。第三,在维管束鞘细胞内伴随着 C_3 途径虽然也进行光呼吸,放出 CO_2,但由于叶肉细胞排列紧密,放出的 CO_2 容易被叶肉细胞重新吸收利用,因而 CO_2 由气孔放出很少(图 8-15、表 8-2)。

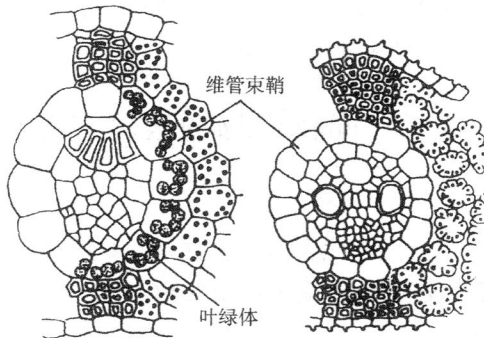

图 8-15 C_4 植物(玉米)和 C_3 植物(水稻)
叶片解剖结构的差异

C_3 植物、C_4 植物和 CAM 植物的某些光合和生理特征   表 8-2

特　　　征	C_3 植物	C_4 植物	CAM 植物
叶结构	维管束鞘不发达,其周围叶肉细胞排列疏松	维管束鞘发达,其周围叶肉细胞排列紧密	维管束鞘不发达,叶肉细胞的液泡大

特　　征	C₃ 植物	C₄ 植物	CAM 植物
叶绿体	只有叶肉细胞有正常叶绿体	叶肉细胞有正常叶绿体,维管束鞘细胞有叶绿体但基粒不发达	只有叶肉细胞有正常叶绿体
叶绿体 a/b	约 3:1	约 4:1	≤3:1
二氧化碳补偿点(CO_2ppm)	30～70	<10	光照下:0～200;黑暗中:<5
光合 CO_2 固定的主要途径	只有卡尔文循环	C4 途径和卡尔文循环	CAM 途径和卡尔文循环
初级 CO_2 接受体	RuBP	PEP	光照下:RuBP;黑暗中:PEP
光合作用最初产物	C₃ 酸(PGA)	C₄ 酸(苹果酸、天冬氨酸)	光照下:PGA;黑暗中:苹果酸
磷酸烯醇式丙酮酸羧化酶活性(微摩尔/毫克叶绿素·分钟)	0.30～0.35	16～18	19.2
强光下的纯光合速率(毫克CO_2/分米²·小时)	15～35	40～80	1～4
光呼吸	多,易测出	很少,难测出	很少,难测出
同化产物再分配	慢	快	不等
干物质生产(克干重/分米²·天)	0.5～2	4～5	0.015～0.018
蒸腾系数(克水分/克干重)	450～950	250～350	光照下:150～600;黑暗中:18—100

　　C₄ 植物的高光合效率是与高温、高光的生态环境相适应的。如果在光照较弱和气温较低的条件下,它的光合效率不一定高于 C₃ 植物。

第四节　同化产物的运输和分配

一、光合作用的产物

　　光合作用的产物最主要的是碳水化合物,包括单糖、双糖和多糖。单糖中最普遍的是葡萄糖和果糖,双糖中是蔗糖和麦芽糖,多糖中则是淀粉。

　　光合作用的产物除碳水化合物之外,还有类脂、有机酸、氨基酸、蛋白质、生长素、维生素、木质素、植物碱、花色素等。

　　在不同的条件下,各种光合作用产物的质和量是有差别的。例如,氮肥多,蛋白质形成也多;氮肥少,则糖的形成较多。植物幼小时,叶中蛋白质形成多,随年龄增长,糖的形成增多。光照增加,产生的碳水化合物多一些,光照减弱,形成蛋白质多一些。蓝紫光对蛋白质形成有利,而红光则对碳水化合物形成有利。因此在氮多、光弱的情况下,叶子形成较多的蛋白质。这样往往造成植株徒长而柔软,容易倒伏。所以,光合作用的产物不是固定不变的。

二、植物体内有机物的运输

(一)有机物运输的途径和方向

高等植物中有机物除了可以在细胞内或细胞间进行短距离的运输外,还可以通过专门的输导系统进行长距离的运输。木质部和韧皮部都有运输功能。有机物在木质部的运输只随木质部液流向上的单向移动;在木质部与韧皮部之间可通过维管射线进行少量有机物的横向运输;而在韧皮部,有机物的运输可上可下,作双向运输,它是有机物运输的主要途径。

由于有机物的运输主要发生在韧皮部,所以可以在植物树干或枝条上将韧皮部进行环割,切断有机物向下的运输促进花芽和果实的生长。例如,对李树在开花前于侧枝基部进行环割,有防止落花落果和增大果实,提高果实含糖量的效果。再例,对荔枝在扦插前采用环割,在切口上部产生瘤状愈伤组织后,切下枝条进行扦插可大大提高成活率。当然,在主干上是不能进行环割的,如果环割后,环剥较宽,当年不能形成愈伤,根系由于得不到有机养料,会导致饥饿至死,"树怕剥皮"就是这个道理。

(二)有机物运输的形式与速度

试验证明,韧皮部中运输的物质干重90%以上是以蔗糖为主,此外还有少量棉子糖、水苏糖、甘蔗糖醇和山梨糖醇等。而含氮化合物的运输主要是以氨基酸和酰胺的形式进行运输的。

有机物在韧皮部的运输速度依植物的种类而异。用放射性同位素示踪法测得:玉米为$15\sim660cm/h$;向日葵为$30\sim240cm/h$;甘薯为$30\sim70cm/h$;榆树为$10\sim120cm/h$;松树为$6\sim48cm/h$。

三、植物体内有机物的分配

关于植物体内有机物质的分配问题经常运用"源"与"库"的概念。所谓"源"是指产生同化物的部位和器官,例如进行光合作用的叶片等。而"库"则是指消耗或贮存同化物的部位和器官,如生长点,正在发育的茎、叶、果实、种子等。"源"和"库"的概念是相对的,可随生育期的不同而变化。例如,正在发育的幼叶是消耗养料的器官,它不是"源"而是"库",但随叶片的成长,功能的健全,就会有同化物的积累,可以输出有机物,因此可由"库"而转变成"源"。

植物体内的有机物分配规律可归纳为以下几点:

(一)优先运向生长中心

所谓的"生长中心"是指正在生长的主要部位和器官,其特点是代谢旺盛,生长快,对养料的吸收能力强。它不仅是矿质元素分配的中心,也是有机物质分配的中心。不过植物的生长中心是随着其生长发育进程而不断变化的。

植物前期以营养生长为主,根、茎、叶是生长中心。随着生殖器官的出现,植物由营养生长转入生殖生长,此时生殖器官就成为生长中心,因而也成为分配中心。

有时生长的植株会形成多个生长中心,出现"库"对养分的竞争。例如,在营养器官中,茎、叶吸收养料的能力大于根,特别是当光合产物较少时,养料优先分配到地上器官,这样就会造成根系发育不良。在生殖器官中,果实吸收养料的能力大于花,因此当干旱或光照不足,叶的光合作用下降时,往往可造成花蕾脱落。

人们在生产实践中所采用的摘心、整枝和修剪等办法,就是在改善光合作用条件和调整有机养料的分配,以达到促进有机物的积累,提高座果率和果实产量的目的。

（二）就近供应原则

植物体内有机物的分配是随运输距离的加大而减少，有"就近供应"的特点。

叶片所形成的光合产物主要是输送到邻近的生长部位。一般来说，植物茎上部的叶片，其光合产物主要供应茎顶端及其上部的嫩叶的生长；而下部叶则主要供应根和分蘗的生长；只有当同化产物过剩养分才向外运。例如，果树营养枝的光合产物的分配就有随距离的加大而减少的特点。所以营养枝在树冠中的均匀配置，对调节营养，均衡树势，保证器官建成，高产稳产，有重要意义。

（三）纵向同侧运输

用同位素示踪的办法，现已证明植物体内有机物纵向运输以同侧运输为主。茎上同一侧枝叶制造的同化产物在纵向运输畅通的情况下，往往只运给同侧的花序或根系，所以在生产管理中要注意不同方向枝条的分布与搭配，保证树势平衡。

第五节　影响光合作用的因素

一、植物的光合强度

光合强度是植物在一定环境条件下，光合作用强弱的生理指标，是指在单位时间，单位叶面积的 CO_2 的吸收量，通常以每小时，每平方分米叶面积同化 CO_2 毫克数来表示，即 $CO_2 mg/dm^2 \cdot h$。一般测定的光合强度都是植物的净光合强度，也叫表观光合强度。因为实际测定光合强度的值已经把呼吸作用的消耗包括在内，所以在测算植物真正光合强度时，应该是表观光合强度与呼吸强度之和即：

真正光合强度 = 表观光合强度 + 呼吸强度

不同的植物，光合强度有很大差异。曾有人在最适条件下测定 187 种不同植物，发现低光合强度的为 $5\sim10CO_2 mg/dm^2 \cdot h$，高的则达到 $150\sim180CO_2 mg/dm^2 \cdot h$（表 8-3）。

在天然的 CO_2 浓度（300ppm）、饱和光强度、最适温度和适当水分
供应条件下净光合率的平均最高值 　　　　　　　　　表 8-3

植　物　类　型	CO_2 吸收 mg/dm²·h	mg/g(干重)·h
Ⅰ．陆生植物		
1．草本植物		
C-4 植物	50～80	60～140
C-3 植物	20～40	30～60
沙漠植物	4～12	2～8
2．肉质(CAM)植物		
光下	3～20	0.3～2
暗中的 CO_2 固定	10～15	1～1.5
3．木本植物		
落叶乔木和灌木		
阳生叶	10～20(25)	15～25(30)

植 物 类 型	CO_2 吸收 mg/dm²·h	mg/g(干重)·h
阴生叶	5～10	
热带及亚热带的常绿阔叶树		
阳生叶	8～20	10～25
阴生叶	3～6	
4.孢子植物		
蕨类	3～5	
苔藓	约3	2～4
地衣	0.5～2	0.3～2(?)
Ⅱ.水生植物		
沼泽植物	20～40	
沉水的导管植物	4～6	约7
浮游藻类		约3

二、影响光合作用的外界因素

植物的光合作用和其他生命活动一样,也要经常受到外界条件的影响而不断地发生变化。影响光合作用的外界因素主要是光照、CO_2、温度、水分及矿质元素等等。

（一）光照强度

光是光合作用的能量来源,也是叶绿素形成条件。光照影响着气孔的开闭,从而影响到CO_2的进入。此外光照还影响到温度和湿度变化。所以,光照条件对光合作用的关系极为密切。

1. 光饱和点

光合作用是一个光生物化学反应,在一定范围内,植物的光合强度随着光照强度的增加而上升。当光照强度增加到某一数值时,光合强度达到最大值,此后即使光照强度继续增加,光合强度也不再增加。这种现象叫做光饱和现象,达到光饱和时光照强度叫做光饱和点。

各种植物的光饱和点相差很大。如水稻、在4～5万勒克斯(lx),小麦约在3万勒克斯(lx)。这些数值是对单叶而言,对群体或整体则不适用。例如生长繁茂的树木枝叶互相交错复盖,往往树冠外层叶片已达到光饱和点,而内层叶片仍处于光饱和点以下,只要增加光照,光合作用就会增强,所以对群体或整株来说光饱和点比单叶要高得多。

达到光饱和点后仍继续增加光照,有些植物光合强度不仅不增加反而会下降。这种现象称为光抑制现象,原因可能是色素系统受到一定程度的破坏或者由于其他光合系统的活性下降,也可能是CO_2供应不足的原因。此外强光下往往引起高温,容易造成水分亏缺,气孔关闭,这也可能是光合作用下降的原因。

根据植物对光照强度的不同要求,可以把植物分为阳性植物和阴性植物。阳性植物有桦木、松树、杨树、悬铃木、月季、扶桑、唐菖蒲等。阳性植物的光饱和点接近全日照。而阴型植物能在全日照1/10时就能进行正常的光合作用,如果光照强度过高光合作用反而减弱。

这类植物有云杉、红豆杉、八仙花、杜鹃等等。

2. 光补偿点

光照是光合作用的条件,没有光照植物就不会进行光合作用。当光线很弱时,植物的光合强度也会很小,以至于会小于植物的呼吸作用。此时叶子只能释放 CO_2,而不是同化 CO_2。当光照强度增强到某一数值时,植物的光合作用增加到等于呼吸作用,也就是植物的净光合作用为 0,此时的光照强度叫做光补偿点。光补偿点标志着该种植物对光照要求的极限,反映了该种植物对弱光的利用能力。在园林植物种植设计和室内绿化装饰工作中,要充分考虑到环境的光照强度和不同树种,不同花卉的光补偿点。一般喜光植物光补偿点为 $500 \sim 1000 lx$,耐荫植物为 $100 lx$。

光饱和点和光补偿点不仅是植物光合作用的重要指标,也是指导园林植物栽培养护,筛选良种、园林规划设计的重要依据(图 8-16)。

(二)二氧化碳

CO_2 是光合作用的主要原料。植物光合作用需要的 CO_2 主要由叶片从大气中获得。大气中的 CO_2 浓度约为 0.033%,即 300ppm 左右。这样计算,植物每合成一克葡萄糖就需要 2250 升空气中的 CO_2。每天每亩作物就需要数万升空气中的 CO_2。所以在正常光照条件下,大气中的 CO_2 远不能满足植物需要,可以说植物经常处于"饥饿"状态。生产中,田间要通风良好,室内采用 CO_2 施肥技术都是为满足植物对 CO_2 的需要(图 8-17)。

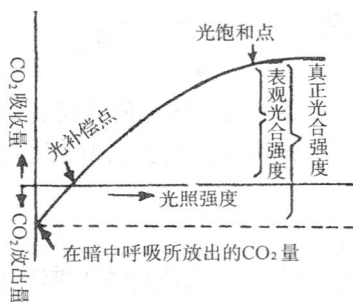

图 8-16　光合作用中光补偿点图解

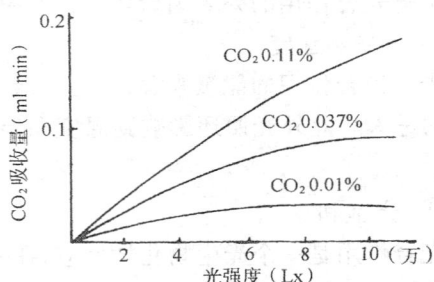

图 8-17　三种 CO_2 浓度下不同光强度
与光合强度的关系

CO_2 浓度与光合强度的关系,也类似光照与光合强度的关系,有 CO_2 饱和点和补偿点。CO_2 补偿点就是植物光合作用吸收 CO_2 与呼吸作用放出 CO_2 相等时环境中 CO_2 的浓度。CO_2 补偿点反映某种植物在低浓度下,利用 CO_2 的能力。各种植物的 CO_2 补偿点有很大差别。例如玉米等 C_4 植物在 10ppm 以内,而小麦等 C_3 植物为 $40 \sim 100 ppm$。在 CO_2 补偿点以上,光合强度会随 CO_2 浓度的升高而增加。但当 CO_2 浓度达到某一浓度时,光合作用不再随 CO_2 浓度而增加,此时 CO_2 的浓度称为 CO_2 饱和点。大多数植物的 CO_2 饱和点在正常日照条件下在 $800 \sim 1800 ppm$ 之间。CO_2 浓度超过饱和点以后,将引起植物中毒或气孔关闭,抑制了光合作用。因此在室内进行 CO_2 施肥时,必须对 CO_2 浓度及光照等环境条件随时监测,使 CO_2 浓度处于合理水平。

(三)温度

温度对光合作用的影响十分重要。光合过程中的暗反应包含着一系列的酶促反应,而

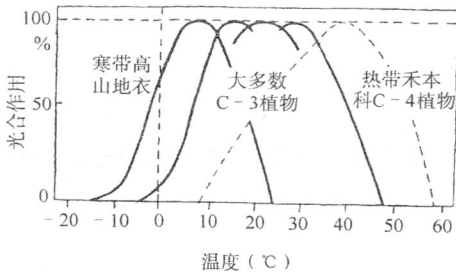

图 8-18　不同类型植物的净光合率与
温度的关系（在饱和光强度下）

温度直接影响到酶的活性。因此,温度的变化必然对光合作用带来影响。光合作用的最适温度因不同植物而异(图 8-18)。

C_3 植物最适温度在 25～30℃。例如,桦树光合作用最佳点在 25℃,椴树为 30℃。当温度升至 40～50℃时,光合作用几乎停止。而 C_4 植物则不同,它们光合作用最适温度在 40℃左右。热带植物在低于 5～7℃的温度下,即不能进行光合作用,而温带和寒带植物在 0℃以下仍能进行光合作用。低温对光合作用的影响,主要是酶促反应受到抑制。高温对光合作用的影响比较复杂,可能是酶的钝化,也可能是叶绿体结构受到破坏。

（四）水分

水分是光合作用原料之一。但这部分水只占很小的比例,所以水作为光合作用的原料是不会缺乏的。水对光合作用的影响是间接的,具体来说,当土壤干旱,植物体内水分亏缺时,会直接影响叶片组织含水量,会造成气孔关闭,CO_2 不能扩散到叶肉间隙;植物缺水时,叶片中淀粉水解加强,糖分积累,影响到光合产物的输出,这些情况都会严重影响到光合作用的进行。

（五）矿质元素

矿质元素对光合作用的影响既有直接作用又有间接作用。氮和镁是叶绿素的组成元素;铁和锰参与叶绿素的合成过程;钾和磷等参与碳水化合物代谢,缺乏时便影响糖类的转化和运输,这样间接地影响到光合作用;此外磷也参与光合作用中间产物的转化和能量传递,对光合作用的影响很大。因此合理施肥,保证矿质元素营养对光合作用的正常进行是非常重要的。

在分析各种因素对光合作用的影响时,必须考虑多种因素的相互关系和综合影响。在分析 CO_2 对光合作用的影响时还要考虑到光照的作用,温度和其他因素的影响。例如植物的光饱和点与 CO_2 浓度就有很大关系。如果环境中 CO_2 浓度较低,那么光饱和点就会处在较低水平;如果 CO_2 浓度增高,光饱和点也会相应提高。反之,如果光照强度较低,植物的 CO_2 饱和点也会较低,当光照强度增加时,CO_2 饱和点也会相应增加。关键是在诸多因素中,找出限制因子,在此前提下,才能采取措施解决问题。

三、影响光合作用的内部因素

（一）叶绿素含量

叶绿素的存在是光合作用的必须条件。在一定范围内,光合强度与叶绿素含量成正比。但叶绿素含量达到一定限度之后,对光合作用就没有影响,这是因为叶绿素已经有余,已不再成为光合作用的限制因子。在讨论叶绿素含量与光合作用的关系时,常用同化数来表示:

同化数 ＝ 每小时同化 CO_2/叶片含叶绿素的克数

一般深绿色的叶片同化数高出浅绿色叶片的十几倍。但叶片中叶绿素含量高对植物体本身是有好处的,因为在阴天和早晚日光不强时,也可充分吸收日光进行光合作用,这也是植物适应性的一种表现。一般来说叶绿素含量丰富的植物是比较健壮的。

（二）叶片年龄

147

叶片幼小时光合强度低,成熟的叶片光合强度最高,而叶片衰老变黄时光合强度又下降。所以同一株植物不同部位的叶片光合强度是不一样的。

(三) 光合产物的积累

光合产物的积累不利于光合作用,只有当光合产物运出时才有利于光合作用。所以光合强度高,产生大量可外运的同化物;而同化物的外运又反过来促进光合作用的进行,产生了一种良性的互促关系。

(四) 不同生育期

从苗期开始,随植株的成长,一直到开花期,光合强度表现出上升趋势,开花期达到最高值。到了生育后期,随植株的衰老,光合强度也逐渐下降。

由于不同植物的内因各有差别,因此在外界条件相同的条件下,光合强度差别也是很大的。一般来说草本植物大于木本植物;阳生叶大于阴生叶;C_4 植物大于 C_3 植物。

第六节　植物对光的利用和提高光能利用率的途径

对陆生植物来说,植物体内干物质的 $90\% \sim 95\%$ 是来自于光合作用的,因此如何利用照射到地球表面的太阳辐射能,充分提高光合作用,为人类造福已成为一个重要课题。

一、植物对光能的利用率

地球外层垂直于太阳光的平面上的光能为 1.94 卡/$cm^2 \cdot min$。而到达地球在晴朗的夏季中午为 1.50 卡/$cm^2 \cdot min$。而达到地球表面上的太阳光中,只有可见光的一少部分可被利用于光合作用。植物对光能的利用率是很低的,一般仅为 1%;而森林植物就更少,大约仅为 0.1%。

落于植物面上的太阳光能的散失与利用情况大致如图 8-19 所示。

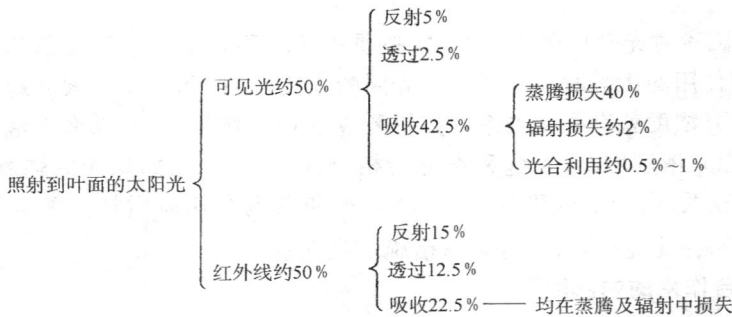

图 8-19　照射到叶面的太阳光散失与利用

但从理论推算上来看,光合作用的光能利用率可达可利用光的 20%,所以从这个数字来看,提高光合利用率的潜力是很大的。

分析植物对光能利用率低的原因主要有以下几个方面:

(一) 漏光的损失

植物叶面积小或栽植密度不够,枝叶不能覆盖整个地面,很大一部分阳光直接照射到地面上,造成光能的损失。

148

（二）光饱和现象的损失

光照强度超过光饱和点的部分,植物不能利用,造成光能的损失。

（三）环境条件及植物自身的影响

环境条件影响着植物对光的利用。干旱、CO_2浓度低,缺肥、温度过高或过低,植物发育不良,受病虫危害等情况,一方面造成植物光合能力降低,有机物合成减少;另一方面呼吸作用增强,有机物消耗过多,影响对光的利用。

二、植物群落（群体）的光能利用率

群落是自然生长的一群植物,群体是人工栽培的一群植物。植物的群落或群体比个体能更有效地利用光能。在群体结构中叶子彼此交错排列,分层分布,上层叶片漏过的光,下层叶片可以利用;各层叶片透射光与反射光,可以反复吸收利用。外层叶片达到光饱和点,而内层叶片还在光饱和点以下,对群体来说几乎观察不到光饱和现象。所以群体对光能利用率较高。

在比较郁闭的园林植物群体中,常见到高大乔木,低矮灌木与地被植物的配置。不仅体现了绿色空间的不同层次和不同色彩,而且由于喜光植物,耐荫植物光饱和点、光补偿点的差异,充分利用了上、中、下不同层次的日光能。

叶面积系数是指单位面积土地上,所有植物全部叶片总面积与土地面积的比值。植物叶面积系数反映植物郁闭状况,总的来说叶面积系数越大,光能利用率越高。但是过度密植,叶片过于郁闭,就会造成群体下部光照不足,光合作用下降,而呼吸消耗仍在进行,整个群体积累减少。

三、提高光能利用率的途径

提高植物对光能的利用率,主要是通过以下三个方面来完成的。

（一）延长光合时间

延长光合时间就是最大限度地利用光照时间,具体办法如下:

（1）提高复种指数:复种指数是指全年植株的收获面积对耕地面积之比。采用轮、间、套等办法,在一年内巧妙地搭配各种植物,从时间和空间上更好地利用光能,减少漏光率,缩短土地的空闲时间,是充分利用光能,通过光合产物的有效措施。

（2）延长生育期:要求在作物生长前期早生快发、适时早播、早栽和合理施肥,迅速扩大光合面积,后期要求叶片不早衰,这些都是相对地增加了光合时间和延长了生育期。近年来林业苗圃采用塑料大棚育苗,可以提前播种,使苗木的生育期延长,生长量也随之增加。

（3）人工补充光照:在室内小面积栽培中,当阳光不足或日照时间缩短时,可以用日光灯补充光照,因日光灯的光谱成分近似于日光,是较理想的人工光源。日本在菊花切花的生产中采用了这一措施,大大提高了花头的产量。

（二）增加光合面积

光合面积是指植物的叶面积而言,增加的办法主要有以下两种:

1. 合理密植

过稀有利于个体发育,但群体得不到很好的发育,光能利用率低。而过密,下层叶片光照机会减少,成为消耗器官,导致减产。密植是否合理,关键是看能否改善群体后期的通风透光条件。

在林业生产中,常用疏伐和修枝的办法来调节林分密度和每株树冠枝叶的密度,以提高光能利用率。疏伐后处于下层的被压木,光合作用有很大增加;而修枝主要是剪掉一些光合效率低的枝条,以减少消耗,增加树干圆满度。但疏伐与修枝要适时适度,过早可造成总叶面积减少,降低对光能的利用;过晚会造成林分过度郁闭,呼吸消耗增加。从光能的利用角度来考虑,应该使林内下层树冠的光强度处在高于补偿点的光强度。

2. 改变株型:近十几年来,各国培养出的比较优良的高产新品种在株型上都有共同的特点,即秆矮、叶直而小、叶厚和分蘖密集。株型的改善就可提高密植的程度,增大光合面积,耐肥不倒伏,充分利用光能,提高光能利用率。

(三)加强光合效率

影响光合效率的因素很多,这里介绍两种主要措施。

1. 增加 CO_2 浓度

大田中如何增加 CO_2 的浓度不易做到,目前还在试验探讨中,但在小面积的温室中是可以办到的。

空气中 CO_2 的含量为 0.03%(即 300ppm),这个浓度与植物光合作用中最适浓度(即 1000ppm),相差甚远。因此,CO_2 的浓度常常成为植物光合作用中的限制因子,为此设法增加空气中 CO_2 浓度,提高光合强度就成为关键问题了。

增加温室或大棚内 CO_2 的浓度,常用的办法是燃烧石油液化气,使用干冰升华等办法都是实用的,而增加大田中 CO_2 的浓度就不那么容易了,目前试验探讨中的方向是:控制栽植规格,因地制宜选好行向,使生长后期通风良好;增施有机肥料,使其分解后放出的 CO_2 扩散到空气中被叶子吸收;深施 NH_4HCO_3,这种肥料除了含有植物所需要的 N 元素外,还含有 50% 左右的 CO_2。

2. 降低光呼吸

已经知道 C_4 植物利用 CO_2 的能力要高于 C_3 植物,而且光呼吸也较弱,光合效率高。而 C_3 植物则完全相反,因此为了提高 C_3 植物的光合能力,就要降低它们的光呼吸,常用的办法有:

(1)"同室效应":即将要筛选的 C_3 植物欲望 C_4 植物共同种在一个密闭透光的环境中,从而筛选出优良的 C_3 植物。

(2)利用呼吸抑制剂:常用的有乙醇酸氧化酶抑制剂、100ppm 的 $NaHSO_3$ 和 2,3-环氧丙酸等。

(3)改变环境中的气体充分:尤其是增加 CO_2 浓度,使二磷酸核酮糖羧化酶(即 RuDP 羧化酶)的羧化反应占优势,降低光呼吸,以提高光能利用率。

复 习 思 考 题

1. 名词解释:

同化力、光饱和点、光补偿点、CO_2 饱和点、CO_2 补偿点、叶面积系数、荧光现象、聚光色素、作用中心色素、光系统Ⅰ、光系统Ⅱ、表观光合强度、ADP 和 ATP、$NADP^+$ 和 NADPH。

2. 什么叫光合作用?总方程式如何确定的?光合作用的意义是什么?

3. 叶绿体的形态、结构是如何与功能相适应的?

4. 叶绿体含哪些色素,其性质、作用是什么?

5. 叶绿素分子的结构有什么特点？它与光化学反应有什么联系？

6. 影响叶绿素形成的有哪些因素？

7. 光是如何被吸收和传递的？

8. 光化学反应在哪里进行？它们各自的电子受体与供体是什么？

9. 什么叫电子传递系统，传递的结果是什么？

10. 日光能是如何转变成电能的？电能又是如何转变成化学能的？

11. 什么叫 C_3 植物？说明 C_3 途径的简要过程？

12. 什么叫 C_4 植物？说明 C_4 途径的简要过程？

13. 说明 CAM 途径的简要过程。

14. 列表对 C_3 植物和 C_4 植物在叶解剖构造和生理特征上进行比较。

15. 用简图说明光合作用的全过程。

16. 光呼吸与暗呼吸有什么区别？要减少光呼吸的消耗应解决什么问题？

17. 光合作用的同化产物包括哪些？说明植物体内有机物运输的途径，形式与速度情况。

18. 植物体内有机物运输与分配有什么规律？举例在生产中的运用？

19. 影响光合作用的有内因、外因是什么？应如何分析？

20. 什么叫光能利用率？光能利用率不高的原因有哪些？提高光能利用率的途径是什么？

第九章 植物的呼吸作用

呼吸作用是植物赖以生存的重要的代谢活动,与光合作用比较,两者存在着本质的差别。光合作用是把外界的物质与能量转化为植物自身的物质与能量,是新陈代谢的同化作用。呼吸作用是把植物体内的物质与能量分解、释放的过程,是新陈代谢的异化作用。有了呼吸作用,光合产物才能被植物所利用,才能为植物的形态建成、生长发育提供必不可少的中间产物与能量。

第一节 呼吸作用的概念及生理意义

一、呼吸作用的概念

植物的呼吸作用是指生活细胞内的有机物质,在一系列酶的作用下,逐步氧化分解,形成 CO_2 和水,并释放出能量的过程。在呼吸过程中,被氧化分解的物质称为呼吸基质。植物体内的许多物质,如糖类、脂肪、蛋白质等都可以作为呼吸基质,但最主要,最直接的呼吸基质是糖类中的葡萄糖。呼吸作用的反应式可表示如下:

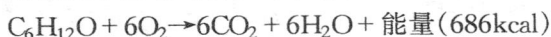

$$C_6H_{12}O + 6O_2 \rightarrow 6CO_2 + 6H_2O + 能量(686kcal)$$

上式反应中必须有氧的参加,这种呼吸作用叫有氧呼吸。有氧呼吸的呼吸基质降解彻底,释放的能量多,最终产物是 CO_2 和水。有氧呼吸是高等植物呼吸的主要形式,通常所提到的呼吸作用就是指有氧呼吸。

当植物处于缺氧的情况下,有氧呼吸无法进行,这时植物并不会立即死亡,而是进行另一种类型的呼吸——无氧呼吸。所谓无氧呼吸是指在无氧条件下,生活细胞把某些有机物降解为不彻底的氧化产物,同时放出能量的过程。例如,种子萌发时,种皮破裂前进行的是无氧呼吸,植物被水淹,也被迫进行无氧呼吸。

二、呼吸作用的生理意义

呼吸作用是与植物的生命活动紧密地联系在一起的,植物的任何一个生活细胞都要进行呼吸活动,一旦呼吸停止,其生命就结束了。呼吸作用是植物代谢的中心环节,具有极其重要的生理意义。

(一)提供生命活动所需要的能量

植物的生长发育需要能量。例如,植物对矿物质元素的吸收,对有机物的合成与运输,细胞的生长与分裂,器官的分化与形成,开花、受精与结果等等,无一不需要能量。而这些能量正是植物的呼吸作用,通过对有机物一系列的氧化反应,逐渐释放出来的。呼吸作用提供的能量是缓慢的进行的,适合于植物的吸收利用。

(二)提供合成有机物的原料

呼吸过程产生一系列的中间产物,这些中间产物很不稳定,成为进一步合成植物体内其他有机物的原料。例如,合成蛋白质所需的各种氨基酸,合成核酸所需要的碱基与五碳糖都离不开呼吸作用的中间产物。因此,呼吸作用与植物体内有机物的合成与转化密切相关,并把蛋白质、糖类、脂肪等重要有机物的代谢紧密地联系起来。

三、呼吸作用的主要场所

植物的呼吸作用是在细胞质和线粒体中进行的。由于在呼吸作用中,与能量转换关系更为密切的一些步骤只在线粒体内进行,所以常常把线粒体作为呼吸作用的主要场所。

线粒体通常呈棒状,长约 $1\sim5\mu m$,直径约 $0.5\sim1\mu m$。线粒体在细胞中不停地运动,其形状和大小也常受环境条件的影响而发生变化。线粒体在细胞内的数量为几十个至几千个。细胞生命活动旺盛时,线粒体数量就多,细胞衰老或休眠时,数量就少。

在电子显微镜下可以见到线粒体是由双层膜构成的囊状体。它由外膜、内膜和基质三部分组成。外膜表面光滑,内膜形成很多突起,呈皱褶状称为嵴。所以内膜的表面积大为增加,有效地增大了酶的附着表面。内膜的内表面上附着许多排列规则的基粒,它可分为头部,柄部和基片三部分。它是偶联磷酸化关键部位。线粒体嵴间的空间为嵴间腔,其内充满了基质。基质内有蛋白质、脂类、核糖体,DNA 和有关的酶类。植物各种生命活动需要的能量主要由线粒体提供,催化这些反应的各种酶分布在线粒体中,所以说线粒体是植物的供能中心。

第二节　呼吸作用的一般过程

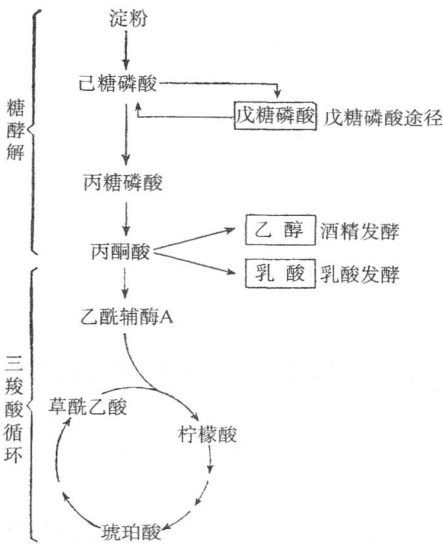

图 9-1　植物呼吸代谢的主要途径示意图

呼吸作用是植物最基本的也是最重要的代谢活动之一。由于植物生存环境的复杂性,造就了呼吸代谢的多条途径。例如,有糖酵解-三羧酸循环途径,也有戊糖磷酸途径及其他途径;呼吸链电子传递同样有多条途径,植物体的氧化酶也是多种多样的。植物呼吸代谢的多条途径是在长期进化过程中形成的,是植物对外界环境条件长期适应的结果(图 9-1)。

呼吸作用的过程是指某一途径从呼吸基质到最终产物氧化分解的具体步骤。下面简要介绍糖酵解-三羧酸循环途径,戊糖磷酸途径和无氧呼吸过程。

一、糖酵解-三羧酸循环途径(EMP-TCA 途径)

糖酵解-三羧酸循环途径由糖酵解、三羧酸循环、呼吸链的电子传递和氧化磷酸化等反应过程组成。

(一)糖酵解 (EMP)

糖酵解过程在细胞质中进行,反应中没有游离氧的参加,呼吸基质是葡萄糖。糖酵解就是葡萄糖在各种酶的作用下,脱氢氧化,逐步转变成丙酮酸的过程,可以被看为是光合作用卡尔文循环中的一段逆反应。糖酵解包括许多反应步骤(图 9-2),但主要是葡萄糖的活化,1.6-二磷酸果糖的裂解及丙酮酸的形成。

在糖酵解过程中,1分子葡萄糖裂解为 2 分子丙糖,产生 2 分子的 $NADH + H^+$,净产生

葡萄糖

① ATP → ADP

6 - 磷酸葡萄糖

②

6 - 磷酸果糖

③ ATP → ADP

1,6 - 二磷酸果糖

④

⑤

磷酸二羟丙酮 ⇌ 3 - 磷酸甘油醛

CH_2O℗
$C=O$
CH_2OH

⑥ NAD^+ Pi → $NADH + H^+$

1,3 - 二磷酸甘油酸

⑦ ADP → ATP

3 - 磷酸甘油酸

⑧

2 - 磷酸甘油酸

⑨ → H_2O

磷酸烯醇式丙酮酸

⑩ ADP → ATP

丙酮酸

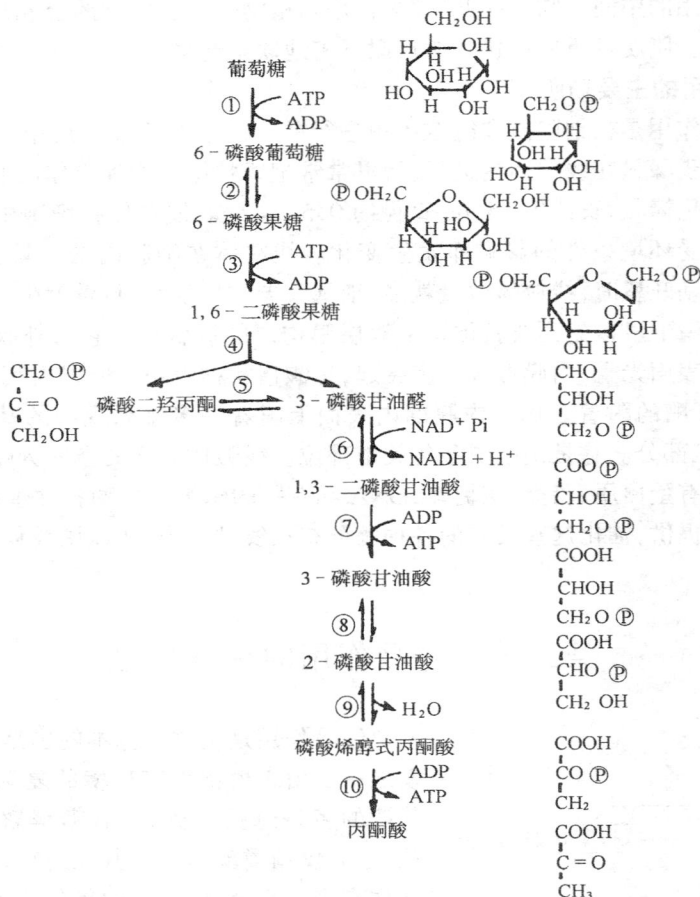

图 9-2 糖酵解过程

①己糖激酶;②异构酶;③果糖磷酸激酶;④醛缩酶;⑤异构酶;⑥脱氢酶;
⑦甘油酸磷酸激酶;⑧变位酶;⑨烯醇化酶;⑩丙酮酸激酶

2 分子的 ATP。在反应步骤⑦和⑩中,由基质直接发生 ADP 转化为 ATP 的过程,称为底物水平磷酸化作用。糖酵解反应过程可用下式表示:

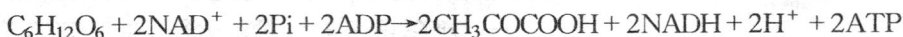

$$C_6H_{12}O_6 + 2NAD^+ + 2Pi + 2ADP \rightarrow 2CH_3COCOOH + 2NADH + 2H^+ + 2ATP$$

(二)三羧酸循环 (TCA)

三羧酸循环是有氧条件下在线粒体内进行的。呼吸基质是丙酮酸。三羧酸循环的过程包括三次脱羧,五次脱氢,使丙酮酸彻底氧化为 CO_2 和水。脱羧发生在形成乙酰辅酶 A、α-酮戊二酸和琥珀酰辅酶 A 的三个步骤。脱氢则发生在形成乙酰辅酶 A、α-酮戊二酸,琥珀酰辅酶 A,延胡索酸和草酰乙酸的五个步骤(图 9-3)。

1 分子葡萄糖形成的 2 分子丙酮酸,经过两次三羧酸循环过程,形成 6 分子的 CO_2 和 2 分子的 ATP;脱下来的 10 对 H,其中 8 对被 NAD^+ 接受,生成 8 分子 $NADH + H^+$,2 对被 FAD(黄素腺嘌呤二核苷酸,琥珀酸脱氢酶的辅基)所接受,生成 2 分子 $FADH_2$。三羧酸循环可用下式表示:

154

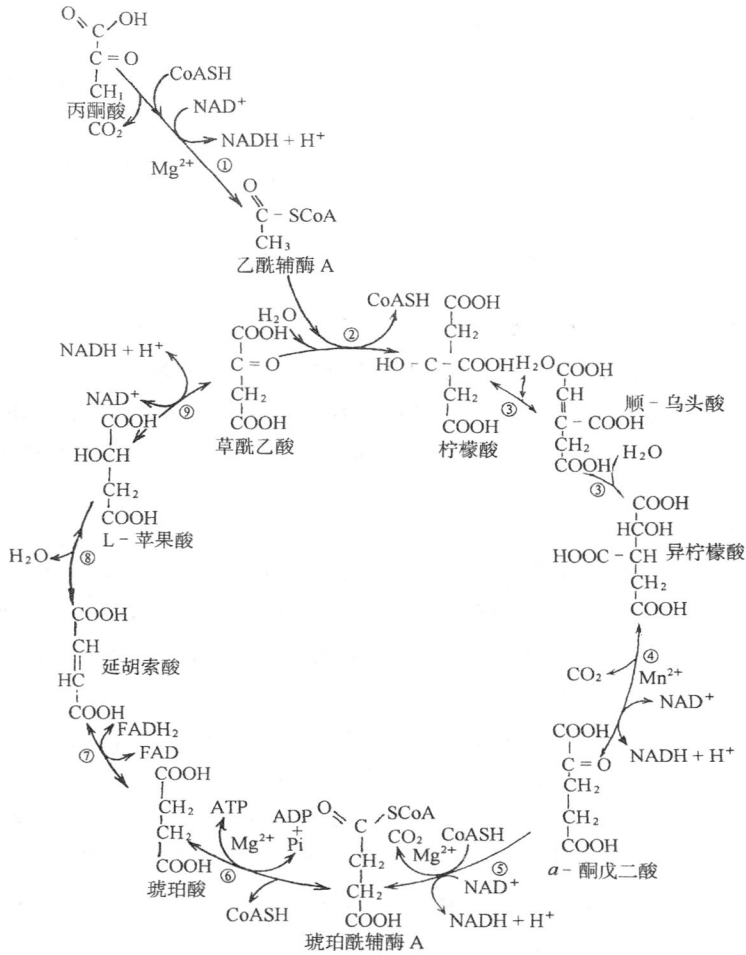

图 9-3 三羧酸循环

①丙酮酸脱氢酶；②柠檬酸合成酶；③乌头酸酶；④异柠檬酸脱氢酶；⑤α-酮戊二酸
脱氢酶；⑥琥珀酰 CoA 硫激酶；⑦琥珀酸脱氢酶；⑧延胡索酸酶；⑨苹果酸脱氢酶。

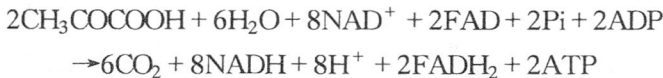

$$2CH_3COCOOH + 6H_2O + 8NAD^+ + 2FAD + 2Pi + 2ADP$$
$$\rightarrow 6CO_2 + 8NADH + 8H^+ + 2FADH_2 + 2ATP$$

（三）呼吸链的电子传递与氧化磷酸化

1. 电子传递

经糖酵解和三羧酸循环脱下的 H，被 NAD^+ 或 FAD 接受而成为 $NADH + H^+$ 或 $FADH_2$
后，还要经过一系列传递，最后才能和游离的氧结合生成 H_2O，这个过程称为电子传递。参
加传递的物质，有氢传递和电子传递体，它们按一定顺序排列，组成电子传递系统称为呼吸
链(图 9-4)。

氢传递体在植物细胞中主要有三种：NAD(辅酶 I)、NADP(辅酶 II)和 FAD(黄素腺嘌
呤二核苷酸)。电子传递体是指细胞色素体系，主要通过铁卟啉中的铁离子的氧化还原进行
电子传递：

$$Fe^{3+} \rightarrow Fe^{2+}$$

155

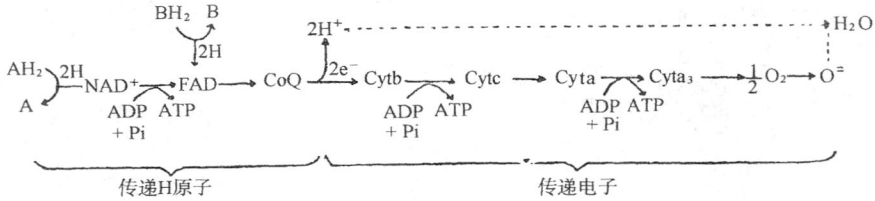

图 9-4　电子传递和氧化磷酸化 AH_2 和 BH_2 代表呼吸代谢中间产物,CoQ 为辅酶 Q,Cyt 为细胞色素

呼吸链的传递顺序,如图 9-4 所示,糖酵解和三羧酸循环脱下的 H,由 NAD^+ 传递给 FAD,再传递给辅酶 Q(CoQ)。由 CoQ 往下传递时,H^+ 解离到周围介质中去($H = H^+ + e$),e 则沿细胞色素(Cyt)系统传递。线粒体中有细胞色素 a、b、c 三类,其电子传递顺序是 Cytb→Cytc→Cyta→$Cyta_3$。位于末端的细胞色素氧化酶($Cyta_3$),可把电子直接传递给游离氧,氧被活化后与氢结合成水。

2.氧化磷酸化

电子在呼吸链上的传递过程中,还伴随着能量的逐步释放。这些能量有的转化为热能散失,而有的能量足以推动 ADP 磷酸化为 ATP,转化为植物可利用的形式贮存起来,供生命活动的需要,这种由呼吸基质脱下的氢,通过电子传递到达氧的过程,所发生的 ADP 磷酸化为 ATP 作用称为氧化磷酸化作用。

在呼吸链上,有三个偶联磷酸化的部位,经 NAD 每传递一对氢至氧,能产生 3 分子 ATP,经 FAD 每传递一对氢至氧只能产生 2 分子 ATP。

综上所述,在糖酵解-三羧酸循环途径中,1 分子葡萄糖氧化成 CO_2 和水,共脱下 12 对 H,其中 10 对通过 NAD 传至氧,2 对通过 FAD 传至氧。这样在呼吸链上共产生(10×3)+(2×2)＝34ATP;加上底物水平磷酸化净产生的 4 个 ATP,共产生 38 个 ATP(表 9-1)。

1 分子葡萄糖通过 EMP－TCA,HMP
途径产生的 ATP 分子数　　　　　　　　　　表 9-1

	磷酸化类型	产生 ATP 分子数	总　　计
糖酵解	2NADH＋2H⁺ 通过氧化磷酸化 底物水平磷酸化	3×2＝6 净得 2	8
三羧酸循环	8NADH＋8H⁺ 通过氧化磷酸化 2FADH₂ 通过氧化磷酸化 底物水平磷酸化	3×8＝24 2×2＝4 2	30
磷酸戊糖途径	12NADPH＋12H⁺ 经转氢通过氧化磷酸化 消耗	3×12＝36 －1	35

二、戊糖磷酸途径(HMP 途径)

葡萄糖的氧化分解除 EMP-TCA 途径外,较重要的还有戊糖磷酸途径。这个途径在细胞质中进行。其过程不是葡萄糖先分解为两个丙糖才脱氢氧化,而是形成 6-磷酸葡萄糖后,直接脱氢成为 6-磷酸葡萄酸,再进一步脱氢生成磷酸核酮糖(戊糖),并放出 CO_2,因此,这一途径称为戊糖磷酸途径。如图 9-5 所示,反应至磷酸核酮糖为止,不再进行氧化,而是

156

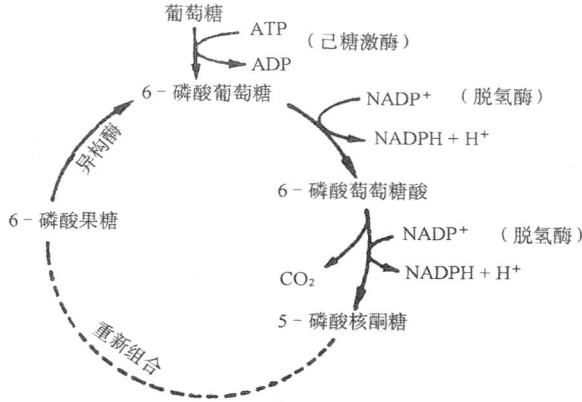

图 9-5　磷酸戊糖途径简图

进行分子间的重新组合,中间产生三碳糖、四碳糖、七碳糖等,再生成 6-磷酸葡萄糖,进入下一循环。1 分子葡萄糖经 HMP 途径彻底氧化,必须经过 6 次循环,共产生 6 分子 CO_2 和 12 分子 NADP。总反应式如下:

$$6\text{-磷酸葡萄糖} + 12NADP^+ \rightarrow 6CO_2 + 12NADPH + 12H^+ + Pi$$

在 HMP 途径的全过程中所形成的 12 分子的 NADPH 在脱氢酶的作用下,能使 NAD^+ 还原为 NADH:

$$NADPH + NAD^+ \rightarrow NADP^+ + NADH$$

然后,进入呼吸链 12 个分子的 NADH 可产生 36 个 ATP。由于形成 6-磷酸葡萄糖酸曾消耗掉一个 ATP,所以 HMP 途径最终可得到 35 个 ATP(表 9-1)。

HMP 途径的生理意义不仅体现给生命活动提供能量,还在于生成许多中间产物,与其他代谢有密切关系。例如,产生的 5-磷酸核酮糖是合成核酸的原料,也可以转化为光合作用 CO_2 的受体;磷酸乙糖和磷酸丙糖也能和糖酵解联系起来。此外还发现 HMP 途径与植物抗病有着密切关系。

三、无氧呼吸过程

无氧呼吸有酒精发酵和乳酸发酵等途径,但所有的无氧呼吸最初阶段完全相同,都要经历糖酵解的过程,即从丙酮酸开始各自再从不同的代谢途径进行。

植物无氧呼吸的产物是酒精的称为酒精发酵。酒精发酵是无氧呼吸的主要途径,如水稻浸种催芽,谷物堆放的无氧呼吸都属酒精发酵。酒精发酵的反应式如下:

$$C_6H_{12}O_6 \rightarrow 2C_2H_5OH(\text{酒精}) + 2CO_2 + 54kcal$$

少数植物的器官和组织在进行无氧呼吸时产生的是乳酸,则称为乳酸发酵。例如,马铃薯块茎进行的无氧呼吸就是乳酸发酵,反应式如下:

$$C_6H_{12}O_6 \rightarrow 2CH_3CHOHCOOH + 47kcal$$

酒精发酵和乳酸发酵两条途径反应过程如图 9-6 所示。葡萄糖经糖酵解产生丙酮酸。在有氧条件下,它可进入 TCA,进行有氧呼吸;在缺氧条件下,只能进行无氧呼吸。除酒精、乳酸外,无氧呼吸的产物还有草酸、酒石酸、苹果酸、柠檬酸等。但所有这些无氧呼吸的产物都可以作为有氧呼吸的基质继续氧化为 CO_2 和 H_2O。例如,水稻浸种催芽出现酒精味时,只要翻倒边缘,使其进入有氧呼吸,就可消除酒味。

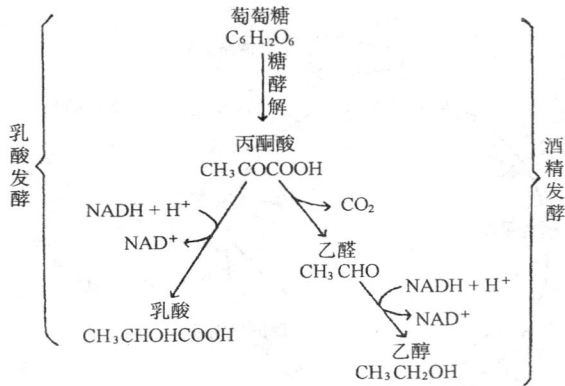

图 9-6　无氧呼吸的主要途径

无氧呼吸是高等植物对短暂缺氧的一种适应，但不能忍受长期缺氧。这是因为，一方面无氧呼吸的产物积累过多，会对细胞造成毒害；另一方面，无氧呼吸释放能量少，转化 ATP 也少。糖酵解产生的 NADH 被以后的还原过程用掉了，不能通过呼吸链产生 ATP。因此，1 分子葡萄糖通过无氧呼吸只能产生 2 个 ATP。这样，要维持正常生命活动所需要的能量，就要消耗大量的有机物质。

第三节　影响呼吸作用的因素

一、呼吸强度与呼吸商

1. 呼吸强度

呼吸强度是表示呼吸作用强弱的生理指标，是单位时间内，单位植物材料呼吸作用放出 CO_2 的量或吸收 O_2 的量。单位时间多用小时，植物材料可用干重、鲜重或面积表示，CO_2 或 O_2 可用毫克表示。呼吸强度的常用单位是：CO_2（或 O_2）mg/g（干重或鲜重）·h。

2. 呼吸商

呼吸商也称呼吸系数，是指植物材料呼吸作用放出 CO_2 的克分子数与吸收的 O_2 克分子数的比率，是表示呼吸基质和氧气供应状态的指标。

$$R.Q = \frac{\text{放出的 } CO_2 \text{ 克分子数}}{\text{吸收的 } O_2 \text{ 克分子数}}$$

呼吸商与呼吸基质的种类有关。碳水化合物为基质时呼吸商等于 1，以脂肪为基质时呼吸商小于 1，当呼吸基质是有机酸时呼吸商大于 1。例如：

$$C_6H_{12}O_6（葡萄糖）+ 6CO_2 \rightarrow 6CO_2 + 6H_2O$$

$$R.Q = CO_2/O_2 = 6/6 = 1$$

$$2C_{57}H_{104}O_9（蓖麻油）+ 157O_2 \rightarrow 114CO_2 + 104H_2O$$

$$R.Q = 114/157 = 0.73$$

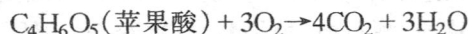
$$C_4H_6O_5（苹果酸）+ 3O_2 \rightarrow 4CO_2 + 3H_2O$$

$$R.Q = 4/3 = 1.33$$

呼吸商与氧气供应状况有密切关系。以碳水化合物为呼吸基质时，如果缺氧进行酒精发酵,只有 CO_2 的释放,没有 O_2 的吸收,呼吸商就会无限大。

二、影响呼吸强度的内部因素

植物的呼吸强度因植物的不同类型,不同的组织、器官和不同的生长发育期而有很大差异。

1. 不同植物种类的影响

不同种类的植物各有不同的生理特点,呼吸强度的差异很明显。就树木来说,落叶树种的呼吸强度大于常绿树种,喜光树种大于耐荫树种。

2. 不同组织、不同器官的影响

同一种植物的不同组织、不同器官,呼吸强度明显不同。一般来说,生殖器官的呼吸强度高于营养器官,幼嫩器官大于老年器官,受伤的组织高于正常组织。例如,雌、雄蕊的呼吸强度要比花瓣、萼片高得多。茎的形成层比韧皮部、木质部高的多。总之,代谢活动愈旺盛的组织、器官,呼吸强度就愈高(表 9-2、9-3)。

几种植物不同器官和组织的呼吸强度(24h 内每克干重释放的 CO_2 mg 数,15～20℃) **表 9-2**

植 物 材 料	呼 吸 强 度	植 物 材 料	呼 吸 强 度
椴 树 叶	92.4	小 麦 幼 根	53.4
椴 树 芽(休眠)	7.3	柠 檬 果 实	12.4
丁 香 芽(休眠)	11.6	柠 檬 果 皮	69.3
小 麦 叶	138.7	柠 檬 果 肉	10.6

白蜡树干组织的呼吸强度　　　　　　　　　　　　　　表 9-3

组 织	每克鲜重在 12h 内吸收 O_2 mL 数	组 织	每克鲜重在 12h 内吸收 O_2 mL 数
韧 皮 部	167	边材(内部)	31
形 成 层	220	心 材	15
边材(外部)	78		

3. 不同生长期的影响

植物的呼吸强度还随生育期的不同而发生变化。一般来说,植物生长旺盛时呼吸强度变高,进入生殖生长时呼吸强度变高,所以在植物的生长周期中,呼吸强度随不同发育期而呈现有规律的变化(图 9-7)。

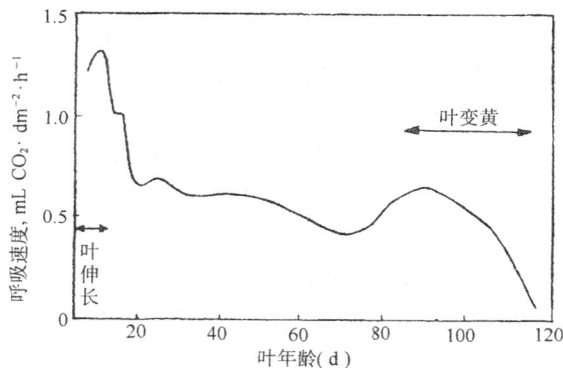

图 9-7　草莓叶片(不离体)不同年龄的呼吸速度

三、影响呼吸作用的外部因素

植物所处的环境因素与呼吸作用有密切关系,影响较大的是温度、水分、大气成分和机械损伤等因素。

1. 温度对呼吸作用的影响

呼吸作用由一系列的酶促反应所组成,由于各种酶的活性受温度的制约极为明显,因此,温度对呼吸作用的影响主要是影响了酶的活性。其次,呼吸作用存在于细胞质中,细胞质的状态与呼吸作用有密切关系,而温度对细胞质的状态有直接影响。这样也就影响了呼吸作用。

在一定范围内,呼吸强度随温度的升高而增加;超过一定温度,呼吸强度反而因温度的升高而降低(图9-8、图9-9)。

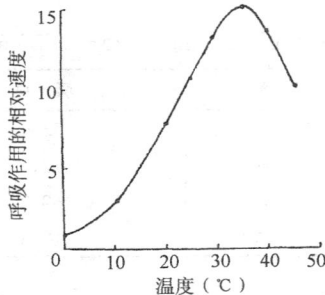

图9-8　温度对豌豆幼苗呼吸速度的影响

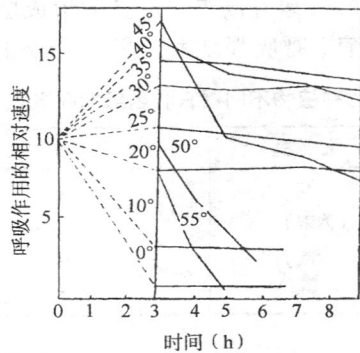

图9-9　温度结合时间因素对豌豆幼苗
呼吸速度的影响

温度对呼吸作用的影响,常用最适温度、最高温度和最低温度进行描述。植物呼吸作用的最适温度一般在25～30℃之间。此时,呼吸作用较平稳,植物代谢正常,生长发育良好。而呼吸作用的最高温度和最低温度不仅是呼吸作用的极限温度,同时也是植物生命的极限温度。超过这些温度,呼吸作用不能进行,植物的生命也停止了。植物呼吸的最高温度一般在45～55℃之间。高温可使酶的活性钝化,呼吸强度降低,甚至造成原生质结构被破坏,停止呼吸。低温也降低呼吸强度,但一般不破坏酶的结构,只是降低了酶的活性。植物在低温时,代谢活动微弱,生长发育缓慢,甚至出现冬眠状态。大多数植物呼吸的最低温度可低于0℃,因植物不同种类、不同生理状态也有较大差别。例如,同一树种冬季休眠时－20℃,仍未停止呼吸,而在夏季温度降到－5℃时,呼吸作用就停止了。

2. 含水量对呼吸作用的影响

植物组织含水量与呼吸强度有密切关系,因为只有原生质被水饱和时,各种生命活动才能正常进行。在一定限度内,呼吸强度随组织含水量的增加而提高,这在风干种子中表现的特别明显。例如,桧柏种子含水量从8%增加到13.8%时,其呼吸强度可增加9倍,当充分吸水膨胀时,呼吸强度可增加数千倍(图9-10)。

正在生长的植物器官—根、茎、叶等,在正常情况下,其含水量变化对呼吸没有明显影响。但在严重缺水时,常常出现呼吸作用反而增加的现象。这是因为缺水时,光合产物从叶中运输受阻,叶内呼吸基质增加,所以呼吸作用增强。

3. 氧气和二氧化碳对呼吸作用的影响

氧气是植物进行正常呼吸的重要条件,二氧化碳是呼吸作用的最终产物,所以空气中氧气和二氧化碳的浓度直接影响呼吸作用的强弱和呼吸作用的性质。

大气中的 O_2 含量约在 21%,这样的浓度完全可以满足植物呼吸作用的需要。只有当氧降低到 20% 以下时,呼吸强度才会降低。水稻和小麦幼苗的试验证明:当氧的浓度降低到 5%~8% 时,有氧呼吸显著降低;无氧呼吸则相应增高(图 9-11)。

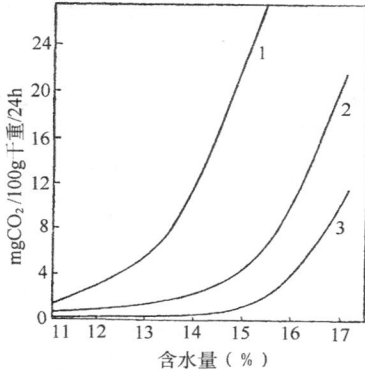

图 9-10　谷粒或种子的含水量对呼吸强度的影响
1—亚麻;2—玉米;3—小麦。

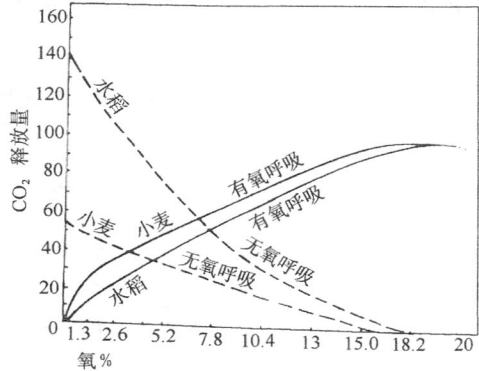

图 9-11　氧浓度对小麦、水稻幼苗有氧呼吸
及无氧呼吸的影响

二氧化碳是呼吸作用的产物,当外界 CO_2 浓度增高时,呼吸作用将受到抑制。试验证明:当 CO_2 达到 1%~10% 时,呼吸作用明显减弱。实际中大气的 CO_2 只有 0.03%,远远没有达到抑制呼吸作用的浓度。

土壤中氧和二氧化碳浓度与大气中的浓度有很大差别。土壤中氧的含量比大气低得多,植物根系比地上部分更能适应低氧环境。当土壤中氧的浓度降至 5% 以下时,呼吸作用才降低。通气不良的土壤氧的浓度常常在 2% 以下,严重影响了根系的呼吸作用和正常生长。与氧的情况恰恰相反,土壤中 CO_2 的浓度比大气高得多。原因之一是植物根系呼吸产生的 CO_2 不易扩散,另一个原因是土壤微生物活动所造成。夏季高温季节,土壤中 CO_2 浓度达到 4%~10% 甚至更高。在这种土壤环境下,根系呼吸作用受到抑制,对矿物质和水分的吸收也必然受到影响。因此,生产实践中要改良土壤,适时中耕,保持土壤通透性。

除上述因素外,机械损伤等其他外界因素也会对呼吸作用产生一定影响。需要强调的是自然环境是错综复杂的,影响呼吸作用的诸因素也常常相互作用,互相影响。只有在实际问题中,准确观察,科学分析,找出主因并通过采取措施才能达到理想的效果。

第四节　呼吸作用知识的应用

植物生长发育的各个环节,以至于全部生命活动都密切联系于呼吸作用。如何运用植物呼吸作用规律,按人类需要调控植物的生长发育,在生产实践中,具有十分重要的意义。

一、呼吸作用与种子贮藏

植物种子是生命的有机体,在其贮藏过程中,仍然进行着呼吸等代谢活动,只不过限制在极其微弱的程度。如果条件不当,呼吸变强,就会造成有机物的消耗,降低发芽率,甚至造成发霉变质。种子的安全贮藏,特别是粮油种子的安全贮藏在国民经济中,意义重大。

1. 控制水分

根据植物种子呼吸作用的特点,种子安全贮藏的首要条件是把水分控制在安全含水量以下。种子安全贮藏的含水量称为安全含水量或称标准含水量在安全含水量的范围内,种子自由水含量极小,呼吸强调很低。例如,谷物的安全含水量是12%～14%,油科种子安全含水量是7%～9%,杉木种子是10%～12%,马尾松是7%～10%等等(见表9-4)。如果种子的含水量超过安全含水量,呼吸作用就会显著增强。所以,种子入库前必须充分风干,贮藏环境要干燥、通风。(表9-4)

主要园林树木种子标准含水量(%) 表9-4

树　　种	标准含水量	树　　种	标准含水量	树　　种	标准含水量
油　　松	7～9	杉　　木	10～12	白　　榆	7～8
红皮油松	7～8	椴　　树	10～12	椿　　树	9
马　尾　松	7～10	皂　　荚	5～6	白　　蜡	9～13
云　南　松	9～10	刺　　槐	7～8	元宝枫	9～11
华北落叶松	11	杜　　仲	13～14	复叶槭	10
侧　　柏	8～11	杨　　树	5～6	麻　　栎	30～40
柏　　木	11～12	桦　　木	8～9		

2. 气体调节

由于O_2有促进呼吸的作用,而CO_2有抑制呼吸的作用,所以适当增加CO_2的含量,适当减少O_2的含量可以达到延长贮藏时间的目的。实践证明,这种贮藏方法还有利于提高种子的发芽率。采用部分充入氮气的方法也取得很好的贮藏效果。

3. 降低温度

低温可以减弱种子的呼吸强度,另可抑制微生物的活动。低温和超低温能有效地保持种胚细胞结构和功能的稳定性。因此降低温度对延长贮藏时间效果显著(表9-5)。

不同温度下粮油种子的贮藏年限 表9-5

温度(℃)	12	0	−12
时间(年)	4～6	15	50

二、呼吸作用与切花保鲜

切花是指从植株上切取下来具有观赏价值的茎、叶、花、果等用来装饰的植物材料。由于切花的离体状态,采收后很容易出现衰老和萎蔫。切花保鲜就是在切花贮藏、运输、装饰等环节中,通过各种措施,延缓其衰老和萎蔫,尽可能地保持新鲜状态的过程。而抑制呼吸作用是切花保鲜的重要技术措施之一。

切花的贮藏包括低温贮藏,气调贮藏和低压贮藏。低温贮藏可抑制呼吸作用和微生物繁殖,一般掌握在接近冰点但不能结冰(0.5℃～1℃),而热带切花的兰花不能低于10℃,亚热带切花的唐菖蒲、茉莉花等以2～10℃为宜。气调贮藏则要通过控制CO_2和O_2的含量,降低切花呼吸以达到保鲜目的。一般O_2的浓度降到0.5%～1%,CO_2的浓度升至0.35%～10%。低压贮藏是把贮藏室的气压降至标准大气压以下,一般降为5.3～8.0kPa,从而达到抑制呼吸,达到保鲜效果。

切花的运输多采用低温冷藏的办法。荷兰采用低压低温技术使月季、香石竹、郁金香等切花虽经长途运输,仍新鲜如初。

切花插瓶后,合理使用保鲜剂是装饰过程中主要的保鲜措施。保鲜剂的成分与生理作用比较复杂,但无论使用何种保鲜剂都与抑制乙烯的生成,抑制呼吸作用密切相关。

三、呼吸作用与植物栽培

在植物栽培与养护管理中,人们采取的一些措施起到调节呼吸、促进植物生长发育的效果。例如,在园林苗木播种前,对于种皮不易裂开的种子,人们要采取措施,突破种皮,让种子在萌发过程中,及时进入有氧呼吸。在植物进行扦插等无性繁殖过程中,除掌握生根的温度、湿度外要特别注意氧气状况,土壤透气要好,扦插不能过深,使生根需要的物质和能量与呼吸密切相关。在公园或林荫路上,人们常见到具有透气性的铺装材料,其作用在于减轻行人对土壤结构的破坏,保持土壤透气性,使树木根系正常呼吸,正常生长发育。

复习思考题

1. 什么叫呼吸作用?它常以什么反应式来表示?呼吸作用有什么重要意义?

2. 呼吸作用有哪些类型?写出代表反应式。无氧呼吸对植物有什么意义?

3. 说明线粒体的形态和构造。为什么说线粒体是细胞的能量供应中心?

4. 用图解表示呼吸作用的糖酵解-三羧酸循环途径的过程。注明各大步骤进行的部位。

5. 计算 1 摩尔葡萄糖通过糖酵解-三羧酸循环途径彻底氧化分解后,共能产生多少摩尔 ATP 能量转换率大约有多高?

6. 什么叫无氧呼吸?它在什么情况下易发生?进行这种呼吸对植物有什么害处?

7. 用图解表示戊糖磷酸途径的简要过程。这一途径有什么重要生理意义?

8. 用图解表示无氧呼吸(以酒精发酵和乳酸发酵为例)的途径。为什么植物不能长期靠无氧呼吸维持生命?

9. 用图解表示各种呼吸途径之间的关系。

10. 列表比较光合作用和呼吸作用之间的区别和联系。

11. 什么叫呼吸强度?通常如何表示?说明影响呼吸强度的各种因素。

12. 呼吸作用知识在生产实践上有哪些应用?

第十章　植物生长物质

植物生长物质是一些调节和控制植物生长发育的物质。植物生长物质分两类:一类叫做植物激素;另一类叫做植物生长调节剂。植物激素是指一些在植物体内合成,并经常从产生处运送到别处,对生长发育产生显著作用的微量有机物。植物生长调节剂是指一些具有植物激素活性的人工合成的物质,它是随着植物激素的研究而发展起来的,其生理生化特性与相应的植物激素生理生化特性有密切关系。

目前,大家公认的植物激素有五类,即生长素类、赤霉素类、细胞分裂素类、乙烯和脱落酸。前三类都是具有显著的促进生长发育的物质,脱落酸则是一种抑制生长发育的物质,而乙烯则是一种促进器官成熟的物质。

人们根据天然植物激素的分子结构,人工合成并筛选出一些与植物激素有类似分子结构和生理效应的有机物,例如吲哚乙酸等。此外,还人工合成和筛选了一些结构与天然激素完全不同,但具有类似生理效能的有机物,如萘乙酸、整形素、矮壮素等,这些人工合成的生长调节剂在农林园艺生产中已广泛应用。

第一节　植物激素

一、生长素

生长素主要有吲哚乙酸,简称 IAA,是含氮的有机酸,其结构如下:

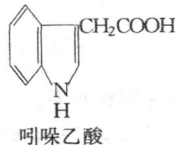

$$\text{吲哚乙酸结构式}\quad CH_2COOH$$

吲哚乙酸

生长素首先在燕麦胚芽鞘中发现,是植物体内普遍存在的一类激素。

生长素在高等植物中分布很广,根、茎、叶、花、果实、种子及胚芽鞘中都有,但合成生长素最活跃的部位是具有分生能力的组织,特别是芽的顶端分生组织,禾本科植物胚芽鞘的顶端和双子叶植物的形成层细胞,扩展生长中的幼叶和幼果也合成大量的生长素(图10-1)。

生长素具有极性运输的特点,即生长素只能从植物体的形态学上端向下端运输,而不能倒转过来运输。生长素的运输在胚芽鞘内是通过薄壁组织,在茎中是通过韧皮部,在叶子中是通过叶脉。运输的速度在胚芽鞘和茎内大约为1～

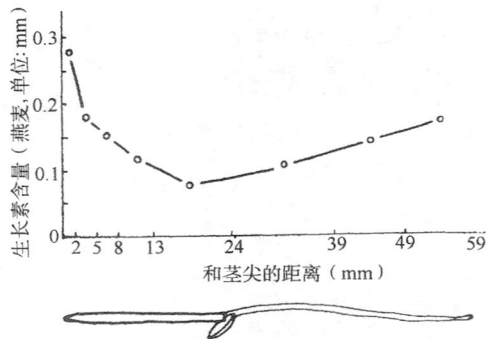

图10-1　黄化的燕麦幼苗中生长素的分布

1.5cm/h,比扩散作用要快得多。

生长素具有以下生理作用：

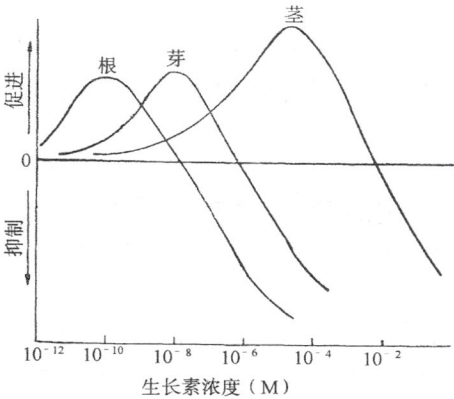

图 10-2　植物各器官生长速度与
外源生长素浓度的关系

（1）促进细胞伸长生长：生长素对伸长生长的促进作用，一般限于较低的浓度，如果增加生长素浓度，那么促进生长的作用即转为抑制作用。不同器官对生长素敏感的程度不同，一般来说，根对生长素最敏感，10^{-4}ppm 的 IAA 促进根的伸长，但对芽和茎的伸长仅有很少反应或没有反应，随着浓度升高，开始抑制根的生长，却强烈地促进芽的生长。茎生长的最适浓度约为 1ppm，但此浓度已抑制根和芽的生长，如果再提高 IAA 的浓度，茎、芽和根的伸长生长将全被抑制，甚至可导致植株死亡（图 10-2）。此外，生长素的作用强度与植物细胞的年龄也有很大关系，正在生长的幼嫩细胞对生长素的反应最敏感，成熟细胞就不灵敏。

（2）促进细胞分裂分化：有的植物枝条切断金鱼部用生长素处理，促进发根。生长素对根原基发根的主要作用，是刺激细胞的分裂。这种方法在园艺植物无性繁殖上已广泛使用。

（3）抑制器官脱落：生长素含量多的组织和器官，好像是一个营养物质输入库，这样就可以保证营养物质向着正在生长的组织或器官源源供应，减少落花落果。

（4）诱导单性结实：授粉之后，子房中的生长素含量大为增加，这就促进果实长大。如果在授粉之前，用生长素喷洒或涂在柱头上，可以诱导单性结实。

（5）性别控制：黄瓜的花原基初期，是雌雄不分的，以后根据花的发育程度，才决定形成雄花或雌花，经生长素处理后，雌花形成的频率就能提高。

此外，生长素还有延长种子或营养繁殖器官（如块根、块茎、鳞茎等）的休眠、控制腋芽生长、促进菠萝开花和疏果等生理作用。

生长素在水中溶解度很低，但可溶于酒精等溶剂中，使用时可先溶于少量酒精中，再配成水溶液，生长素在植物体内容易受到吲哚乙酸氧化酶的破坏，所以生产上一般不用吲哚乙酸来处理作物，而用人工合成的类似生长素的药剂如吲哚丁酸、萘乙酸等来处理。

二、赤霉素

赤霉素简称 GA，最早是从水稻恶苗病菌的分泌物中提取的，现已从植物体内发现有 80 余种不同的赤霉素（GA1、GA2......GA60），其中活性最强、应用最广的是赤霉酸（GA3）。其结构式如下：

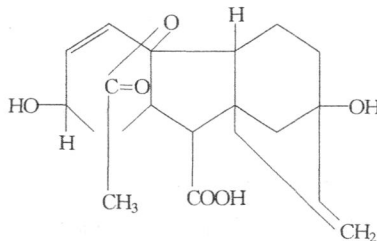

植物的顶端幼嫩部位是赤霉素合成的场所，完全生长的叶子供给的赤霉素很少。发育

的种子是赤霉素的丰富来源,随着种子的发育成长,赤霉素的含量也随着提高,种子成熟时,赤霉素含量下降。许多植物根部都有赤霉素合成,而且数量很大,赤霉素的合成大约在根尖3～4mm处。

赤霉素的运输不像生长素那样进行运输,它在植物体内可以向各个方面运输,而叶子中产生的赤霉素从木质部向上运输,沿韧皮部向下运输。赤霉素在茎内韧皮部的运输速度与光合产物的运输速度相同,为50～100cm/h。

赤霉素具有以下生理作用:

(1)促进细胞伸长生长:赤霉素和生长素都对植物细胞的伸长起作用,但赤霉素主要是通过促进IAA的合成和抑制IAA的降解,从而使体内的IAA含量增加,促进细胞伸长。赤霉素能显著地促进植物茎的生长,使茎的伸长加快,但节间数并不改变。

(2)促进抽苔开花:某些二年生植物要求长日照和低温才能开花,当外界环境不适时,就处在莲座状态不开花。施用赤霉素可代替低温或长日照,促使这类植物抽苔开花。含笑、茶花等用赤霉素处理,可提早3个月左右开花。

(3)打破休眠:赤霉素能有效地打破种子和块茎的休眠,促进萌发。用赤霉素对紫苏、鸡冠等植物种子进行浸种处理,可有效打破其休眠,促进发芽,提高发芽率。在啤酒制造业中,赤霉素处理萌动而未发芽的种子,促进α-淀粉酶的形成,加速糖化过程,可以节约大麦种子并简化工艺流程,许多国家都已采用这一技术。

(4)控制性别分化:赤霉素对黄瓜花的雌雄分化方面也有影响,它的作用和生长素不同,生长素促进雌花分化,赤霉素则促进雄花的分化。

此外,赤霉素对植物的生长发育还有多方面的作用,如减少花蕾脱落促进座果,促使果粒增大,诱导单性结实等。

赤霉素为白色结晶粉末,在酸性及中性溶液中呈稳定状态,在碱性及高温下分解。在低温干燥条件下能长期保存,配成溶液后易变质失效。赤霉素难溶于水,能溶于有机溶剂,如酒精、丙酮。

三、细胞分裂素

细胞分裂素是一类具有促进细胞分裂和其它数量功能的物质的总称,最早在椰子的液体胚乳中发现,现在已从许多高等植物中找到了十几种细胞分裂素,比较常见的有玉米素、玉米素核苷和异戊烯基腺苷等,其化学结构如下:

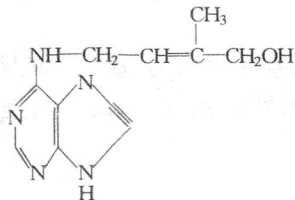

玉米素

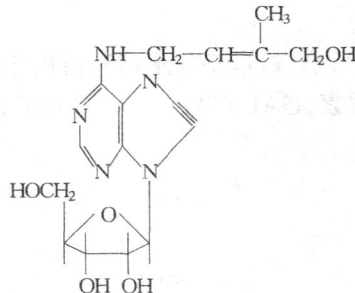

玉米素核苷

天然细胞分裂素在高等植物各器官中普遍存在,特别是进行着细胞分裂的器官,如茎尖、根尖、未成熟的种子、萌发的种子和生长着的果实都含有较多的细胞分裂素。

细胞分裂素是在根尖形成的,经过木质部运送到地面上部分,因此,植物的根是合成细胞分裂素的场所。实验证明,烟草、向日葵及葡萄等的伤流液中,具有细胞分裂素的活性。此外,因细胞分裂素有防止衰老的作用,如将烟草植株的根尖切掉,植株就很快地衰老,而保留根部或切根后施加细胞分裂素,就可以阻止衰老。

细胞分裂素具有以下生理作用:

(1) 促进细胞分裂和扩大:细胞分裂素的主要作用是促进细胞分裂。进行植物组织培养时,在培养基中加入细胞分裂素后,细胞就进行分裂,组织增大。细胞分裂素也可以使细胞体积扩大,但不伸长,这和生长素的作用不同。

(2) 诱导芽的分化:植物组织培养研究证明,愈伤组织产生根或产生芽,取决于生长素和激动素浓度的比值。当激动素/生长素的比值低时,诱导根的分化;两者比值处于中间水平时,愈伤组织只生长而不分化;两者比值较高时,则诱导芽的形成。从这里可以看出,诱导形成根或芽是由生长素和激动素在不同浓度比值下完成的,而在芽的分化中,激动素则起着重要作用。

(3) 抑制衰老:抑制衰老是细胞分裂素特有的作用。离体的叶子会逐渐衰老,叶绿体破坏,叶色由绿变黄,如果把叶子插在激动素溶液里,就可以保持绿色,延迟衰老。这是因为细胞分裂素不仅能阻止器官中的营养物质向外流动,而且能使营养物质向细胞分裂素所在部位运输,抑制衰老。

此外,细胞分裂素可以消除由生长素形成的顶端优势,刺激腋芽生长;可延长蔬果(芹菜、甘蓝)的贮藏时间;防止果树的生理落果。

细胞分裂素类物质由于其碱性,故一般不直接溶于水,KT(激动素)、BA(6-苄基嘌呤)等细胞分裂素可先用少量 1mol 的盐酸(HCL)溶解,然后再加入一定量的水,配成所需浓度。

四、脱落酸

最早是分别从未成熟即将脱落的棉桃和即将进入休眠的桦树叶子里分离出来的,后证明这两种物质其实是一种物质,统称为脱落酸,简称 ABA。其分子式为 $C_{15}H_{20}O_4$,结构式如下:

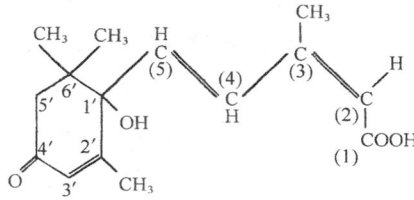

脱落酸(ABA)

脱落酸广泛地分布在植物界,单子叶植物、双子叶植物、蕨类、苔藓类中都有。

在植物各器官如叶、芽、果实、种子、块茎中均有脱落酸存在,在将要脱落的或进入休眠的器官和组织中,以及在逆境条件下,含量会更多一些。脱落酸的含量一般是 10～4000ng/鲜重。

脱落酸的生理功能如下:

(1) 促进休眠:脱落酸能进行多种多年生植物和种子的休眠。将脱落酸施用于红醋栗或其它木本植物生长旺盛的小枝上,会引起接近休眠的一些症状,如:节间缩短;营养叶变小;芽鳞、顶端分生组织的有丝分裂减少;形成休眠芽,并造成下面某些叶子脱落。这种休眠是在秋季的短日照下发生的,因此认为脱落酸是在短日照下形成的,而赤霉素是在长日照下

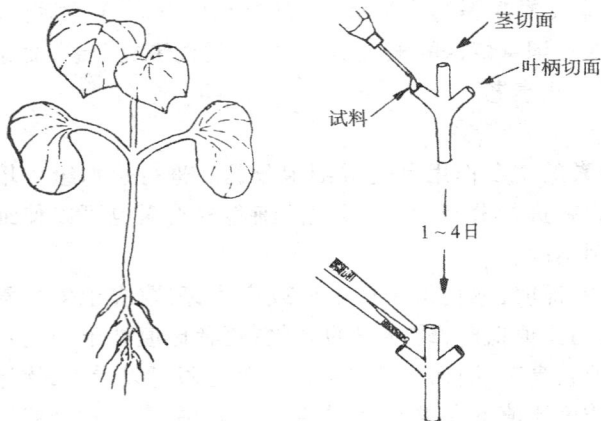

图 10-3 脱落酸促进叶子脱落的试验

形成的,植物的休眠和生长是由脱落酸和赤霉素这两种激素所调节的。

(2)促进脱落:把带第一对叶的棉花幼苗茎切下来(图10-3),用注射器把含有脱落酸的少量琼胶注于叶柄切面上或茎的切面上,经过一定时间后,在叶柄上施加一定的外力,就能促使脱叶,试验证明脱落酸对脱叶有作用。

(3)促进气孔关闭:在干旱条件下,植物叶子中脱落酸的含量大大增加,四季豆、玉米、玫瑰等叶片内脱落酸达到正常含量的2倍时,气孔即开始关闭。用脱落酸水溶液喷施叶面,也可使保卫细胞失去紧张度而关闭气孔,降低蒸腾速率。

此外,脱落酸对植物开花和切花保鲜有作用。它可以拮抗赤霉素对长日照植物开花的效果,使少数短日照植物在不适宜开花的长日照条件下开花,抑制月季等切花的呼吸作用,延长切花寿命。

五、乙烯

早在本世纪初就已知道,乙烯是一种促进器官成熟的物质,植物在代谢过程中也能产生,特别是成熟的果实,往往在细胞间隙中积累大量的乙烯。乙烯是气体,分子式简单,为$CH_2=CH_2$,分子量小,容易扩散,在水中和亲脂性物质中溶解度较小,也容易通过植物扩散。

植物体的各部分,包括根、茎、叶、花、果实、种子等和块茎等都能产生乙烯,但其含量一般不超过0.1ppm。用生长素处理黄化豌豆幼苗,会使乙烯生成量增加。凡是植物体生长素含量高的部位,也是乙烯较多的部位。但是这两种激素在细胞代谢方面,却引起相反的生理效应。生长素和乙烯的相对水平很可能决定着细胞生长的速度和方向。

乙烯在植物体内的形成,需要有充足的氧气,在完全缺氧时,乙烯的合成就会停止,因此,人工调节环境含氧量,可延长果实贮藏时间。

乙烯的生理作用:

(1)抑制伸长生长:乙烯对一般植物根、茎及侧芽的伸长有抑制作用。黄化豌豆幼苗的茎在乙烯作用下增粗,并伴随着幼苗横向生长(图10-4),乙烯可抑制黄化豌豆幼苗上胚轴的伸长生长;促进其加粗生长;上胚轴失去负向的性生长特性而横向生长。这三种反应称为"三重效应",是植物对乙烯的一种特殊反应。

(2)促进果实成熟:幼嫩果实中的乙烯含量极微,随着果实的长大,乙烯合成加速。由于乙烯能增加细胞膜的透性,使呼吸作用加

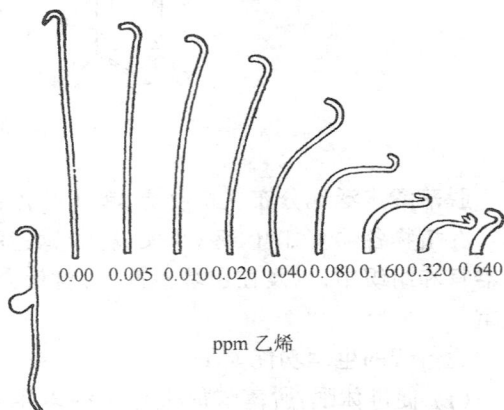

0.00 0.005 0.010 0.020 0.040 0.080 0.160 0.320 0.640

ppm 乙烯

图 10-4 不同浓度的乙烯(300ml/小时)对豌豆幼苗的"三向反应"

168

速,引起果实的果肉内有机物的强烈转化,最后达到可食程度。

（3）促进脱落和衰老：衰老叶片的脱落与乙烯有关,落叶是由于叶柄基部离区产生离层而引起的。以前认为落叶与叶片生长素含量有关,后来一些研究表明,生长素与乙烯之间平衡的破坏是叶片脱落的原因,乙烯作用于离层细胞引起酶的变化,导致叶片脱落。

此外,乙烯还可促进菠萝开花,促进黄瓜等瓜类的雌花相对增多,可促进次生植物分泌及诱导某些植物扦插枝条发生不定根。

六、植物激素间的相互关系

以上我们介绍了存在于植物体内的五类激素以及它们各自在植物生长发育上的作用。但植物生长发育是受多种生长物质的调节,起作用的往往不是一种物质,而常常是几种物质共同作用,或相互促进有增效作用,或相互抑制有抵消作用,所以了解植物激素间的相互关系对于指导生产有重要意义。

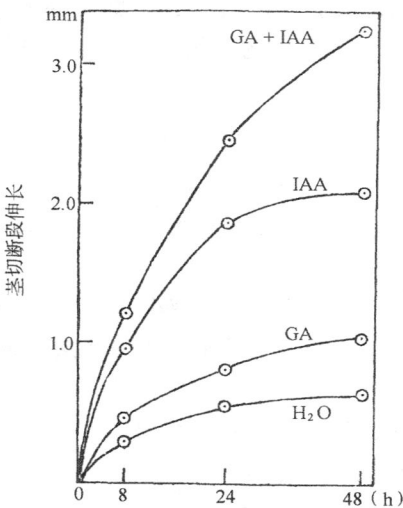

图 10-5 吲哚乙酸和赤霉素在豌豆茎切段中的增效作用

（一）生长素和赤霉素

在离体器官上同时施用生长素和赤霉素,其促进生长效果比各自单独施用效果更大（图 10-5）。由此可见生长素与赤霉素之间有相辅相成的作用。另外有些试验证明赤霉素对植物的生长起促进作用,是由于赤霉素可以影响生长的水平,GA 可通过抑制 IAA 氧化酶活性,促进生长素的生物合成,使束缚型 IAA 释放为自由型 IAA 来调节植物体内生长素含量。

（二）生长素和乙烯

1. 生长素对乙烯生成的促进作用

生长素促进菠萝开花是由于乙烯的产生。黄化豌豆上胚轴切段的伸长生长,可被低浓度的生长素促进,但是超过 10^{-6}M 浓度,伸长自由就要受到抑制。因为这时组织内开始产生乙烯,细胞发生横向扩大,切段变得粗短和膨大,使用的生长素浓度越高,乙烯的生成也越多。

2. 乙烯对生长素的抑制作用

乙烯对生长素的作用有三方面:1）乙烯抑制生长素的极性运输;2）乙烯抑制生长素的生物合成;3）乙烯促进吲哚乙酸氧化酶的活性。总之,在乙烯的作用下,生长素的量减少,因而引起生长发育的一系列变化。

（三）生长素与细胞分裂素

细胞分裂素加强生长素的极性运输,因此可加强生长素的作用。但在顶芽与侧芽发育过程中,生长素与细胞分裂素的作用相反。生长素抑制侧芽生长,而细胞分裂素则促进侧芽发育。

（四）赤霉素与脱落酸

赤霉素可打破芽或种子休眠,促进萌发,而脱落酸是促进休眠的物质,二者的作用恰恰相反。

第二节　主要植物生长调节剂及其生产中的应用

在农林生产上,使用植物生长调节剂是提高作物产量,改善品质,增加植物抗逆性,延长花期,改变植株形态的有效途径之一。应用生长调节剂有其特殊的优点:成本低而效果明显;这些物质一般分解较快,对环境污染小。所以,多年来在农林生产上广泛使用。但是,由于植物生长调节剂使用的浓度低且许多药剂有着双重效应(促进生长和抑制生长),因此在用药技术方面不易掌握,如果操作人员未经一定技术培训,往往由于使用不当而导致失败。因此,在推广植物生长调节剂时,必须引起足够的重视。

一、乙烯释放剂

乙烯是气体,在大田中应用不方便。人工合成的一些乙烯释放剂可以在一定条件下放出乙烯,使用便利。乙烯释放剂有许多种,其中生物活性较高的一种叫乙烯利,即 2-氯乙基膦酸。乙烯利在 pH4 以上,可以分解释放出乙烯。pH 值愈高,产生的乙烯愈多。在植物体外施用乙烯利时,易被茎、叶所吸收。

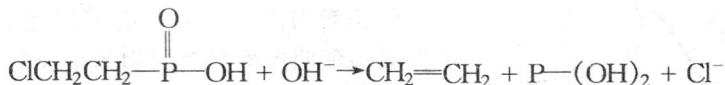

$$ClCH_2CH_2-\overset{\overset{\displaystyle O}{\|}}{P}-OH + OH^- \rightarrow CH_2=CH_2 + P-(OH)_2 + Cl^-$$

在植物组织内,一般 pH 为 5~6 左右,所以乙烯利在组织内释放出乙烯,对生长发育起调节作用。乙烯利在生产上主要应用如下:

(1) 催熟:乙烯利几乎对所有的果实如柑桔、梨、桃、香蕉、柿子、番茄、辣椒、西瓜等都有促进成熟的作用,用 1000ppm 乙烯利处理已长足的采下的青番茄,一周内可达到催熟效果。适当时期喷乙烯利可使棉铃提早吐絮 5~7 天。

(2) 促进开花:在开花前用 400~1000ppm 喷洒,可促进菠萝周年开花结果。

(3) 促进脱落:棉花机械采收时,喷洒乙烯利使棉叶脱落,便于采收。

(4) 促进瓜类雌花分化:黄瓜、南瓜等在幼苗 1~4 片叶时喷洒乙烯利 100~200ppm,可使雌花着生的节位降低,雌花数增多。

(5) 促进橡胶乳分泌:将乙烯利稀释液涂于橡胶树干割线下的部位,处理后的流胶时间长,橡胶产量成倍增长。

二、生长素运输的抑制剂

这类物质有阻碍内源激素运输的作用,因而对生长及形态建成发生影响。属于这类的有 2、3、5-三碘苯甲酸(TIBA)及整形素等。由于生长素自顶芽向下运输受到阻碍,因而侧芽可解除休眠并生长成枝条,植株的形态成为丛生状。有时赤霉素的运输也受阻碍。

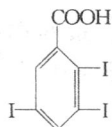

TIBA

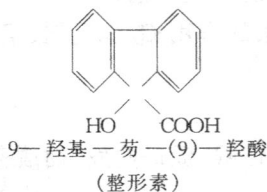

9—羟基—芴—(9)—羟酸

(整形素)

TIBA 在大田条件下广泛应用于大豆生产。用 1000ppm 的 TIBA 水溶液喷施大豆,可以使植株矮化,花芽分化和结豆增多,提高产量。并能改善大田通风透光条件,促进成熟,减少倒伏。

整形素常用于木本植物,它能抑制顶端分生组织细胞分裂及伸长,抑制植株茎伸长,腋芽滋生,使植株发育成矮小灌木的形状,园艺上常用此塑造矮形树木盆景。另外还可喷施于生长的马铃薯,能控制疯长,提高产量。

三、激素类似物

合成的生长素类(如吲哚丁酸、萘乙酸、2,4-D)是最早生产的生长调节剂,它们的作用与生长素相似,但效应的持续期较长,因为它们不易被吲哚乙酸氧化酶分解。合成的生长素物质有对生长的直接效应,也有间接效应,即由于植物体内产生乙烯,从而引起各级次级反应。吲哚丁酸和萘乙酸在配制时先溶于少量95%酒精,后加水至所需浓度。2、4-D纯品为白色结晶,难溶于水,故加工成钠盐、胺盐和丁脂或者先用1M的氢氧化钠(NaOH)溶解,后加水至所需浓度。2、4-D浓度稍高就会抑制枝条的发育,小于100ppm时能刺激植物生长。花卉扦插生根目前用得最多的生长素类调节剂是NAA,如米兰用50ppmNAA浸泡19~20h;茉莉用100ppmNAA浸泡6h;罗汉松用500ppmNAA速沾处理;水杉用50ppmNAA浸泡24h均可使枝条扦插生根。

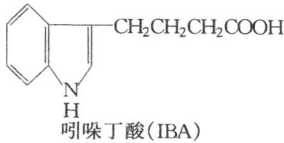

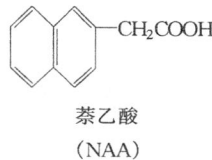

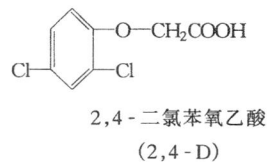

吲哚丁酸(IBA)　　　　萘乙酸　　　　2,4-二氯苯氧乙酸
　　　　　　　　　　　　(NAA)　　　　　　(2,4-D)

合成的细胞分裂素类有激动素、6-苄基腺嘌呤(BA)等。用400ppm处理柑桔幼果可防止幼果脱落;用200ppmBA浸渍莴苣、甘蓝等可保鲜、保绿、促进贮藏。

四、激素拮抗物

与激素在结构上相似,但活性比较弱,它们与激素竞争结合位点,因此当它们与激素一起应用时,激素的作用被削弱。如别赤霉低酸是赤霉酸的拮抗物,2,6-二氯苯氧乙酸是2,4-D的拮抗物。

五、生长延缓剂

对茎的亚顶端分生组织区的细胞分裂与扩展有特殊抑制作用的化合物称为生长延缓剂。生长延缓剂使植物的节间缩短,但叶子的大小和数目、顶端优势相对来说不受影响。使用赤霉素后,茎的生长可以恢复,说明生长延缓剂的作用是抑制赤霉素的合成。有些生长延缓剂是增加脱落酸的浓度。

矮壮素数季铵化合物,纯品为白色结晶,易溶于水。在60年代开始用于防止小麦倒伏及棉花徒长,并可促进小麦灌浆期同化物向籽粒运输。B_9主要用于防止苹果采前落果并用于抑制苹果幼树新梢生长和促进花芽分化,亦能防止花生徒长、倒伏,促进增产。在花卉栽培中,由于植株营养生长过旺,植株高大,枝叶过分繁茂,而影响到开花、结果等生殖生长,影响观赏价值和花坛,花境等的布置,用生长延缓剂可使植株矮壮,花朵密集,植株丰满,并能增强抗病、抗旱和抗寒能力,促进分枝及花芽分化。CCC和B_9对菊花、一品红、长寿花、杜鹃、一串红等花卉有作用。

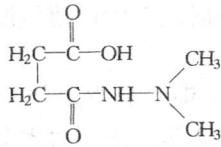

$$\text{N-二甲胺基琥珀酰胺酸}(B_9)$$

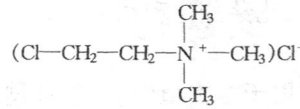

$$(Cl-CH_2-CH_2-\overset{\overset{\displaystyle CH_3}{|}}{\underset{\underset{\displaystyle CH_3}{|}}{N^+}}-CH_3)Cl^-$$

矮壮素(CCC)

六、生长抑制剂

这类物质与生长延缓剂的区别主要是前者作用于顶端分生组织区,且其作用不能被赤霉素所恢复。青鲜素(MH)是生长抑制剂,它干扰顶端的细胞分裂,引起茎伸长的停顿和顶端优势破坏。整形素也是生长抑制剂,在作用上与青鲜素类似。这类化合物可作为化学整枝剂或修剪剂。

七、脱叶剂、干燥剂及催熟剂

在农产品收获前可使用化学药剂脱叶或催干,以便于机械收获。许多脱叶剂是触杀性除草剂,它们可伤害或杀死叶组织,叶子产生较多乙烯,而生长素含量减少,故而脱落。在高浓度下脱叶剂也可作为干燥剂。

催熟剂是促进甘蔗成熟并增加含糖量的一些化合物。活性最强的是增甘膦和草甘膦,在高浓度下它们是除草剂。

复 习 思 考 题

1. 什么叫植物激素? 什么是植物生长调节剂?

2. 植物激素分哪几类? 说明各类主要的生理作用。

3. 什么叫激素的增效作用和拮抗作用? 举例说明。

4. 常用的植物生长调节剂有哪些种? 各有什么作用?

5. 下列作用可采用什么激素处理?

(1) 促进营养生长;(2) 防止花果脱落,促进结实,形成无子果实;(3) 促进插条生根;(4) 抑制发芽,安全贮藏;(5) 促进发芽,培育壮苗;(6) 控制徒长,防止倒伏;(7) 促进雌花形成,促进果实成熟

第十一章　植物的生长发育

　　植物的生长是指植物的细胞、组织或器官在数目、大小和重量上的不可逆增加。它表现为植物体积的增大。而发育则是指在植物生命周期(生活史)过程中植物发生形态、结构和功能的变化。它表现为细胞、组织和器官的分化。植物是在各种新陈代谢的基础上进行生长和发育的,如水分代谢,矿质营养的吸收,光合作用、呼吸作用等。在发育过程中,由于部分细胞逐渐丧失了分裂和伸长能力,向不同方向分化,从而形成了具有各种特殊构造和机能的细胞、组织和器官。一般来讲,种子植物的生长发育是从种子萌发开始的。从种子萌发到幼苗形成,标志着自养体系的建成。植物进入营养体迅速发展时期,主要特征是营养器官——根、茎、叶的旺盛生长,植物体由小长大,体积和重量不断增加,这就是植物的营养生长过程。植物长大后,营养生长到一定时期,便开始开花,并形成果实和种子,这就是植物的生殖生长过程。

第一节　植物的休眠与萌发

一、植物的休眠

（一）休眠及其生物学意义

植物的整体或某一部分在某一时期内停止生长的现象叫做休眠。

　　植物并不是一年四季都能生长的。它们的生长有周期性的变化。一般生长在温带的植物在春季开始生长,夏季生长旺盛,到秋季生长又逐渐缓慢,而冬季一到,叶子脱落,生长停止,这是树木就进入休眠状态,以度过严寒的冬天。一、二年生植物在春夏两季生长,到了秋季形成种子后,植株枯萎死亡,以成熟的种子进入休眠状态而越冬。多年生的落叶树则以冬芽进行休眠,而多年生草本植物,地上部分死亡,植物的地下休眠器官:鳞茎、球茎、根茎或块茎越冬或渡过干旱时期。

　　在有些地区,植物不是冬季休眠,而是夏季休眠。橡胶草就是这样的植物。夏季休眠发生在那些在夏季将要来临之前,叶子开始脱落,为休眠做好准备。由此可见,植物周期性的休眠是对不良环境条件的适应并成为一种遗传特性固定下来,形成了植物的一种生长规律。

　　无论是种子、冬芽或其它储藏器官的休眠。对植物生存都有重要意义。种子是抗寒性强的器官,一、二年生植物在成熟后形成种子,它们可以在严寒的冬季不被冻死而保存生活力。休眠芽外围有多层不透水、不透气的鳞片,是一种保护芽越冬的结构。杂草种子可以在土层下保持多年不萌发,因而其萌发非常整齐,有利于其种的延续。

（二）种子的休眠与破除

　　许多植物的种子虽然处在适宜的外界条件下,仍然不萌发,这是由于种子内部因素所造成的。其原因有下列几种。

　　(1)种皮透气性差:有些植物的种子由于种皮厚或结构致密或种皮附有较厚的腊质,致使水分和氧气不易进入,如豆科、藜科、锦葵科植物的种子。这类种子胚得不到氧的供应也不能使 CO_2 排出,从而抑制了种子的萌发。

为促进这类种子萌发,可用机械或化学处理方法,包括切割或削破种皮,使用有机容剂除去腊质,用硫酸处理等。但必须注意防止这些处理对胚造成伤害。

(2) 种子未完全成熟:有些植物种子的胚已经发育完全,但在适宜条件下仍不能萌发,它们一定要经过休眠,在胚内部发生某些生理生化变化,才能萌发。这些种子在休眠期内发生的生理生化过程,叫做后熟作用。例如梨、苹果、桃、白腊树等种子必须经过这种后熟作用后才能萌发。而且种子不同,后熟期所要求的条件也不同,有的种子只需在干燥条件下储藏一段时间就可萌发。有的种子则需要低温层积,这种方法俗称砂藏。

种子经过后熟作用后,吸水量大,各种酶的活性强,呼吸作用也增强,并发生许多物质的转化,促进种子萌发。

(3) 胚未完全发育:有些物质,例如欧洲白腊树和银杏等的果实或种子虽完全成熟,并已脱离母体,但胚的发育尚未完成。因此这类种子休眠的原因,就是胚未完全成熟,必须经过一段时间的贮藏,待胚长成后方能萌发。

(4) 抑制物质的存在:有些植物种子不能萌发,是由于果实或种子内有抑制萌发的物质存在。这些物质种类很多,如香豆素、脱水醋酸、对山梨酸、阿魏酸、脱落酸、金花松素等。它们存在于种子的子叶、胚乳、种皮或果汁里,如西瓜、番茄中就有抑制萌发的物质,只有将种子取出,或等瓜果烂掉后,种子才能萌发。苹果种子的胚乳里,也有抑制萌发的物质。在种子储藏过程中,经过生理生化变化,抑制萌发物质的浓度下降后,就不在抑制种子的萌发,有时甚至还有促进萌发的作用。

近年来的研究指出,在所有抑制萌发的物质中,以脱落酸最为重要。另外,在种子中还含有赤霉素,它能促进种子的萌发。当种子中的脱落酸含量降低,而赤霉素的含量增加是,就能解除休眠,使种子萌发。有人认为种子的后熟作用的一个变化,就是抑制萌发物质减少而促进萌发的物质增加的过程。

(三) 芽的休眠与破除

树木的冬季休眠,并不是由低温直接引起的,而是与秋季的日照长度缩短密切相关。因为秋天温度并没有降低到影响生长的程度,树木就停止生长。

落叶树在秋季的短日照影响下生长停止,叶片变黄并脱落,形成冬芽,植物便进入休眠状态。这时如果给予长日照条件,就能继续生长。例如:处在路灯旁的行道树,由于灯光延长了光照时数,往往落叶较晚,进入休眠较迟。由此可见,长日照能使多种树木保持连续生长而不进入休眠,短日照是诱导许多树木停止生长进入休眠的主要原因。现已知道,感受短日照的部位是叶子,叶子感受短日照后能形成脱落酸等抑制萌发的物质,这些物质被运输到芽内生长便被抑制,使芽处于休眠状态。用长日照或赤霉素处理,能消除这种抑制。

在自然条件下,芽进入休眠后,也是冬季低温来临之际,休眠芽经过冬季这段低温就能打破休眠。一般原产在北方的品种对低温时间要求长些,温度偏低些;原产南方的品种要求低温时间就短些,温度偏高些。

(四) 植物激素与休眠

外源激素打破种子、芽或块茎的休眠与休眠器官中内源激素的变化,为植物激素参与休眠过程的调控提供了有利证据。

174

许多种子休眠可被赤霉素、细胞分裂素和乙烯所克服。赤霉素有时也能代替长日照而使山毛榉或桦树休眠芽萌发。

脱落酸是强烈的生长抑制物质。很明显,组织中ABA水平的变动对休眠芽的形成和休眠解除过程有重要作用。现在认为,几种内源激素的平衡控制着休眠与萌发。

二、种子的萌发和幼苗的形成

当种子完成了萌发的准备阶段,即种子已完成了休眠并具有生活力,在适当的外界条件下,如水、温、气、光等,种子内的各部分将发生显著变化,最后长出能独立生活的幼苗。

(一)影响种子萌发的外界条件

1. 水分

种子的萌发必须首先吸水膨胀,因此,水分是种子萌发所必须的条件。

水对种子萌发的作用在于种子内部的原生质由凝胶状态转变为溶胶状态,酶或植物激素随细胞吸水由钝化状态成为活跃状态,促进了储藏物质的转化,加强了呼吸作用与能量供给。另外,细胞吸涨以后产生的压力,为胚突破种子提供了机械作用。水也是萌发过程中细胞的生长所需要的,无论细胞的分裂还是细胞的扩张,都要在水分保饱和的情况下才能进行。

种子播入土壤后,在土壤中吸水比在水中吸水慢得多,因此,播种前进行浸种,能加快种子的萌发和出土,一般树木种子浸种3~5d,但也有些植物种子能耐较长时间的浸种,如落叶松种子浸三个月,有些栎树的果浸二个月,仍能保持生活力。对墒情不好的土壤,可采取灌水蓄墒、耙糖保墒、抢墒播种、播后镇压提墒等措施,以保全苗。

2. 温度

温度是影响种子萌发的一个重要因素,这是因为萌发是种子内部所进行的生化反应是酶促反应,适宜的温度可以促进这些反应的速度,温度过高或过低对种子萌发都是不利的,种子的萌发有其最低、最高与最适温度三基点(表11-1),产于南方低纬度地区的植物,温度三基点较高,原产于北方高纬度地区的植物,温度三基点较低。

几种树木种子发芽的温度范围   表 11-1

树　　种	最低温度 (℃)	最适温度 (℃)	最高温度 (℃)
落叶松、黑松	8~9	20~30	35~36
杉	8~9	28	29~30
柏	8~9	26~30	35~36
槭	7~8	24	26
白　蜡	7~8	25~26	
荚　皂	9	28	30~35

实验证明,夜温稍低于昼温或每天给予高低温度相互交替的变温,能使某些种子萌发比在恒温下更好。例如,经过层积处理的水曲柳种子,在8℃或25℃的恒温下都不易萌发,然而在每天20h处于8℃,4h处于25℃,这样的变温条件下萌发就很快。

种子在较低温度下,萌发缓慢,出土时间相对延长,呼吸消耗的储藏物质较多,而且容易造成烂种或发生病害。在生产实践上,土温必须稳定在种子萌发的最低温度以上才能播种,在春季低温时,为了争取早播出早苗,可采取温床、温室、塑料薄膜覆盖等办法集中育苗,然后移栽。

种子萌发温度也不能过高,温度过高,细胞中的原生质和酶容易遭到破坏,种子萌发也很困难。

3. 氧气

种子萌发是非常活跃的生命活动,需要进行较强的呼吸作用以提供必要能量和中间产物。而氧气是呼吸作用所必须的条件,因此种子萌发是,要有充足的氧气。如果在水分、温度都适应的情况下,由于缺氧萌发的种子就会进行无氧呼吸,使种子受到毒害,甚至出现腐烂。

不同植物种子萌发对氧的要求不同,一般种子萌发需要空气含氧量在 10% 以上。含脂肪较多的种子对氧的要求较高。因此含脂肪较高的种子在播种时,宜浅不宜深。

4. 光线

对于大多数植物种子的萌发光线没有影响。但有些植物的种子必须经过一定光线的照射才能萌发,如莴苣、烟草、毛地黄的种子等。经研究证明,种子萌发受光控制,是由于光敏素的存在而引起的。有些植物种子的萌发还受光的抑制,如黄瓜、曼陀罗等。

(二)种子萌发过程及幼苗的形成

植物种子萌发的过程可分为吸涨、萌动和发芽三个阶段。

第一个阶段是干种子吸水膨胀。种子内含有的蛋白质、淀粉等亲水胶体物质,在遇到较多水分供应时,必然发生吸涨作用而吸收水分。种子的吸涨是一种物理过程,死亡种子由于也含有蛋白质、淀粉等物质,也表现有吸涨作用,但不能萌动发芽。

生活的种子随着吸涨和含水量的增加,酶的活性和代谢作用显著加强,整个种子的生命活动便大大旺盛起来。种子内的物质转化也加快,这时贮藏在胚乳或子叶中的淀粉、脂肪和蛋白质等物质发生分解。淀粉在淀粉酶作用下水解成麦芽糖,麦芽糖再经麦芽糖酶作用生成葡萄糖;蛋白质在蛋白质酶作用下最终转化成多种氨基酸;脂肪在脂肪酶的作用下水解成甘油和脂肪酸。这些产物通常不能在种子中大量积累起来,而是继续转化成糖。这些通过酶促反应转化而成的可溶性有机物,运输到正在生长的胚部,又很快转入合成过程。其中的葡萄糖除一部分消耗于呼吸作用外,另一部分则用于形成原生质和细胞壁的成份;由蛋白质水解的氨基酸,可再分解成氨和不含氮的化合物,氨和有机酸合成新的氨基酸,由这些氨基酸可合成,构成原生质的蛋白质。

由于胚细胞数目增多,胚的体积增大,到达一定限度,就破种皮而出。这就是种子的萌动,即种子萌发的第二阶段。种子萌动后,胚继续生长。直到胚根、胚芽长出新芽,完成萌发的第三个阶段。

种子发芽后,胚芽形成茎、叶,胚就逐渐转变成独立的幼苗。

种子萌发过程中,在胚生长的初期,主要是利用种子中的贮藏营养物质,所以,萌发的种子虽然体积和鲜重都在增加,但干重则明显减轻,直至胚芽出土,形成绿色幼苗后,由于开始进行光合作用,自己制造有机物,干重才逐渐增加。干重的减轻主要是由于呼吸消耗所引起。如果种子中贮藏的营养物质多,则出苗快,生长一般比较健壮;相反种子中贮藏养分少,而又迟迟不能出苗,或出苗后不能及时制造足够的有机物,则幼苗常比较瘦弱,而且容易遭受病虫危害。因此,选用粒大饱满的种子播种,是获得壮苗的基础。

三、种子的寿命

根据植物种类和所处条件的不同,在自然条件下,种子的寿命可由几个星期到很多年。寿命极短的种子,成熟后只在 12 小时内有发芽能力;杨树种子寿命一般不超过几个星期;糖槭的种子在成熟时含水量约为 58%。一旦含水量下降到 30%～40% 以下,种子就死去,因此,在一般条件下糖槭种子的寿命也仅是几个星期。种子寿命长的可达百年以上,我国辽宁省普兰店的泥炭土层中,多次发现莲的瘦果,根据土层分析,埋藏至少 120 年,也可能达 200～400 年之久,但仍能发芽和正常开花结果。

种子寿命长短和种子贮藏条件有关。一般来说,如果种子在干燥条件下保存,寿命较长;在湿润条件下则易失去生活力。外界湿度低,则种子寿命长;反之则短。在高温多湿条件下,呼吸强烈,消耗种子中贮藏的养分,呼吸放出较多能量,产生高温,伤害种胚,所以丧失生活力。如果加上病菌繁殖,害虫孳生,对种子生活力的维持更不利。

第二节　植物生长的基本特性

植物的生长是由无数细胞,在适当的环境条件下,按照一定的遗传模式,按照一定的时间与空间顺序,有规律的进行的。而植物生长的速率、植物生长的周期性与相关性是基本规律。

一、植物生长大周期

在植株或个别器官的整个生长过程中,其生长速率都表现为"慢—快—慢"的基本规律,即开始时生长缓慢,以后逐渐加快,最后达到最高点,然后生长速率又减慢以至停止。我们称植物这种生长规律叫做生长大周期。

以根的生长为例分析生长大周期。在蚕豆幼根根尖上,以墨汁绘制等距离(如 1mm)的横线多条,以后逐日测定这部分的生长情况,就可以得到表 11-2 所列的数据。

蚕豆根长度每日的变化　　　　　　　　　　　　　表 11-2

蚕豆根	日　　　　　数								
	0	1	2	3	4	5	6	7	8
总长度(mm)	1	2.8	6.5	24.0	40.5	57.5	72.0	80.0	80.0
增长度(mm)	—	1.8	3.7	17.5	16.5	17.0	14.5	8.0	0

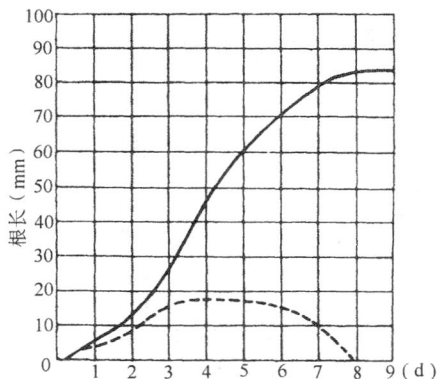

图 11-1　蚕豆根的生长曲线
(图中虚线为增长度变化)

根据以上数据绘出的曲线,叫做生长曲线(图 11-1)。该部分总长度变化曲线(图中的实线)的形状如同拉丁字母 S。增长度变化的曲线(图中的短线)则为一条抛物线。从蚕豆根生长部分总长度曲线呈 S 形的变化,就可以证明根的生长部分具有生长大周期的特性。

至于蚕豆根生长速度表现出大生长周期的原因,可以从细胞的生长情况来分析。根开始生长时,细胞处于细胞分裂时期,由于细胞分裂是以原生质体量的增多为基础的,原生质体合成过程较慢,所以体积加大较慢,细胞的生长亦缓慢,但当细胞转入伸长生长时期,由于水分迅速进入,细胞体积迅速加大,细胞的伸长达到最高速度后,就逐渐缓慢,最后停止。一个由许多正在分裂的细胞构成的幼小叶片(如双子叶植物的叶片)或幼小果实的生长,也同样具有生长大周期的特性。

植物整株的生长,也具有生长大周期规律(图11-4)。初期生长缓慢,是因为植株幼小,合成干物质的量少,以后因产生大量绿叶,进行光合作用,制造了大量有机物质,干重急剧增加,生长加快。此后生长缓慢,是因为植物的衰老,光合速率减慢,有机物质合成量少,植株干重的增加即减慢,同时,还有呼吸的消耗,最后干重将不会增加,甚至还会减少。

了解植物或器官的生长大周期,有着重要的实践意义。在摸清植株或器官的生长大周期的基础上,根据生产的需要,可以在植株或器官生长最快的时间、最快的时期到来以前,及时地采取栽培措施,控制植株或器官的生长,以获取最大收益。所谓"不违农时"正是这个道理。

二、植株生长的周期性

一株植物或植物器官的生长不是一成不变的,其生长速率按昼夜或季节发生着有规律的变化,这种现象叫做植物生长的周期性。植物生长的周期性变化,经常同每天的或季节的环境条件的变化紧密相关,而内部因素,也起着重要的作用。

(一)生长的季节周期性

在温带地区,季节变化对植物生长有明显的影响。我国除华南及西南有少数亚热带地区外,大多属于北温带。南方和北方都有明显的季节变化,使植物的生长产生季节周期现象。

植物生长的季节周期性总是和它原产地的季节变化相符合。在温带,春季芽的萌发,夏季的茂盛生长,秋季的落叶、休眠等现象,主要是受四季的温度、水分、日照等条件通过内因来表现的。植物生长的季节周期性,对于植物生长,特别是使植物渡过恶劣的气候,增强抗性有积极意义。

树木进入冬眠状态,可以大大提高抗寒性,是对低温环境的适应。例如针叶树在冬天可以忍耐-30℃至-40℃的严寒,在夏季若处于人为的-8℃的低温下,便会被冻死。

(二)生长的昼夜周期性

植物茎的伸长,叶片的扩大,果实增大,在一天的时间内有显著的变化,表现出昼夜周期现象。一般是白天生长慢,晚上生长快(图11-2)。

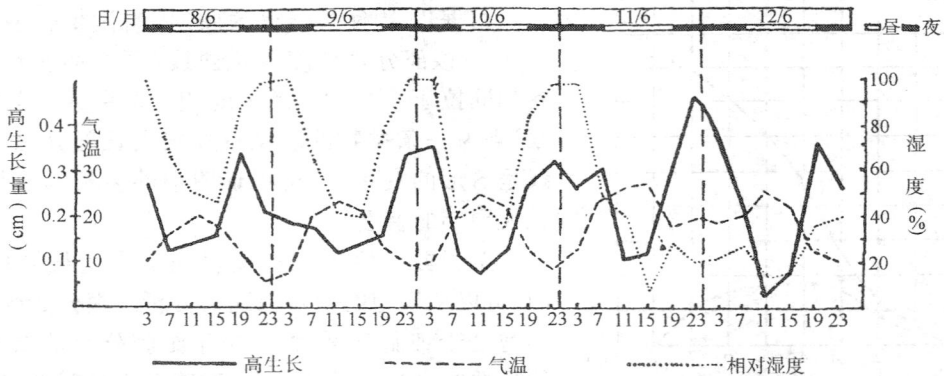

图11-2 红松高生长的昼夜周期和温度、湿度的关系

178

图 11-2 中所示红松高生长的昼夜进程,说明夜间生长与空气的相对湿度关系较大,而与温度关系较小,这可能是由于白昼蒸腾大,植物发生水分亏缺,对生长产生不利的影响。夜间大气相对湿度增加,蒸腾降低,使植物水分亏缺得到恢复,加快生长。另外,白昼光照强度大,对细胞伸长也有抑制作用。但是在生长初期,由于夜温过低($-5℃$左右),红松的夜间生长也受到抑制,这时则表现为白天比夜间快。其它树种也可以看到相似的规律。

(三)生理钟

黑暗中(垂直的)　　光下(横的)

菜豆叶子的位置

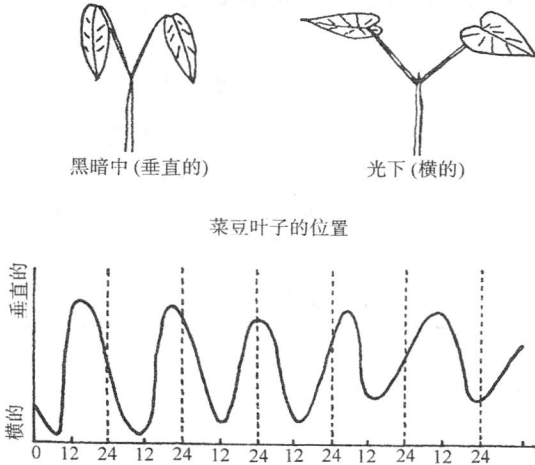

图 11-3　菜豆叶在不变化条件(在微弱光及 20℃)下的运动。高点代表垂直的叶(左上);低点代表横的叶(右上)

植物很多生理活动存在着昼夜或季节的周期性变化,在很大程度上决定于环境条件的变化。而还有一些植物所发生的昼夜周期性变化,不是决定于环境条件,而是受控于植物体的自身有节奏运行。例如菜豆的初生叶片,白天从早晨开始水平展开,夜间则从傍晚开始下垂。如果把菜豆放在连续的光照或黑暗条件下,这种周期性的起开和下降运动仍能在一段时间内相当准确地持续下去(图 11-3)。这就说明植物体内存在某种计时系统,能够准确性地有节奏地调整植物活动。菜豆的这种现象,广泛存在于植物、动物或人类,称为生物钟或近似昼夜节奏运动。

近似昼夜节奏现象在很多植物生理活动中存在。如气孔开闭、伤流、细胞分裂、胚芽鞘的生长速度,等等。都可以看到有不依赖于环境因素变化的内在节奏活动,甚至植物体内的代谢速度,如呼吸作用、光合作用和中间代谢,也观察到这种内在的起伏变化,关于生物钟的机理尚不清楚,但植物体内这种现象可以看作是植物对时间条件的适应。由于植物有这种功能,在一个昼夜或季节适宜时间内能完成特定的生理过程,使时间和生理过程同步,而不受瞬息变换的外界因素的干扰。

三、植物生长的相关性

植物的各部分在生理机能上存在着一定的分工,有相对的独立性,但相互间又是一个统一的整体,存在着紧密的依存关系。植物各部分在生长过程中,既相互依存,又相互制约关系称为植物生长的相关性。

(一)地下部分与地上部分的相关性

农谚"根深叶茂"、"木固枝荣"确切地反映了在植物生长中地下部分与地上部分的相互关系。

学习第二章时,已经了解了根的主要功能:水和矿质元素是根从土壤中吸收并运至地上的,地上部需要的氨基酸,细胞分裂素等也是在根部合成的。这些物质对于植物地上部分的生长及形态建成是极为重要的。同样地上部分对于根系生长也有促进作用。根不能合成糖,根需要的糖是由地上部分提供的。根所需要的一些生理活性物质,如维生素 B_1,生长素等也来自于植物的地上部分。

植物的地下部分与地上部分不仅相互依存,相互促进,而且又相互制约。由于根系和茎、叶对外界条件的要求也不同,当环境条件改变时,就会造成两者在生长上相互关系的变化,出现相互抑制的现象。这种相互关系常常用"根冠比"表示。根冠比是根与地上部分茎、叶干重或鲜重的比值。影响根冠比的主要因素是土壤水分,氮素营养和光照强度。

一般来说,当土壤水分增加时,根冠比下降。这是因为土壤水分增加相对地降低了土壤通透性,会影响根系的生长。而地上部分常常处于水分亏缺状态,对水分最敏感,土壤水分的增加有利于茎、叶的生长。如果减少土壤水分则恰恰相反。所谓"旱长根,水长苗"的道理就在于此。

氮肥的供应也会影响根冠比。当氮素缺乏时,地上部分蛋白质合成减少,糖分积累,这样对根系的供应的糖分相应增多,促进了根系生长。所以,植物缺氮时,根冠比增加。而氮素供应充足时,茎、叶生长茂盛,地上部分向根部输送的糖分反而相对减少,根的生长受到抑制,根冠比减少。而磷肥与氮肥的作用不同,磷肥有利于地上部分的碳水化合物向根部运输。磷肥增多时,有利于根系生长,可提高根冠比(表11-3)。

N 和 P 的供应量对于胡萝卜根与地上部生长的影响(单位:g) 表 11-3

元 素 量	总 鲜 重	地上部重	根 重	根/冠	根部总糖量(%)
低 N 量	38.50	7.46	31.04	4.16	6.01
中 N 量	71.14	20.64	50.50	2.45	5.36
高 N 量	82.45	27.50	54.95	2.50	5.23
低 P 量	55.0	17.2	37.8	2.19	5.09
中 P 量	80.2	19.8	60.4	3.05	5.67
高 P 量	89.3	18.7	70.6	3.78	5.99

根据植物不同发育阶段的生长要求,调整根冠比在生产中有重要意义。园林植物育苗时,常采用控水蹲苗的办法,促使苗期根系向纵深生长,以获得发达的根系,为苗木以后的生长奠定基础。在植物栽培养护过程中,也常采用控水控肥,疏枝,修剪等措施,调整根冠比以获得理想的栽培效果。

应当指出,根冠比只是一个相对关系,并不能反应根、茎、叶的绝对值。因此根冠比大并不一定说明关系就很发达,而很可能是地上部分不发达,要对根冠比作客观分析。

(二)主茎与分枝、主根与侧根的关系

植物主茎顶芽生长抑制侧芽生长的现象称为顶端优势。很多植物的主根也具有顶端优势,当主根顶端受到破坏时,就能促进侧根的下垂和生长。

各种植物的顶端优势不同,木本植物中顶端优势较普遍。例如松柏科植物顶端优势明显,主干挺拔,侧枝斜向生长,形成圆锥形树冠。草本植物中向日葵、菊花等都具有明显的顶端优势。

顶端优势是怎样产生的呢?研究较多的是顶芽对侧芽的抑制,通过试验证实了这与生长素的作用有关。图11-4中,1、2表示顶芽的存在使侧

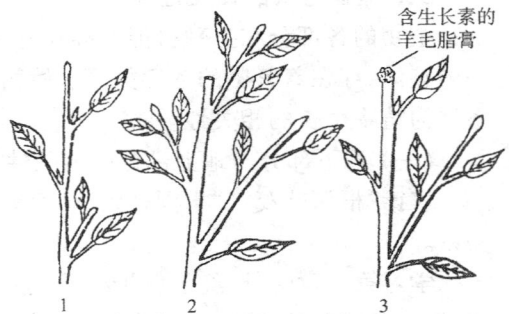

图 11-4　顶端优势
1—具有顶端的植株;2—茎顶端被去掉后侧芽开始生长;3—在茎尖断口涂以含有生长素的羊毛脂膏,侧芽仍不能生长

芽的生长受到抑制,去掉顶芽,侧芽的抑制解除,长出了分枝;而 3 表示如果在去掉顶芽的断口上涂上含有生长素的羊毛脂膏,侧芽的生长仍被抑制。这就证明了生长素对顶端优势所产生的作用。然而生长素这种作用又是如何形成的呢?原来茎尖产生的生长素在植物体内的运输方向是从植物形态的上端运向下端,顶芽产生的生长素运至侧芽,芽对生长素很敏感,一般当浓度超过 10^{-8}M 时,就转向抑制,因此顶芽能抑制侧芽的生长。顶端优势不仅与生长素有关,与其他激素也有密切关系。用激动素、BA 等细胞分裂素可以解除生长素对侧芽的抑制作用。

运用顶端优势的原理可以促进生产,例如运用三碘苯甲酸处理大豆,能消除顶端优势,使植株多分枝,增加豆荚数量,增加产量。

(三)营养生长与生殖生长的关系

植物一生中包括营养生长和生殖生长两个阶段,两者即相互依赖,又相互制约。

一方面营养生长是生殖生长的物质基础。生殖器官花、果、种子的形成,需要大量的有机物质。而这些物质绝大部分是由根、茎、叶等营养器官所提供的。植物营养器官健壮,才有利于花、果、种子等繁殖器官的成熟。而另一方面,如果营养器官生长过旺,消耗过多的养分,反而会影响到生殖器官的生长。徒长的植株往往花期延迟,结实不良或造成大量的花果脱落。

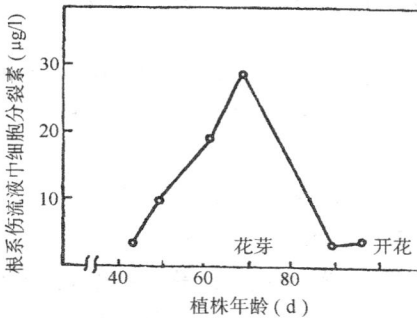

图 11-5　向日葵根系伤流液中细胞分裂素含量变化

同样,植物的生殖生长也会影响营养生长。草本植物,大量开花结实以后,营养器官日见衰弱,植株最后衰老、死亡。多次开花结实的木本植物,很容易看到生殖生长对营养生长的不良影响。竹子的营养生长转入生殖生长,往往造成竹林的枯萎死亡。其原因是生殖生长消耗了大量的营养物质(图 11-5)。

了解营养生长与生殖生长的关系,对于指导生长有积极意义。例如通过水、肥控制,抑制植株徒长,适时地向生殖生长转化,适时开花、结果。在树木养护管理中,要适当疏花、疏果,有利于营养生长和生殖生长。

第三节　植物的成花

植物经过一定时期营养生长后,在适宜的外界条件下,植物就会分化出花芽,由此就进入生殖生长阶段。生殖器官(花)分化对外界条件的要求远比营养器官严格和复杂,经过研究发现对开花最有影响的环境因子是日照长度与低温。

一、低温与花诱导

(一)低温与春化作用

植物在某阶段通过低温的诱导能促进成花的作用称为春化作用,该理论是由苏联遗传学家李森科提出的。

需要春化作用的植物,多数是越冬的二年生植物,冬季的低温能促使这些植物成花加速。有些植物不通过一定的低温时,只能引起植物成花时间的推迟,成花数量大大减少。还有些植物,当不曾遇到适量的低温,这些植物便始终不能成花。如冬小麦不经过低温处理就不会抽穗开花,同样情况下,某些花卉也有春化的要求,如菊花、美国石竹等。木本植物,多数没有春化要求。而少数木本的花芽分化,有人认为也需要先经过低温春化。如冬季低温能促进温州蜜柑花芽的分化,如遇到冬季气温偏高的年份,花芽分化就会推迟。花芽分化在夏、秋季进行的一些木本植物,如桂花、梅花等,低温诱导成花的作用可能不存在。

植物通过春化作用所需低温程度和天数,是随种类不同而异。植物进行春化的最适温度范围相当宽,多数植物在 $0 \sim 5℃$ 的温度范围内通过。某些植物春化的上限温度可以在 $9 \sim 17℃$ 间,也有些植物春化的下限温度甚至可达引起植物组织形成冰晶的程度。春化的最有效时数,在不同品种间变化较大,例如天仙子需 84d,冬小麦需 21d(表 11-4)。

各种小麦通过春化需要的温度和天数　　　　　　　　　　　　　　表 11-4

类　　　　型	春化温度范围(℃)	春　化　天　数
冬　　性	0~3	40~45
半冬性	3~6	10~15
春　　性	8~15	5~8

植物通过春化作用,除要求一定天数的低温外,还需要氧气、水分和呼吸底物(如糖)。在不通气的地方或氮气中,低温处理没有效果,缺少呼吸底物也不能进行春化作用。

(二)春化作用的时期和部位

低温对于花的诱导,可以在种子萌动或在植株生长的任何时期进行。小麦、萝卜、白菜从萌动的种子到已经分蘖或成长的植株都可通过春化作用,但小麦以三叶期为最快,而甘蓝、洋葱等则以绿色幼苗才能通过春化作用。

试验证明,接受春化作用的器官是茎尖的生长点,就是说春化作用限于在尖端的分生组织。将芹菜种植于高温的温室中,由于得不到花诱导所需的低温,不能开花结实。但是,如果用橡皮管把芹菜的顶端缠绕起来,管内不断通过冷水,使茎生长点获得低温处理,结果完成了春化,在适宜的光照条件下可以开花结实。反之,如把芹菜放在低温下,用热水流通过缠绕茎顶的橡皮管,植株就不能开花结实。用甜菜进行试验,也得到同样的结果。

(三)春化作用的生理基础

有人假设,春化处理后植物会产生一种叫春化素的植物激素,是这种激素诱导植物开花。但目前还没有直接证据。

有人曾用胡萝卜进行试验:不给低温处理也不给赤霉素的对照植株不抽苔开花,但经过低温处理,不给赤霉素或只给赤霉素不经过低温处理,却一样开花。还有人发现,菊、小麦等植物春化处理后赤霉素含量会增加。这些试验似乎证实了赤霉素与春化作用的关系,但也有试验结果提供了相反的论据,紫罗兰茎用低温处理,其体内的赤霉素并不增加。用赤霉素处理需要春化的植物也不是都能诱导开花。所以,目前认为春化素不是赤霉素。

有人认为春化作用并不是产生可以传导的某些激素,而是引起生长点细胞原生质透性的增加和酶系统的改变。并认为这种变化具有通过细胞的分裂传递给子细胞。也就是说,只有通过春化作用的生长点所产生的组织和器官才具有诱导成花的能力。

春化处理后的植物如果突然遇到30℃以上的高温,会使春化作用逐步解除,这种现象叫做"春化的解除"或"去春化作用"。当春化处理的时间达一定程度后,春化效果逐渐稳定,高温不易解除春化。解除春化的植物再给予低温处理,仍可继续春化,这种现象叫做"再春化现象"。春化低温时间过长,如持续几个月之久,植株春化程度反而会稍有削弱。因此每遇到冬季过长,如超过常年的低温期限,往往对植物的成花有不利的影响。

二、光周期与花诱导

(一)光周期现象

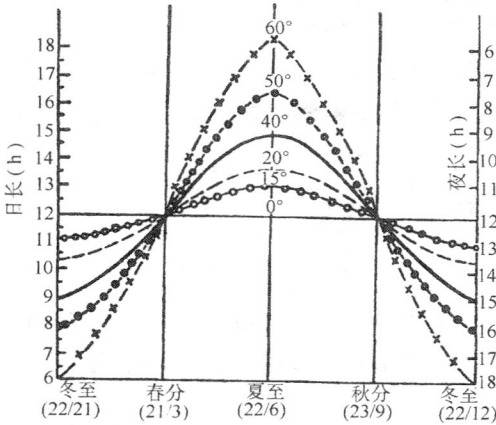

图 11-6 北半球不同纬度地区昼夜长短的
季节性变化(北京约在北纬 40°)

在自然条件下,昼夜的光照与黑暗总是交替进行的,在不同纬度地区和不同季节里昼夜的长短发生有规律的变化(图 11-6)。这种表现在昼夜日照长短周期性的变化称为光周期。

光周期对于很多植物从营养生长到花原基的形成有决定性的影响。例如翠菊在昼长夜短的夏季,只有枝叶的生长,当进入秋季,日照出现昼短夜长时,才出现花蕾。这种昼夜日照长短影响植物成花的现象叫光周期现象。

不同植物对光周期的反应不同,植物对光周期的反应类型主要可分为三种:

1. 长日照植物

长日照植物要求在某一生长阶段内每天日照时数大于一定限度(或黑暗时数短于一定限度)才能开花,而且每天日照愈长开花愈早。如果在日照短,暗期长的环境里,长日照植物只进行营养生长而不形成花芽。这类植物原产地多在高纬度地区,其花期常在初夏前后,如唐菖蒲、紫茉莉等。

2. 短日照植物

短日照植物要求在某一生长阶段内,每天日照时数小于一定限度(或每天连续黑暗时数大于一定限度)才能开花。而且在一定限度内,黑暗时间愈长,开花愈早。这类植物原产地多在低纬度地区,其花期常在早春或深秋,如一品红、波斯菊等。

3. 中性植物

中间性植物成花对光周期没有严格要求,只要其他条件适宜,不论日照时数长短都能开花,如天竺葵、仙客来等。

长日照植物成花所要求的每天短日照时数,或短日照植物成花所要求的每天最大日照时数都叫临界日长(表 11-5)。

一些长日植物和短日植物的临界日长   表 11-5

长 日 植 物		24h 周期中的临界日长(h)	短 日 植 物		24h 周期中的临界日长(h)
冬 小 麦		12	大 豆	早熟种	17
天 仙 子	28.5℃	11.5		中熟种	15
	15.5℃	8.5		晚熟种	13~14
白 芥 菜		14	美 洲 烟 草		14
菠 菜		13	草 莓		10.5~11.5
			菊 花		16
甜菜(一年生)		13~14	苍 耳		15.5

183

（二）暗期的光间断

如上所述长日照植物必须在每天暗期短于一定限度才能开花,而短日照植物必须在暗期超过一定限度时才能开花。如果在黑暗期的中途,给予几分钟到 30 分钟的短暂光照,打断暗期的连续性,就能抑制短日照植物成花而促进长日照植物开花。如果反过来,用短暂的暗期打断光期,不论对长日照植物或短日照植物都没有影响(图 11-7)。因此现在认为,诱导植物开花的关键在于暗期的作用。把长日照植物叫做短夜植物,把短日照植物叫做长夜植物更为确切。同样也可以用

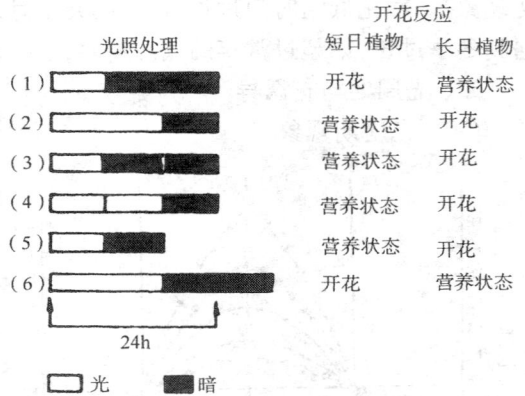

图 11-7　暗期的作用

临界夜长的概念来表示对暗期需要的极限。只不过与临界日长相对应而已。对于长日照植物,临界夜长是指引起成花的最大暗期长度,对于短日照植物则是指能够引起开花的最小暗期长度。

对于暗期的光间断,其光照强度 50～100lx 即可,最少 8～10lx 就有反应。但光强度很弱,光间断的时间就要延长,若光照很强光间隔就可以短一些。从光间断最有效时刻来说,午夜最好。

暗期虽然对光周期诱导更为重要,但不是否定光期的作用,没有光合作用,就没有养料来源。只有在适当的暗期并在光暗交替的作用下,植物才能正常开花。试验证明,暗期长短决定花原基的发生,而光期长短决定花原基的数量。

（三）光周期感受的器官和传导

试验证明,植物并不是在整个营养生长期都需要进行光周期诱导才能开花,而只要在花原基形成以前的一段时间进行即可。一般植物光周期诱导的时间只为一至十几天,例如,大豆为 2～3d,菊花为 12d 等。

植物感受光周期的器官是叶片。这可以用短日照植物菊花的实验所证实(图 11-8)。

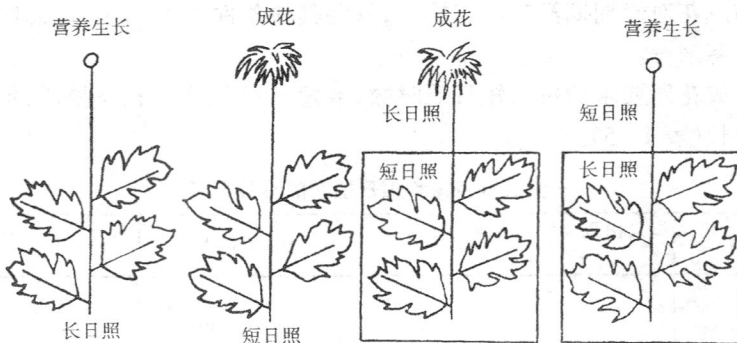

图 11-8　菊的光周期感受部位试验

把菊花下部的叶片给以短日照处理,而把上部去叶的枝条给以长日照处理。不久就可以看到枝上形成花蕾并开花。但如果把上部去叶的枝条给以短日照处理,下部的叶片给以

长日照处理,则枝条仍然继续生长而不形成花芽。由此证明,感受光周期的器官是叶片,而不是分生区,而叶片中以成长的叶片感受能力最强。

叶片是感受光周期的器官,而发生光周期反应的是芽的分生区,说明叶片感受的刺激能传导至分生区。用短日照植物大豆作试验,把植株的一个枝条作短日照处理,另一个枝条去叶后作长日照处理,结果两个枝条都能开花。说明一个枝条接受光周期诱导后,能把这种刺激转移到另一株没有叶的枝条上。用各有两个枝条的五株苍耳串联嫁接的实验证明,上述刺激可以通过嫁接传导至另一植株上,有人认为,这种转移的物质是激素类物质,并且是通过韧皮部的筛管进行传导的(图11-9)。

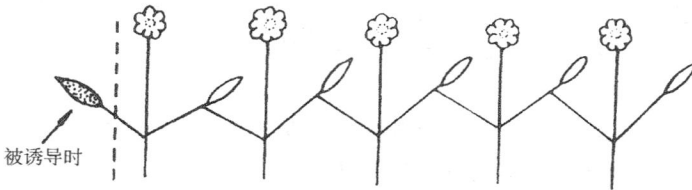

被诱导时

图11-9　苍耳开花刺激物的嫁接传递,第一株的叶片在短日下,
其余全部在长日下,所有的植株都开了花

(四)光敏色素与成花作用

在暗期的光间断的试验中,发现最有效的是波长600nm的红光。但红光所起的这种作用又可以被波长是730nm的远红光所抵消。例如,在每天的长暗期中给以暂短的红光,短日照植物就不能开花,而长日照植物开花。如果用红光照射后,立即又用远红光作短暂照射,结果短日照植物仍能开花,而长日照植物不能开花。这就说明红光能抑制短日照植物开花,而远红光则能促进它的开花。对长日照植物来说,正好相反,红光能促进开花,而远红光能抑制开花。当红光与远红光交替处理植物时,开花与否,决定于最后处理的光是红光还是远红光。

现已证明,红光与远红光这两种光波的生理效应与植物体内的光敏色素有关。光敏色素广泛地存在于植物体的许多部位,如种子、胚芽鞘、根、茎、子叶、芽、花及发育的果实等。它在细胞内含量极微,常结合在膜的表面上。

光敏色素有两种类型,一种是红光吸收型,最大的吸收波长在660nm,以P660表示;另一种是远红光吸收型,最大的吸收波长在730nm,以P730表示。两者能随光照条件的变化而互相转变。

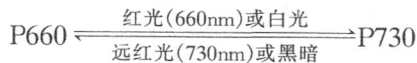

$$P660 \underset{\text{远红光(730nm)或黑暗}}{\overset{\text{红光(660nm)或白光}}{\rightleftharpoons}} P730$$

光敏色素的这种相互转变,使植物体内P730/P660的比值发生变化。这个比值控制着植物的成花过程。长日照植物要求较高的P730/P660的比值,短日照植物则相反,要求较低的P730/P660的比值。若用红光中断暗期,P730浓度增高,抑制短日照植物开花,促进长日照植物开花。

光敏色素除影响植物开花外,它对块茎、块根、鳞茎的膨大,种子发芽,芽的萌发与休眠等生理活动均有影响。

三、诱导开花的机理

在温度、光周期和其他条件综合诱导下,植物体内发生了一系列生理生化反应,最后完成成花的诱导过程。关于诱导开花的机理,人们提出了不同的假说,这里主要介绍碳氮比理论、开花激素学说和光敏色素学说。

（一）碳氮比学说

碳氮比学说是较早的一种学说。根据这个学说,对植物开花,结实起决定作用的,并不是什么特殊物质,也不是某类物质的绝对量,而是碳氮之间的比例(C/N 比)。当植物体内积累的碳水化合物(糖)比含氮化合物多,即 C/N 比值高时,有利于生殖体的形成,促进花芽分化;当含氮化合物太多,C/N 比值下降,则有利于营养生长,花芽形成则延迟。生产中,如遇水分、氮肥供应过多,使植物体内含氮化合物增多,降低了 C/N 比,从而出现枝叶徒长,花期推迟。但如注意碳、氮等元素的适当配合,人为控制 C/N 比,是可以达到早开花的目的的,如在果树栽培中应用环状剥皮,绞缢树干等方法,使其上部的枝条积累较多的糖,提高C/N 比值,就能促进开花。

碳氮比学说的缺陷是对某些短日照植物的开花并不适用,例如向日葵、菊花等在氮肥正常或偏高时开花较快,因此这种学说有它的局限性。

（二）开花激素学说

开花激素学说认为植物成花的原因是在植物体内存在一种促进开花的物质,称为成花素或开花激素。这种成花素可以传导至分生区,而发生花芽分化,成花素还可以通过嫁接而传导。但成花素究竟是什么物质,直到目前还没有弄清楚。

许多试验也发现赤霉素能部分代替低温和长日照的作用,它能使许多需要低温春化的植物不用经过低温就能开花,也可以使许多长日照植物在短日照条件下开花。同时,这些植物经过低温和长日照条件开花后,体内赤霉素含量也有所增加。但是,赤霉素不能使短日照植物在长日照条件下开花。所以有人提出开花激素可能不只是一种物质,而是由几种物质组成的。长日照植物在短日照条件下,可以形成其它的开花激素,但不能形成类似赤霉素物质,因而不能开花。这时如供应赤霉素,即能开花。短日照植物在长日照条件下,因缺少的不是类似赤霉素的物质,而是另外一些开花激素,有人认为是脱落酸一类物质。因为试验表明,脱落酸可使一些短日照植物在长日照条件下开花。

另外,还有人认为开花激素是经赤霉素形成的,而赤霉素本身并不能促进开花;也有人认为赤霉素对某些植物开花激素的产生有促进作用。总之对成花素的解释,直到目前,还没有得到一致的看法。

（三）光敏色素假说

大量试验认为,光敏色素会活化某些特定基因,促进参与合成的蛋白质或酶。许多试验都证实,在光周期诱导下,叶片中的核酸和蛋白质都发生了不同程度的变化,说明这些物质有可能参与开花的诱导过程。草本幼苗的试验表明,红光照射后提高了叶的 NADP 含量,远红光则降低红光反应,减少 NADP 含量,NADP 与植物体内许多重要生化反应(呼吸作用、光合作用等)有关。同时证实 Pfr 促进 NAD 激酶活性,可见 P730 作用与 NADP 合成或分解有关。也有实验证明,P730 很可能使膜蛋白结构发生变化,导致膜透性改变,从而引起一系列变化。

四、春化和光周期理论的应用

（一）春化处理

使萌动种子通过春化的低温处理,加速花的诱导,可提早开花,成熟。生产上,为了使成花顺利进行,常采用人工进行低温春化处理。二年生草本植物通常在9月中旬至10月上旬播种,如改为春播,由于苗期没有冬季春化阶段,而营养体又较小,往往表现为成花不良,很少开花或花期推迟。如果改在春播,而又将种子或幼苗进行人工低温春化处理,就可以在当年春、夏正常开花。一般进行人工低温春化处理的温度、适宜于0~5℃间。

一些二年生草本植物采用分期播种的同时又结合温室栽培,在苗期进行人工低温春化处理,待植株营养体长到一定大小时,再进行人工补充长日照处理等一系列措施,可以达到一年四季都有植株陆续开花,如雏菊、金鱼草、瓜叶菊等,调节播种可周年开花。

（二）控制开花

光周期的人工控制,可以促进或延迟开花。秋菊是菊花中要求短日照诱导成花的品种类型,花期常在10月至11月下旬。为了使花期提前至7~4月份间,一般采用人工遮光处理,缩短光照时数。方法是,从夏季开始就人为提前创造短日照条件。例如,每日采用10h的短光照处理,一般可自遮光处理后约10d,花芽便开始分化。秋菊长日照处理,则可延迟开花。例如,选择秋菊的晚花品种,由于花芽分化期是在9月中下旬开始,因此长日照处理就须提前在9月以前,通常一直处理至10月中下旬。在此期间还可以结合摘心、打顶、多施氮肥、或在夜间提供高温等措施,都可抑制秋菊花芽分化,推迟开花。经处理后的秋菊,其花期可从10月、11月,延迟至12月或来年2月间。

另外,在温室中延长或缩短日照长度,控制植物花期,可解决花期不遇问题,对杂交育种也将有很大帮助。

（三）引种

一个地区的外界条件,不一定能满足某一植物开花的要求,因此,从一个地区引种某一植物到另一地区时,必须首先考虑植物能否及时开花结实。

我们知道,在北半球,夏天越向南,越是日短夜长,而越向北,则是日长夜短。因此同一种植物,由于地理分布的不同,形成了对日照长短需要不同的品种。以大豆而论,大豆是短日照植物,我国南方品种一般需要较短的日照,而北方品种一般则需要稍长的日照。南方大豆在北京种植时,开花期要比南方地区为迟。北方的大豆品种,在南方种植时,开花要来得早些,如果南方大豆在北京种植时,从播种到开花时间长,枝叶很繁茂,但由于开花期太晚,天气冷了,果实结得不多,产量不高。东北的品种在北京种植,从播种到开花时间很短,植株很小就开花,产量也不高。因此,对日照要求严格的植物品种进行引种时,一定要对其光周期要求与引进地区的具体日照情况进行分析,并鉴定试验。

一些麻类(如黄麻等)是短日照植物,在我国北方较偏南地区,麻类作物生长旺盛,季节的日照较长,因此,南麻北种,可以增加植株高度,提高纤维产量。

五、花器性别分化及控制

在花芽分化过程中,同时进行着性别的分化。掌握植物花器的分化规律并按需要进行控制具有重要的实践意义。在许多雌雄异株的植物中,其雌株和雄株的经济价值是不同的。以果实、种子为收获对象的植物需要大量的雌株,如银杏、千年桐等。而以纤维为收获物的大麻,则以雄株为好,因为雄株的纤维拉力强。而雌雄同株的栽培植物如黄瓜、玉米、葡萄等,则需要相对增加雌花的数目,以便得到更多的果实。

（一）雌雄花出现的规律性

在雌雄同株异花的植株中,一般总是雄花先开,雌花后开。黄瓜侧枝上形成的雌花比主枝形成的多。这些现象说明雌花是在植株要进入盛花阶段时才出现。

（二）环境条件的影响

植物生长的外界环境条件如温度、营养、光周期等，都能影响植物性别的分化。一般来说，短日照促进短日照植物多开雌花，使长日照植物多开雄花，长日照则使长日照植物多开雌花，短日照植物多开雄花。如果增加光周期诱导次数，往往使雌雄同株和雌雄异株植物的雌性表现增加，在诱导不足时，总是雌花表现增强。

温度，特别是夜间的温度，对性别分化也有影响，例如黄瓜，在凉爽的夜晚促进雄花的分化，而温暖的夜晚对产生雌花有利。

在一些雌雄异株植物中，碳氮比值低时，将会提高雌花的分化。一般来说，氮肥多，水分充足的土壤促进雌花分化；氮肥少，土壤干燥促进雄花分化。

（三）植物激素对性别的影响

生长素可以促进黄瓜的雌花分化，赤霉素则促进其雄花的分化。用黄瓜茎尖组织培养的研究结果指出：三碘苯甲酸（抗生长素），以及马来酰肼（生长抑制剂）抑制雌花的分化；矮壮素（抗生长素）抑制雄花的分化；如果矮壮素和赤霉素同时施用，则与单施赤霉素一样，完全分化雄花，这可能因矮壮素只抑制内源赤霉素的生物合成。乙烯能促进黄瓜雌花的分化，在生产中，烟熏植物可增加雌花分化。烟中有效成分是乙烯和一氧化碳。乙烯的作用已讲过，一氧化碳的作用是抑制吲哚乙酸氧化酶的活性，减少吲哚乙酸的破坏，所以促进雌花分化。

此外，伤害也可以使雄株变为雌花。番木瓜雄株伤根或折伤地上部分，新产生的全是雌花，黄瓜茎折断苔后，长出的新枝条全是雌花。

第四节 授 粉 与 受 精

一、花粉的化学成分

从花粉的化学成分分析证明，花粉含有碳水化合物、油脂、各种大量元素和微量元素。花粉中的氨基酸含量比植物其它组织中都高，而且脯氨酸的含量特别高。据报道，脯氨酸与花粉的育性有关，在不育的小麦花粉中不含脯氨酸。在花粉中普遍有类胡萝卜素和黄酮素。花粉中还含有维生素、生长素、赤霉素、乙烯。近年，从油菜的花粉中分离出一种油菜素内酯，经研究确定主要成分为具有留体结构的生长调节物。这种油菜素内酯有促进菜豆幼苗生长的作用。在花粉的外壁和内壁含有多糖及蛋白质。花粉中含有多种酶，如氧化还原酶、转移酶、水解酶、裂解酶、异构酶和连接酶等。

特别值得注意的是花粉壁的构造和成分，它与授粉受精有密切关系。在花粉发育过程中，花粉外壁增厚，主要成分除纤维素外还有孢粉素。孢粉素为类胡萝卜素的氧化聚合物，吸水性很强。内壁则为果胶与纤维素组成，无论是外壁还是内壁都含有活性蛋白质。外壁蛋白质是由绒毡层制造并转移而来，授粉后与柱头相互识别有关。内壁蛋白质是花粉本身制造的，主要是与花粉萌发及穿入柱头有关的酶类。

二、花粉的生活力和贮藏

花粉成熟离开花药以后，其生活力还保持一个相当的时期，但是，不同种类植物的花粉生活力有很大的差异，例如，禾本科植物的花粉寿命很短，一般为几小时。果树的花粉寿命较长,可维持数周到几个月。因此,如何贮存花粉,延长花粉寿命,以克服杂交中亲本开花时间不同和利用外地花粉进行授粉,是生产上一个重要的问题。

花粉不断地进行呼吸,因此,各种使呼吸减弱的条件,如干燥、低温和空气中 CO_2 量的增加和 O_2 的减少,都将有利于花粉的贮存。

1. 湿度

许多研究表明,在比较干燥的环境(相对湿度 30－40%)下,代谢过程减弱和呼吸作用降低,能够保持较长的花粉生活力。湿度过高或过低,对保持花粉的生活力都不利。如百合花在相对湿度 25%～50%,温度 -5～10℃,氧气压较低的情况下,能存活 60～65d。

2. 温度

温度是影响花粉贮存的另外一个重要环境因素。一般认为,1～5℃为花粉贮存的最适温度。低温主要是使花粉维持较低的代谢强度,降低呼吸作用,减少贮藏物质的消耗,以延长其寿命。一些花卉、果树和蔬菜的花粉,在零下低温保存,效果很好。例如,苹果花粉在 -15℃下贮存 9 个月,还有 95% 可以发芽。

3. 空气中 CO_2 和 O_2 的含量

增加空气中的 CO_2 的百分数,例如,在干冰(固体 CO_2)上贮存的花粉,可延长花粉的寿命。在纯氧中贮存的花粉,则缩短花粉的寿命。减少氧分后,可使某些花粉的寿命延长。当前在花粉贮存上也有用真空干燥法的,如苜蓿花粉在 -21℃下真空贮存,经 11 年后,尚有一定的生活力。其他如马铃薯、番茄、桃、李、柑桔等植物的花粉,也都有贮存 1～3 年的记录。

花粉贮存期生活力逐渐降低的原因,是贮藏物质消耗过多,酶活性下降和水分过度缺乏。

三、柱头的生理特点

柱头是雌蕊接受花粉的地方,其上有许多能容纳花粉的小突起,分泌粘性较大的油脂状分泌物,称为柱头液,容易粘着花粉。油脂分泌物中含有较多的亚麻油酸,呈酸性反应。柱头还含有较多的硼,这些条件都有利于花粉的萌发。近来研究证明:柱头外面还存在一层特异性的蛋白质膜。如果用蛋白质酶除去这层蛋白质膜,即使是有亲和力的花粉管也无法穿过柱头的角质层。这说明柱头上的蛋白质膜执行着"感受器"的作用。因此,花粉与雌蕊的"识别"过程,应该就是花粉表面的"识别蛋白"和柱头表面的蛋白质膜的相互作用。

柱头的生活力,在自然条件下保持的时间较花粉为长。但具体的时间长短,则以植物种类而异,水稻、小麦、玉米的柱头一般能持续 6～7d,但以开花的当天受精能力最大,玉米则以"缨线"抽齐后的 1～3d 受精能力最大。

柱头不耐低温,在 1～1.5℃ 的低温下会被冻死,但它对高温的忍受力比花粉强。用 45℃ 的温烫去雄(杀死花粉),对柱头没有伤害。

四、花粉的萌发及授粉后雌蕊的生理变化

花粉落到雌蕊的柱头上后,花粉外壁中所含的识别蛋白和柱头乳突细胞外层的蛋白质接受体相互作用,如果相互亲和,花粉外壁蛋白质在几分钟内即被释放并扩散进入柱头表面。花粉粒膨大并正常萌发。如果不亲和,则花粉管的生长很快就停止。

授粉以后,花粉和花粉管对雌蕊的柱头和花柱有深刻的影响。这个影响不局限于花粉或花粉管与雌蕊组织直接接触的局部地区,而是广泛地影响着整个花柱、子房甚至整个植物。

大量的研究指出,授粉后雌蕊组织的呼吸速度一般比未授粉时增加 0.5～1 倍。例如,兰科植物授粉几十小时后,柱头的呼吸速度也迅速增加 2 倍多。

授粉后,雌蕊的生长素含量大大增加,这一方面与花粉含有生长素有关,而主要原因是花粉中含有使色氨酸转变为吲哚乙酸的酶体系。花粉管在生长过程中,能将这些酶分泌到雌蕊组织,因此,引起花柱和子房形成大量生长素。

花粉分泌到雌蕊的酶种类很多,除了上述合成吲哚乙酸的酶体系外,还有磷酸化酶、淀粉酶、转化酶等等,除了在花粉本身起作用外,还分泌到花柱。雌蕊组织中的碳水化合物和蛋白质的代谢作用都在加强,呼吸作用也在加强。授粉后雌蕊组织的吸收水分和无机盐的能力也都在增强。例如,兰科植物授粉后,合蕊柱吸水增多 1/3,氮和磷含量显著增多,但其花被的氮和磷的浓度均降低,蒸腾作用急剧增强,造成花被凋萎。

五、外界条件对授粉的影响

外界条件对授粉的影响很大,例如,水稻花虽发育正常,但由于外界不良条件妨碍授粉,便产生空粒。早稻的空粒率达 14%～20%,晚稻达 70% 左右。水稻是自花授粉的作物,尚且如此严重,对异花授粉作物则更突出。例如,玉米授粉不良,则引起秃顶与空粒现象,影响产量,严重时减产 40%～50%。因此,了解外界条件,对授粉的影响是有重要的实践意义的。在人力可能的范围内,应尽力采取措施,防止或减少空粒现象。

1. 温度

温度对水稻授粉影响很大。水稻抽穗开花期的最适温度是 30～35℃,处于日平均温度低于 20℃。日最高温度低于 23℃ 连续低温下,花药不能开裂,开花授粉极难进行,绝大部分花不能授粉结实。但温度过高,超过 40～45℃,则开后花丝会干枯。

2. 湿度

玉米开花时若阴雨天气,雨水洗去柱头的分泌物,花粉吸水过多膨胀破裂,对授粉影响较大。在相对湿度低于 30% 或有旱风情况下,如温度又超过 32～35℃,花粉在 1～2h 内就会失去生活力,雌蕊花丝也会很快干枯就不能接受花粉。情况较轻的,也使雌蕊吐丝与雄蕊开花相距的时间拉长,以至造成授粉困难或完全不能授粉。水稻开花的最适湿度是 70%～80%,否则也影响授粉。

此外,风对风媒花的授粉也有较大影响,无风或大风都不利于作物授粉。土壤中肥料不足也影响授粉。

第五节　果实和种子的成熟

当植物受精后,受精卵发育成胚,胚珠发育成种子,子房壁发育成果实,这就形成果实。种子和果实形成时,不只是形态上发生变化,在生理生化上也发生剧烈的变化。果实、种子长得好坏和植物下一代的生长发育有很重要的关系,同时,也决定作物产量的高低,品质的好坏,随着植株的年龄增长,植物发生衰老和器官脱落的现象。

一、种子成熟时的生理变化

在种子形成的初期,呼吸作用旺盛,因而有足够的能量供应种子的生长和有机物的转化与运输。随着种子的成熟,呼吸作用逐渐降低,代谢过程也逐渐减弱。

一般来说,种子成熟时的物质变化和种子萌发时的变化大体相反。在成熟期间,由营养器官运来的有机养料是一些简单的可溶性有机物,如葡萄糖、蔗糖、氨基酸及酰胺等。这些有机物在种子内逐渐转化为复杂的不溶解的高分子化合物,如淀粉、脂肪及蛋白质,并贮存起来。随着这些变化,种子进行脱水过程,脱水的结果使种子中的原生质由溶胶状态转变为凝胶状态。

淀粉种子在成熟时,由营养器官运来的可溶性碳水化合物主要转化成淀粉,所以种子内积累有大量的淀粉(图 11-10),还积累少量的蛋白质和脂肪。另外种子中也积累各种矿质元素,如磷、钾、钙、镁、硫及微量元素,其中以磷为主,例如,水稻粒成熟时,植株所含的磷有80%转移到籽粒中去。

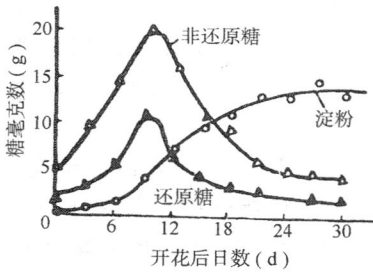

图 11-10 水稻成熟过程中胚乳中主要碳水化合物的变化

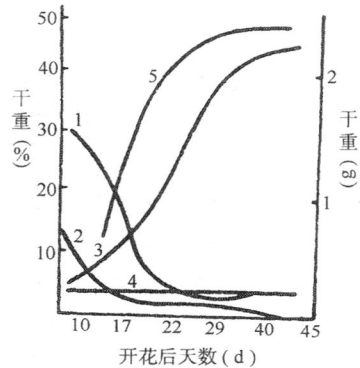

图 11-11 油菜种子在成熟过程中干物质,脂肪、淀粉、可溶性糖和含 N 物质的变化情况
1—可溶性糖;2—淀粉;3—千粒重;
4—含 N 物质;5—粗脂肪

脂肪种子成熟时,先在种子内积累碳水化合物,包括可溶性糖及淀粉。随着干物质的增加,可溶性糖及淀粉的含量逐渐下降,而脂肪的含量就随着逐渐增加(图 11-11)。此外,在种子成熟初期,先形成游离的脂肪酸,以后才逐渐合成脂肪,所以,未成熟种子的酸值高,而成熟种子的酸值低。脂肪酸含量越高,油的品质就越差。所以,油料种子要充分成熟,才能完成这些转化过程。如果种子未完全成熟就收获,不但含油量低,而且油质差。

在油料种子中也常含有较多的蛋白质,这是由其它部分运来的氨基酸及酰胺合成的。豆类植物种子成熟过程中,先在荚中合成蛋白质,成为暂时的贮藏状态,以后又以酰胺状态运输到种子中,转变为氨基酸,再由氨基酸合成蛋白质。

二、果实成熟的生理变化

肉质果实在生长过程中,不断积累有机物质。这些有机物质大部分是由茎、叶运来的,也有一部分是果实本身制造的,因为幼果的果皮常常是绿色,含有叶绿体,可以进行光合作用。当果实长到一定大小时,果肉中贮存了大量的有机物质,但这时的果实,酸涩生硬,不香不甜,还未达到成熟程度。成熟的肉质果实,不仅指其种子已经成熟,而且还意味着果实的可食部分已具有良好的食用品质。

在果实形成初期,从营养器官运来的碳水化合物转变成淀粉,贮存在果肉细胞中。果实中还含有单宁和各种有机酸。这种有机酸包括苹果酸、酒石酸、柠檬酸等;同时,细胞壁和胞间层含有许多不溶性的果胶物质,故未成熟的果实往往生硬、酸涩而没有甜味。随着果实的成熟,淀粉转化为可溶性的糖;有机酸一部分由呼吸作用氧化成 CO_2 和 H_2O,另一部分转变成糖或被 K^+、Ca^{2+} 所中和,含量降低;单宁或被过氧化物酶氧化,或凝结成不溶性的胶状物质,而使涩味消失。果胶物质则转变成可溶性的果胶等,可使细胞彼此分离,从而使果实变软。因此,果实成熟时具有甜味,而使酸味减少,涩味消失,由硬变软。果实成熟时还产生微量的具有香味的酯类物质和一些特殊的醛类物质,例如,香蕉的香味是乙酸戊酯,桔子的香味是柠檬醛。

许多果实在成熟时由绿色逐渐变为黄色、橙色、红色或紫色。这一方面是由于叶绿素的破坏,使类胡萝卜素的颜色呈现出来;另一方面是由于花青素形成的结果。光照能直接促进花青素的合成,所以,向阳部分的果实色泽鲜艳些。

在果实成熟过程中还产生乙烯气体,乙烯对质膜的透性有强烈的作用,故果实成熟时,细胞透性也有很大的增加,使氧气容易进入果实内,所以能加速单宁和有机酸类物质的氧化,加强酶的活性,加快淀粉及果胶物质的分解。因此,用人工方法增加乙烯,可对果实进行催熟。

果实成熟过程中,呼吸强度发生变化:在果实形成初期,因组织幼嫩,细胞迅速分裂,所以呼吸作用很强。随后,果实的生长主要是细胞体积的最大,呼吸强度便下降到一个稳定的水平,经过这段时间后,呼吸作用又突然升高,称为呼吸高峰或跃变期。呼吸高峰的出现与乙烯的大量产生有密切关系(图 11-12)。随后,果实呼吸强度又逐渐下降。

苹果、梨、番茄、香蕉等果实往往在采收后的贮藏期间出现呼吸高峰(图 11-13)。如果采用合理贮藏方法抑制这个时期的呼吸强度,就可减少贮藏物质的消耗,从而延长果实的贮藏期。但果实的催熟则是要求呼吸高峰的提早到来。

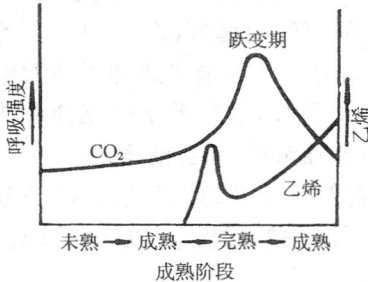

图 11-12　果实成熟时的呼吸高峰
和乙烯产生的关系

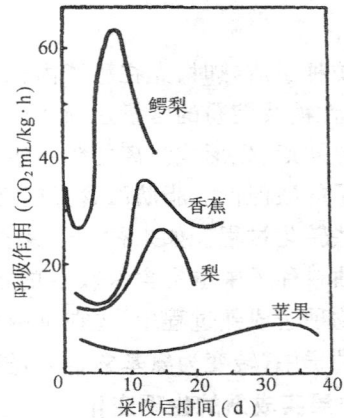

图 11-13　4 种果实成熟时
的呼吸跃变期

三、外界条件对种子、果实成熟的影响

(一)外界条件对种子成熟的影响

在种子成熟过程中,由于外界条件的影响,其产量和品质都会发生和大变化。

风旱不实现象,就是干燥与热风使种子灌浆不足。我国河西走廊的小麦,常因遭遇这种气候而减产。叶片细胞必须在水分充足时,才能进行物质的运输,在干风袭来造成萎蔫的情况下,同化物便不能继续流向正在灌浆的籽粒,水解酶活性增强,这就妨碍了贮藏物质的积累,籽粒干缩和过早成熟。即使干风过后恢复正常供水条件,植株也不能象正常条件下那样以各种营养物质供给籽粒,因而造成籽粒瘦小,产量大减。

干旱也可使籽粒的化学成分发生变化。种子在较早时期干缩,可溶性糖来不及转变为淀粉,被糊精胶结在一起,互相粘结起来,形成玻璃状而不呈粉状的籽粒。这时蛋白质的积累过程所受的阻碍较淀粉的为小,因此,风旱不实的种子中蛋白质相对含量较高。

在干旱地区,特别是稍微盐碱化地带,由于土壤溶液渗透势高,水分供应不良,即使在好的年头,灌浆也很困难,所以,籽粒比一般地区含淀粉少,而含蛋白质多。北方小麦蛋白质含量比南方多,这是因为北方雨量及土壤水分比南方少。

温度对于油料种子的含量和油分性质的影响都很大。北方大豆含油量明显比南方大,这是因为成熟期中适当的低温有利于油脂的累积。在油脂品质上,在亚麻成熟时,温度较低而昼夜温差大时,则有利于不饱和脂肪酸的形成;在相反的情况下,则利于饱和脂肪酸的形成。所以,最好的干性油是从纬度较高或海拔较高地区的种子中得到的。

营养条件对种子的化学成分也有显著影响。对淀粉种子来说,因氮是蛋白质的组成成分之一,氮肥能提高蛋白质含量。钾肥加速糖类由叶、茎运向籽粒或其它贮存器官(如块根、块茎),并加速其转化,增加淀粉含量。对油料种子来说,在脂肪形成过程中需磷的参与。钾肥对脂肪的累积也有良好影响,它有助于运输和转化。氮肥过多,就使植物体内大部分糖类和氮化合物结合成蛋白质;糖分少了必然影响到脂肪的合成,会使种子中脂肪含量下降。

(二)外界条件对果实成熟的影响

在果实成熟过程中,由于乙烯的增加,而使果实出现呼吸峰,促进了果实的成熟。适当降低温度和氧的浓度(提高 CO_2 浓度或充氮气)都可以延迟呼吸峰的出现,使果实成熟延缓。反之,提高温度和 O_2 浓度,或施乙烯,都可以刺激呼吸峰的早临,加速果实的成熟。

人工催熟的技术可用于促进果实的成熟。如用温水浸泡可使柿子脱涩,用喷洒法使青的蜜桔变成桔红,熏烟使香蕉提早成熟,近年来还广泛采用乙烯气体,对香蕉、番茄、柿子进行处理,促进其成熟。

控制大塑料帐篷内空气中 O_2 的浓度($2\% \sim 5\%$),提高 CO_2 浓度($0.2\% \sim 2\%$),可延迟番茄呼吸峰的到来,从而延长番茄贮存期。采用低温速冻法,使荔枝几分钟之内速冻,可经久贮藏。另外"自体保藏法"也是一种简便的果蔬贮藏法,由于果实蔬菜本身不断呼吸放出 CO_2,在密闭环境里,CO_2 浓度逐渐增高,抑制呼吸作用(但容器中 CO_2 浓度不宜超过 10%,否则,果实中毒变坏),可以稍长延长贮藏时间。如能封闭加低温($1 \sim 5℃$),贮藏时间更长。将广柑贮藏于封闭的土窖中,贮藏时间可以达到四、五个月之久。

四、植物的衰老与器官脱落

植物体、器官或其它生命活动单位自然终止生命活动的败坏过程统称为衰老。植物按其生长习性以不同的方式衰老。一、二年生植物开花结实后,整株植物衰老死亡;多年生草本植物,地上部分每年死去,根系和其它地下系统仍然生活多年;多年生的木本植物茎和根生活多年,但是叶子和繁殖器官每年衰老脱落。

植物花器官的衰老与脱落有它特殊的形式。花瓣是(有时是萼片)最先脱落死亡的。雄蕊一般是放散花粉后不久衰老和脱落的,整个雄花也是如此。雌花如未授粉和受精也很快衰老和脱落。果实和种子成熟后不久衰老脱离母体,这对种的繁衍和人类生产是有益的。

在正常条件下,老叶的脱落与成熟果实的脱落,是器官衰老的自然特性。但在营养失调,干旱、雨涝及病虫害等因素的影响下,可使器官提早脱落,应设法防止。

受精及激素对花、果脱落的影响　受精是果实和种子发育的必需条件,如果不受精,花开后便要脱落。所以凡能影响受精的条件,都能使花果脱落。一般认为,受精后子房、胚或胚乳会产生较多促进生长的激素,如细胞分裂素、生长素、赤霉素等,这些激素能促进营养物质向果实和种子运输,因而不但能促进果实和种子的生长而且有抑制离层形成的作用,因此能防止花、果实的脱落;而在果实、种子发育的某些时期特别是后期,乙烯和脱落酸的含量增加,脱落酸也促进离层的形成,促进器官的脱落,乙烯能促进果实成熟,也能促进脱落。因此,果实的形成与脱落,是各种激素相互作用的结果。

　　营养对花果的影响　果实和种子形成需要大量营养物质的供应,如营养不良,果实的发育就受到影响,甚至发生脱落。一般落果往往是由营养失调引起的。通常有两种情况,一种情况是由于肥水不足植物生长不良,不但光合面积小,光合能力也弱。所以光合产物较少,不能满足大量花果生长的需要;另一种情况是水分和氮肥过多,营养生长过旺,光合产物大量消耗在营养生长上,使花果得不到足够的养分,这样使植株前期花果大量脱落。上述两种情况虽然不同,但都是由于营养失调使花果得不到足够的营养造成的。至于干旱、高温、光线较弱、病虫害等造成的落花落果,主要也在于这些因素影响了植物的营养之故。而营养失调则是引起落花落果的主要原因。

复习思考题

1. 为什么说植物的生长、发育是植物各种生理活动的综合表现?
2. 什么叫休眠? 植物的休眠有什么意义? 举例说明休眠的类型和方式。
3. 举例说明植物休眠的原因。
4. 举例说明打破休眠和延长休眠的方法和意义。
5. 说明种子萌发过程的生理变化及幼苗的形成过程。
6. 了解种子的寿命、利用年限和萌发条件在生产上的意义。
7. 举例说明了解植物生长区域的实际意义。
8. 什么叫植物生长的周期性? 引起植物产生周期性的原因是什么?
9. 什么叫生物钟? 说明生物钟所具有的生态意义。
10. 什么叫植物生长大周期? 分析产生生长大周期的原因及了解生长大周期的实际意义。
11. 什么叫植物生长的相关性? 了解植物生长相关性的实际意义。举例加以说明。
12. 说明根冠比和哪些条件有关,认识根冠比与环境条件的关系具有什么实际意义?
13. 说明产生顶端优势的原因及在生产上的应用。
14. 说明营养器官和生殖器官的相关性。生产上可通过哪些措施调节二者关系?
15. 什么叫再生作用和极性现象? 举例说明在实践中应用。
16. 什么叫春化作用? 说明春化作用要求的条件,感受时期和部位。植物完成了春化作用后发生了哪些生理变化?
17. 何谓光周期现象? 什么叫长日植物、短日植物、日中性植物? 各举数例。长日植物和短日植物的主要区别在哪里?
18. 为什么说暗期对植物通过光周期更重要? 光期和暗期在光周期现象中各有什么作用? 利用暗期闪光在生产上有什么应用?
19. 说明光周期的感受部位和传导。
20. 光敏素在植物体内有哪两种存在状态? 二者如何相互转化? 光敏素对开花有什么效应?

21. 说明植物性别的分化规律及生产上的调控方法。

22. 植物成花理论在农业上有什么应用?

23. 花粉的寿命和贮藏条件在生产上有什么应用?

24. 举例说明了解柱头授粉能力的意义。

25. 花粉在柱头上能否正常萌发的决定因素是什么?

26. 植物授粉、受精后引起哪些主要生理变化?

27. 外界条件是怎样影响植物授粉的?

28. 种子和肉质果实成熟时发生哪些生理变化?

29. 举例说明外界条件对果实和种子成熟过程的影响。

30. 说明落花、落果和产生空秕粒的原因。农业生产中如何减少空秕粒的产生?

31. 什么叫植物的衰老?说明植物衰老的方式、意义。

第十二章　植物的逆境生理

植物生长的环境条件出现剧烈变化,致使其不能够正常生活,这种不良环境称为逆境。如水分缺少或过多,产生旱害和涝害;温度太低或过高,产生寒害或热害;土壤中的盐碱过多,产生盐害或碱害;工业生产和交通运输中排放的烟雾,产生烟害和酸雨危害。植物对不同的逆境作出各种不同的生理反应,称为逆境生理或抗性生理。

植物对逆境具有一定的忍受、抵抗和适应能力,表现为植物在逆境中受害程度的不同。我们将植物在逆境条件下生存的能力,称为植物的抗逆性。抗逆性一般包括两个方面:一是避逆性,是指植物能够创造一种内环境,或在形态结构上、生理生化上具有某种特性,使植物避开不良环境的影响。如仙人掌体内贮藏大量水分,可以避免干旱的危害。二是耐逆性,是指植物在逆境条件下,具有较大的忍受力,能够存活下去。如缺水条件,有些苔藓和地衣并不死亡,一旦水分供应充足,就可恢复生长。

不同种类的植物,或同一种类植物的不同生育时期的抗逆性具有很大差别。一般营养生长期抗逆性强。

第一节　植物的抗旱性和抗涝性

一、植物的抗旱性

(一)干旱的危害

水分过度缺乏的现象,称为干旱。干旱对植物生长危害极大。

干旱的类型可分为三种。一是土壤干旱。它是指土壤中缺乏能被植物吸收利用的水分,根系吸水困难,出现萎蔫,植物生长困难或完全停止生长。二是大气干旱。它是指大气温度,日照强度大,空气相对湿度低,风速大尽管土壤中有充足的水分,根系生理活动也正常,但植物蒸腾作用失去的水分大于根系吸收的水分,致使植物呈萎蔫状态。一般夜晚可恢复常态。三是生理干旱。它是指根系生理活动受到障碍,不能正常吸收水分,在蒸腾作用下,使植物缺乏水分出现萎蔫,不能正常生长的现象。

干旱对植物形态解剖的影响如下:

(1)根系发育受到影响,根长、根数和重量明显减少,根系有效吸水面积小,根系活力降低。

(2)茎叶生长缓慢,细胞的分裂伸长受到抑制,甚至停止。茎秆细弱矮小,叶片小而少,叶面积系数降低,细胞体积减小,细胞壁中木质素增加。

(3)单位叶面积的气孔数目增加或下降,叶片表皮的角质层变厚,或密生茸毛。

(4)生殖器官的发育受阻,花少,果少,粒少,千粒重降低。

干旱对植物的危害有以下几个方面:

(1)引起原生质胶体发生变化,严重的干旱会使原生质过多地脱水,使原生质从溶胶变为凝胶状态,细胞的渗透压增高,细胞的透性增强,细胞内的溶质外渗,并引起原生质早衰。

（2）植物体内水分平衡受到破坏,迫使各部位间的水分重新分配。水势高的向水势低的方向流动。幼叶向老叶夺水,使老叶失水发黄干枯。生殖器官的水分向成熟部位的细胞运输造成瘪粒和落花、落果等现象。

（3）破坏了正常的物质代谢过程。叶片干旱缺水,致使脱落酸增加,气孔关闭,CO_2的供应减少,使叶绿体对CO_2的固定速率降低;同时,缺水抑制了叶绿素的合成和光合产物的运输,从而导致光合作用显著下降。缺水破坏了信使核糖核酸(MRA)的转录过程,使蛋白质合成受阻。

（4）呼吸作用发生改变。开始干旱时呼吸加强,随后逐渐减弱,能量供应减少。干旱持续下去,呼吸基质碳水化合物与蛋白质消耗量增加,叶片失去绿色,提早变黄干枯。

（二）植物的抗旱性

植物防御忍耐干旱的能力。叫做抗旱性。植物对干旱的适应与抗旱的能力是不同的,多种多样。抗旱性强的植物之所以能够防御和忍耐干旱,是因为它们具有抗旱的形态结构和生理基础。

抗旱植物形态上的特点是:

（1）根系发达、分布深而广。根冠比大。

（2）茎叶、表皮,木质化程度高,有发育良好的角质层或蜡质层。

（3）叶片直立,有茸毛,叶脉密集,维管束发达,细胞体积小,液泡小

（4）气孔密,有的气孔凹陷。

（5）有的植物有贮水组织。

抗旱植物生理生化的特点:

（1）蒸腾系数小,即每生产1g干物质,所需的水分克数小。

（2）根系渗透势低,吸水能力强,根系吸水阻力小,吸水速率大。

（3）气孔运动速度快,蒸腾阻力大。

（4）细胞原生质粘度大,渗透压高,亲水力强,抗脱水性强。

（三）提高植物抗旱性的途径

了解植物的抗旱性,目的在于提高植物的抗旱能力。通常提高植物抗旱性的途径是:

（1）干旱锻炼 播种前对萌动种子给予干旱锻炼,由于幼龄植物比较容易适应不良条件,可以提高抗旱能力。如使吸水24h的种子在20℃温度中萌动,然后风干,再吸水,反复三次,然后播种。在幼苗期减少水分,使之经受适当的缺水锻炼,也可以使植物根系发达,体内干物质积累较多,叶片保水力强,从而增加了抗旱能力。

（2）增施磷钾肥 磷钾肥均能提高抗旱能力。磷能直接加强有机磷化合物的合成。促进蛋白质的合成和提高原生质胶体的水合程度,增强抗旱能力。钾能改善糖类代谢和增加原生质的束缚水含量。

（3）抗蒸腾剂的应用 抗蒸腾剂是一些能够降低蒸腾作用的化学药剂。如磷酸苯汞、α-羟基喹啉硫酸盐等,可以促使气孔关闭,从而降低蒸腾作用,提高抗旱能力。

（4）选育新的抗旱品种是提高植物抗旱性的根本途径。

二、植物的涝害及抗涝性

土壤中水分饱和对植物的不利影响,称为湿害。地面积水,植物地上部分的全部或局部

被水淹没,对植物生长造成不利影响,称为涝害。

水分过多对植物的伤害,并不在于水分本身,而是由于水分过多引起缺氧,间接地产生一系列的危害。

（一）水涝对植物的危害

湿害常使植物生长发育不良,根系生长受抑,甚至腐烂,叶片萎蔫变黄脱落,严重时植株死亡。

土壤水分饱和,缺乏氧气,根系有氧呼吸困难,导致根系吸收水肥困难。由于土壤缺乏氧气,致使好气性细菌(如氨化细菌)正常活动受阻,影响了矿质营养的供应。另一方面,嫌气性微生物活动增强,如丁酸细菌活跃,增大了溶液的酸度,影响植物对矿质营养的吸收。同时,缺氧导致一些还原型有毒物质的产生,直接伤害根部。

涝害对植物伤害极大。植物地上部,光合作用显著减弱,甚至停止。有氧呼吸受抑制直至被无氧呼吸代替,大量贮藏物质被消耗并同时积累酒精。无氧呼吸使根系缺乏能量,从而降低了根系水分和矿质的吸收,使新陈代谢不能正常进行。最终致使植物死亡。

（二）植物的抗涝性

植物对水分过多的忍耐能力,称为抗涝性。植物的抗涝性与植物的形态和生理特点有关。一方面是各种植物忍受缺氧的能力的不同,另一方面是地上部向地下部通气能力的不同。

植物地上部向地下部运送氧气的通道,主要是皮层中的细胞间隙系统,皮层的活细胞及维管束几乎不起作用。这种通气组织从叶片一直联贯到根。水稻比小麦耐涝性强,其通气结构区别很大。水稻幼根的皮层中,细胞呈柱状排列,孔隙大,小麦是偏斜排列,孔隙小,二者相差两倍以上。

近年来大量研究指出,植物淹水导致体内产生大量乙烯。乙烯可以刺激植物体通气组织的发生和发展,以及有助于不定根的生成,使植物对水涝适应性增强。

从生理特点看,抗涝植物在淹水时通过其它的呼吸途径,从根本上消除有毒物质,或者是通过代谢破坏抑制有毒物质的合成。

第二节　植物的抗冻性和抗寒性

低温对植物的危害,称为寒害。按照低温的程度不同,植物受到寒害可分为冻害和冷害两大类。

一、冻害与抗冻性

（一）冻害的类型

冻害是指冰点以下的低温引起植物体内结冰对植物的伤害。

由于温度下降的程度和速度不同,植物体内出现两种结冰类型,其受害情况也有很大不同。

细胞间结冰　当温度缓慢下降到冰点以下时,植物细胞间的溶液由于浓度低于细胞液,先形成冰晶体,细胞间隙的渗透压随之增大,使原生质、细胞液中的水分渗透到细胞间隙结冰。冰晶不断扩大,结果使细胞内的原生质脱水、变硬、凝固。同时,在冰晶的机械挤压下,发生原生质膜撕裂。受害轻,或是抗冻植物,当温度回升时,结冰溶化的水分可被细胞吸收,细胞恢复正常;受害重,或是抗冻性弱的植物,细胞不能恢复正常,出现死亡。

细胞内结冰　当温度急剧下降到冰点以下,细胞水分来不及渗透到细胞间隙,直接在细胞内结冰,使原生质结构受到机械损伤,细胞死亡。

解冻时原生质也有可能受到伤害。当气温缓慢回升时,细胞原生质可重新吸收失去的水分;如果气温突然升高,细胞外部的水分还没来得及被原生质吸收回去,就很快地蒸发散失掉,致使原生质不能恢复。

现已证明,结冰伤害的主要部位是原生质膜的破损或失去半透性。

（二）抗冻性

植物对零下低温的抗冻性主要来自两个方面的适应性变化:一是细胞膜体稳定性的提高;二是避免细胞内结冰和抗脱水能力的加强。

细胞膜体系稳定性的提高,主要与膜脂及某不饱和脂肪酸含量的增加有关,或者是同膜脂和蛋白质分子间结合的牢固性有关。

避免细胞内结冰有四种途径:1)降低细胞的含水量,如种子中水分降到14%以下,可避免细胞内结冰。2)提高细胞浓度,含糖量增高,使冰点降低。3)增加膜的半透性,水分向外渗透到细胞外结冰。4)深度超冷,即温度降低到大大超过细胞液的冰点以下时（-40℃）,细胞仍能保持常态,不结冰。草本植物越冬的抗冻性,主要是通过细胞外结冰的途径。许多木本植物的部分组织细胞在严冬时,能深超冷到-40℃。

含糖量多的植物细胞抗冻性较强,原因是原生质在冰冻融化后,不会发生蛋白质的沉淀,原生质的胶体性质也不会破坏。

二、冷害与抗冷性

冷害是质指植物在零度以上的低温下受伤害的现象。原产于热带和亚热带的喜温植物在生长发育中遇到0~10℃低温即受伤害。

（一）植物冷害的症状及生理变化

1. 冷害症状

叶片表面产生斑点及变色、坏死,木本植物还会出现芽枯顶枯,自顶端向下部萎蔫,破皮流液及脱叶。

2. 冷害的生理变化表现

（1）吸收机能衰退:根系在低温下伸长减少,活细胞原生质粘度增大,流动较慢,呼吸减弱,供应能量减小,限制了水分与养料的吸收。蒸腾下降比吸水慢得多,体内水分供不应求,造成植株出现枯萎现象。

（2）光合作用降低:冷害使叶绿素的形成受到抑制,幼嫩叶片就发生缺绿或黄化。绿色组织的淀粉水解变为可溶性糖,转化为花青素,由绿色变为紫红。

（3）形成层被破坏:冷害使细胞死亡,韧皮部与木质部都会发黑,妨碍水分的传导,缺水后枝条自顶端向下枯萎。叶子蒸腾失水后得不到补充,必然萎蔫枯死。韧皮部筛管中形成层愈伤组织堵塞不通,或向外发生破皮流胶,影响生长与结实。

（4）生物化学变化:包括酶促反应平衡的破坏与原生质膜凝固,氧化酶与过氧化氢酶活性降低,体内积累过氧化氢过多而中毒。

（二）植物抗冷性

提高植物抗冷性的根本途径是选育出抗冷性强的品种;进行低温锻炼使植物有个逐渐

适应低温的过程,可以提高植物的抗冷能力,减轻伤害。研究发现,经锻炼的幼苗细胞内不饱和脂肪酸含量提高,膜的结构与功能稳定,膜上酶及 ATP 含量增加。

第三节　植物的盐害及抗盐性

土壤中盐分过多,危害植物正常生长,称为盐害。若土壤中盐类以碳酸钠(Na_2CO_3)和碳酸氢钠($NaHCO_3$)等为主要成分,称为碱土;若以氯化钠($NaCL$)和硫酸钠($NaSO_4$)等为主时,称盐土。因二者常混合在一起,故称盐碱土。

一、土壤盐过多对植物的危害

土壤中盐分过多对植物的危害有以下几个方面:

(1)土壤盐分过多,引起土壤溶液浓度过大和渗透压过高,使植物根系吸水困难,导致植株出现生理干旱。轻则抑制生长发育,重则枯萎死亡。

(2)产生单盐毒害作用。植物的正常生长,需要一定的矿质营养,但在盐分过多的情况下,土壤中往往以某一盐类为主,形成生理上不平衡的溶液,使植物细胞过多的积累某一盐类的离子,发生单盐毒害作用,抑制植物的生长发育。

(3)生理代谢紊乱。由于外界高浓度的盐分,致使植物遭受水分胁迫和离子胁迫,从而引起植物细胞的原生质膜的透性加大,使细胞内部的离子浓度与种类比例改变,进而使代谢失调,如 DNA－RNA－蛋白质系统的合成分解的平衡破坏,发生贮藏蛋白质的水解速度加快,引起某些氨基酸与氨积累而造成毒害。此外,植物的光合速率下降,这与蛋白质合成受到破坏、叶绿素分解、叶绿体解体以及缺水引起的气孔关闭等一系列影响有关。

二、植物的抗盐性

植物的系统发育中产生了对盐碱的适应能力,并形成了各种抗盐碱类型的植物,根据植物抗盐碱的能力可分为:

(1)聚盐植物:这些植物细胞内具有特殊原生质,能将根吸收的盐排入液泡,并抑制外出。这一方面可减轻毒害;另一方面由于液泡内积累了大量盐分,提高了细胞浓度,降低了细胞水势,促进了吸水。这类植物具有高度的抗盐能力,能在盐碱土上生长,如盐角草、碱蓬等。

(2)泌盐植物:这些植物的茎、叶表面有盐脉,能将根吸收的盐,通过盐腺分泌得到体外,可被风吹落或雨淋洗,因此不易受害,如柽柳、匙叶草等。

(3)稀盐植物:生长在盐渍土壤上的这类植物,组织含水量高,能将根系吸收的盐分稀释,从而降低了细胞盐浓度以减轻危害。

(4)拒盐植物:这些植物的细胞原生质选择性强,"拒绝"一部分离子进入细胞,能稳定地保持离子的选择吸收。这类植物能在一般的盐碱上吸收水分,如艾蒿、长冰草、胡颓子等。

在树木中用播种试验,测知树木的抗盐性有如下递减顺序:苦楝、臭椿、乌柏等最耐盐,可在土壤含盐量达 0.4%～0.6% 的情况下生长,刺槐、紫穗槐、皂角、泡桐、侧柏次之,只能在 0.4% 以下的土壤里生长。树苗移栽试验中,以刺槐最耐盐;紫穗槐、皂角、白榆等次之。扦插试验中,以白榆、柽柳最耐盐。

三、提高植物抗盐性的途径

提高植物的抗盐能力,可从以下两方面着手:

（一）培育抗盐性高的植物品种

不同的植物或不同的品种其抗盐性差异很大,因此有可能用选种和育种的方法,培育出耐盐性高的品种。

（二）提高抗盐性

植物抗盐能力是在个体发育过程中形成的对盐渍化的适应,在幼龄期可塑性高,适应能力强。据此可用一定浓度的盐溶液处理吸水膨胀的种子,以提高植物的抗盐性。如棉花,先使种子在清水中吸水膨胀,再用3%氯化钠溶液处理一小时后,用流水冲洗一小时半,然后播种,结果出苗率,抗盐性和产量都有所提高。

第四节　大气污染对植物的影响及抗性

世界卫生组织(WHO)把一些如 SO_2、NO_4、O_3、硫氢化合物等物质以及由它们转化的二次污染物,在大气中的浓度和作用时间达到引起植物和人体健康或造成建筑物品损伤时,称之为大气污染。虽然大气污染已引起全世界的注意,但由于工业、交通工具的迅速发展,大气污染仍未得到很好的控制,尤其是一些工业发达、人口多的大城市更是如此。大气污染对植物的危害是严重的,影响也是多方面的。当空气中的污染物浓度超过植物的忍耐限度,就能使植物的细胞、组织、器官受到阻碍,严重时叶片出现坏死斑、退绿、脱落,植株枯萎,落花落果、品质变坏,甚至造成植物个体死亡,种群组成发生变化。

一、大气污染物

对植物影响较大的,存在又比较普遍的大气污染物有硫氧化物、氮氧化物、臭氧、氟化物等有害气体及烟尘、粉尘等颗粒物。酸雨也是大气污染的一种最常见表现。

二、大气污染物对植物的危害

大气污染物对植物的伤害可分为直接伤害和间接伤害。

直接伤害,根据污染物的浓度和作用时间分为急性伤害、慢性伤害和隐性伤害三种类型。当浓度高,短时间作用后,植物叶片很快出现各种坏死斑、落花、落果,甚至枯萎死亡,这是急性伤害。当植物长期与低浓度污染物接触,不产生明显的伤害症状,只是生长发育不良,出现早衰等现象,这是慢性伤害。从植物表面上看不出任何伤害迹象,但正常的生理活动已受到影响,称为隐性伤害。

间接伤害,一是表现在诱发病虫害发生。主要原因是污染削弱了植物生长势,为病虫害发生提供了"温床"。另外,污染使植物代谢发生变化,如蛋白质、氨基酸、糖类等即使有细微变化也为病虫害的寄生和繁殖创造更加适宜的营养条件,如大豆叶片经 SO_2 污染后,其中有10种昆虫必需的氨基酸含量都有增加。二是大气污染对菌根产生影响,使根瘤数量减少。在空气污染下,很多植物的光合速率都会降低,叶片转移到根的碳水化合物也相应减少,也许这是菌根受影响的原因。

植物叶子是进行气体交换最重要的器官,当空气中含有污染物时,叶子最容易受伤害。花的组织幼嫩,雌蕊柱头也是最易受伤害的部位,因此开花季节是植物对大气污染物最敏感的时期。其次是果实、嫩枝也比较易受伤害。

进入细胞的污染物能被细胞吸收与污染物的溶解度有很大关系。二氧化碳、氟化氢、二氧化氮、氨的溶解度很大,易被吸收,毒性强烈。反之,如臭氧和一氧化氮的溶解度小,吸收困难,对植物的毒性也小些。

大量实验证明大气污染物使膜脂类发生过氧化,选择透性被破坏,引起电解质外渗,导致离子平衡失调,特别是钾离子外渗尤为明显。大气污染可通过对一系列酶的作用,使植物体正常的生化反应受到破坏。

（一）SO_2 对植物的影响

SO_2 从气孔进入也溶于浸润细胞壁的水中,产生 SO_3^{2-} 和 HSO_3^-,然后被细胞氧化成 SO_4^{2-}。HSO_3^- 和 SO_3^{2-} 的毒性比 SO_4^{2-} 大 30 倍以上。SO_4^{2-} 迁移中产生自由基,引起膜脂过氧化,从而伤害膜系统,其也是分解叶绿素的元凶。

SO_2 受害后有以下几种症状:

(1)叶背面出现暗绿色的水渍斑,叶失去原有的光泽,叶面起皱,常伴有水渗出。

(2)叶片萎蔫。

(3)明显失绿斑、呈灰绿色。

(4)失水干枯、出现坏死斑。

阔叶植物在叶脉间呈现不规则的块状斑。在同一植物上,一般是刚完全伸展的嫩叶易受害,中龄叶次之,老叶和未伸展的幼叶抗性较强。针叶树的急性伤害通常表现在叶尖失绿、坏死,有时也可成条状在叶中、茎部出现,严重时叶片脱落。

（二）氟化物对植物的影响

大气氟化物主要为(HF)。它的排放量远比 SO_2 小,影响范围也小些,一般只在污染源周围地区。但它对植物的毒性很强,氟是积累性毒物,叶子吸收的 F^- 随蒸腾转移到叶尖和叶缘,在那里积累至一定浓度后就会使组织坏死。这种积累性伤害是氟污染的一个特征。

植物受氟害的典型症状是叶尖和叶缘坏死,伤区和非伤区之间有一红色或深褐色界限,氟污染易危害正在伸展中的幼嫩叶子,因而出现枝梢顶端枯死现象。此外,氟伤害还常伴有失绿和过早落叶现象,使生长受抑制,对结实也有不良影响。

氟在组织内能与金属离子如钙、镁、铜、锌、铁或铝等结合,易引起这些元素缺乏症。

HF 是一种强酸,因此对植物产生酸型烧灼状伤害。

（三）O_3 对植物的影响

O_3 在很低的浓度下($\geqslant$ = 0.05ppm)就能影响植物细胞膜透性,抑制一些植物的光合作用。随着浓度增加,光合速度直线下降,结果降低了总同化产物量,影响了产物在体内的分配,尤其是对根部和繁殖器官的运输量减小,削弱了根系的正常生长;贮藏物含量下降,易感病,植物开花结果率下降。

O_3 伤害的典型症状是在叶面上出现密集细小的斑点,最初受害是气孔区,主要危害栅栏组织。有的植物叶片上表皮出现褐色、红或紫色,严重时大面积出现失绿、斑块。针叶植物出现顶部坏死现象。展开完全的中龄叶片对 O_3 最敏感,未展开的幼叶和老叶抗性较强。

O_3 对植物的一些影响是极其复杂的,其作用机理目前还不太明了。有实验证明,O_3 可引起膜伤害及阻碍电子传递系统。

（四）氮氧化物对植物的影响

以 NO_2 为代表,NO_2 通过气孔进入叶片后,能溶于水,很容易到达海绵组织的潮湿表面,与水化合成硝酸或亚硝酸。当这些酸的含量超过一定量后,植物组织即出现伤害。最初为水渍斑,然后转为白、褐或古铜币色。坏死斑倾向于出现在边缘和顶端。

植物受 NO_2 伤害不但与 NO_2 的浓度有关,而且同光照有关。浓度越高伤害越大,黑暗中比有光下伤害严重。这是因为在强光下植物所吸收的 NO_2 可转化为亚硝酸,亚硝酸在有关酶的作用下,还原成氨,氨可以转入氮素同化过程,为植物利用。在低光强或黑暗中,这个反应受到抑制,NO_2 以亚硝酸形成积累在叶中,称为叶肉细胞的有害因素。

（五）酸雨对植物的影响

酸雨是当今世界性的环境问题,对植物危害很大。

一般植物接触酸雨后 24~72h,在叶脉附近出现白色微小点状斑,有的还伴随叶尖部皱缩和枯萎。花瓣上会出现退色的白斑。大部分植物发生伤害的 pH 值在 pH3.5 左右。根据对酸雨引起植物叶片出现可见伤害的明性比较,大致有如下规律:双子叶草本植物＞双子叶乔木植物＞单子叶植物＞针叶植物;幼嫩的正伸展叶片＞较老叶片。

三、植物对大气污染的抗性

植物对大气污染的抗性是不同的。一般说来,木本植物比草本植物抗性强;在木本植物中,阔叶树比针叶树强,常绿树比落叶树强。同一树种,幼龄树比老龄树的抗性强。

植物对有害物质的抗性包括避性和耐性。避性是植物体抗有害物质入侵和伤害的能力。耐性是植物对进入体内并积累于一定器官内有害物质的忍耐能力。如银杏对大气氟的污染有较强的抗性,因为它的叶片有蜡层保护,对于氟的吸收积累量很低,它对氟的抗性是以避性为主。榆树对大气氟污染也有较强的抗性,因为它的叶片对氟污染物具有较高的吸收积累量,它的抗性是以耐性为主。

植物对大气污染的抗性大致分为三种类型:

（1）形态解剖学抗性:植物具有某些形态解剖学特征,如针状叶、鳞片状叶叶片厚,叶面密生茸毛,角质层厚,蜡腺发达,气孔数量少,气孔凹陷,气孔腔内有腺毛,气孔能及时关闭等,可阻止或减少有害气体进入体内,避免有害气体的侵袭。

（2）生理学抗性:大气中有害物质通过气孔进入植物体后,植物通过生理生化过程对有害物质进行同化降解;或通过根系、叶片等器官将其排出体外;或积累于某些器官中。植物对于积累于体内的有害物质在一定数量范围内具有忍耐能力。

（3）生物学抗性:有些植物重新萌发的能力很强,受到大气污染侵害时,虽然产生受害症状,如芽枯死,叶片退绿,坏死或脱落,但短期内便能重新萌生新芽,新叶、很快恢复生长。

复习思考题

1. 什么是逆境、逆境生理和植物的抗逆性?

2. 干旱对植物有何影响?

3. 抗旱植物形态上有何特点?提高植物抗旱性有哪些主要途径?

4. 水涝对植物有哪些危害?抗涝植物在形态和生理上有何特点?

5. 试述冷害与冻害的机理及主要症状。

6. 试说明盐害及抗盐生理基础。

7. 常见的大气污染物有哪些种类?它们对植物有哪些危害?

参 考 文 献

1. 徐汉卿主编·植物学·北京：中国农业出版社，1996 年
2. 郭宗华编著·植物形态生理学·北京：中国建筑工业出版社，1995 年
3. 陆时万等主编·植物学·北京：高等教育出版社，1994 年
4. 韩锦峰主编·植物生理生化·北京：高等教育出版社，1994 年
5. 刘祖祺、张石城主编·植物抗性生理学·北京：中国农业出版社，1994 年
6. 丘荣熙、祁碧霞·植物学·北京：高等教育出版社，1992 年
7. 陈有民主编·园林树木学·北京：中国林业出版社，1990 年
8. 北京林业大学·花卉学·北京：中国林业出版社，1990 年
9. 北京农业学校·植物及植物生理·北京：中国农业出版社，1996 年
10. 敖光明、刘瑞凝编著·细胞生物学·北京：北京农业大学出版社，1987 年
11. 高信增主编·植物学·北京：高等教育出版社，1984 年
12. 曹慧娟主编·植物学·北京：中国林业出版社，1980 年
13. 曹宗巽、吴相钰编·植物生理学·北京：人民教育出版社，1980 年
14. 潘瑞炽、董愚得编·植物生理学·北京：人民教育出版社，1980 年